金属特殊润湿性表面
制备及性能研究

Preparation and Properties of Special Wettability Surfaces on
Metallic Materials

张跃忠 著

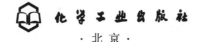

化学工业出版社
·北京·

内容简介

本书对自然界存在的特殊润湿性现象进行了概述，结合国内外有关金属特殊润湿性表面的研究工作进展以及相关理论，系统阐述了金属特殊润湿性表面的设计思想、构筑策略、制备方法、研究意义及应用前景等，重点介绍了超亲水表面、超疏水表面、润湿性转换表面、双元润湿性表面和新兴润湿性表面等的相关制备方法并对所制备表面的性能进行了研究。

本书具有较强的理论性和专业性，可供从事金属润湿性表面制备及性能研究等工作的工程技术人员、科研人员和管理人员参考，也可供高等学校材料、化学化工、生物工程及相关专业师生参阅。

图书在版编目(CIP)数据

金属特殊润湿性表面制备及性能研究/张跃忠著. —北京： 化学工业出版社， 2021. 11

ISBN 978-7-122-39870-3

Ⅰ. ①金… Ⅱ. ①张… Ⅲ. ①金属表面处理-润湿能力-研究

Ⅳ. ①TG178

中国版本图书馆 CIP 数据核字（2021） 第 184315 号

责任编辑：刘　婧　刘兴春　　　　　　文字编辑：王云霞
责任校对：边　涛　　　　　　　　　　装帧设计：王晓宇

出版发行：化学工业出版社(北京市东城区青年湖南街 13 号　邮政编码 100011)
印　　装：北京七彩京通数码快印有限公司
787mm×1092mm　1/16　印张 15¾　彩插 4　字数 312 千字
2021 年 12 月北京第 1 版第 1 次印刷

购书咨询：010-64518888　　　　　　售后服务：010-64518899
网　　址：http://www.cip.com.cn
凡购买本书，如有缺损质量问题，本社销售中心负责调换。

定　　价：98.00 元　　　　　　　　　版权所有　违者必究

前 言

  金属作为重要的工程材料以其独特的性能优势在人类社会发展史上发挥了重要的、不可替代的作用。 众所周知，金属表面具有较高的表面自由能，是典型的固有亲水性材料。 几乎所有的液体都能很容易地在金属表面铺展，并润湿金属表面。 在生产生活等实践活动中，人类已经不再满足于金属材料固有的润湿性，在金属超表面构建特殊润湿性表面就具有很重要的现实意义。 同时，具有特殊润湿性表面的金属材料可以极大地提高金属材料的某些性能，有利于实现金属表面多功能化与智能化，拓展金属材料的应用领域和范围。 近年来，在固体表面润湿理论不断发展以及固体表面加工工艺技术日臻成熟的背景下，特殊润湿性金属表面的研究与制备逐渐发展成为了材料、化学、生物、物理等各个自然学科以及交叉学科的研究热点和重点。 在特殊润湿性研究日渐深入的背景下，人们对特殊润湿性表面提出了更高的要求。 在同一个基底上集成多种不同的润湿性或者实现润湿性的可逆转换成为更加诱人的方向。 例如，在同一表面上集合了超疏水和超亲水性质，并且这两种润湿性在外界的刺激下可以发生相互转化。 这种特殊润湿性的集成必将对理论研究和实际应用产生深远的影响。

  本书对自然界存在的特殊润湿性现象进行了概述，结合国内外有关金属特殊润湿性表面的研究工作进展以及相关理论，系统阐述了金属特殊润湿性表面的设计思想、构筑策略、研究意义及应用前景等。 本书汇聚了著者及其团队多年在金属基底特殊润湿性表面方面的研究成果，着重介绍了超亲水表面、超疏水表面、润湿性转换表面、双元润湿性表面和新兴润湿性表面等的相关制备及性能。 本书具有较强的针对性和应用价值，可供从事金属润湿性表面制备及性能研究等的工程技术人员、科研人员及管理人员参考，也可供高等学校材料、化学化工、生物工程及相关专业师生参阅。

  本书在研究及撰写过程中得到了许多同行的大力帮助和支持。 在此由衷地感谢重庆大学的李凌杰教授、雷惊雷教授，太原科技大学的卫英慧教授、刘宝胜教授，西安交通大学的房大庆副教授等提供的宝贵建议和实验支持！ 感谢团队中黄涛、章雪萍、胡淋、何建新、王晓宇、王慧慧、王亚宁等对研究工作做出的贡献！ 感谢李帅、师凯、徐阳、李彦睿、董舸航等在本书撰写过程中所做的大量图片处理、文献查找和文字校对工作！

  限于著者水平及撰写时间，书中存在不足和疏漏之处在所难免，敬请读者批评指正！

著者

2021 年 4 月

目 录

第3章　金属超亲水表面

第4章　金属超疏水表面

第5章　金属润湿性转化表面

第 6 章　金属双元润湿性表面

第 7 章　新兴润湿性表面

附录

第 1 章

绪论

润湿作为一种常见的自然现象[1-3]，自古便被人们所认知，无论是唐人诗中的"江州司马青衫湿"，还是宋人笔下的"沾衣欲湿杏花雨，吹面不寒杨柳风"都表明了润湿与我们的生活息息相关。液体对固体的润湿是常见的界面现象，润湿性（又称浸润性，wettability）是固体表面的一个重要特征。润湿现象无处不在，没有润湿，动植物无法吸收养料，无法生存。润湿性不仅影响着动植物的种种生命活动，而且在人类的生活和生产中发挥着重要的作用。润湿的应用极其广泛，如机械润滑、织物印染、农药喷洒、矿物泡沫浮选、石油开采、油漆喷涂、日常洗涤等[4-10]。从科学研究的角度来讲，润湿性无论在基础研究还是工程技术领域都是一个非常重要的课题[11,12]。

自 1997 年德国植物学家 Barthlott 和 Neinhuis 报道了超疏水荷叶的"自清洁"性能以来[13,14]，具有超疏水性能的特殊润湿性表面便引起了研究人员的普遍关注。之后，自然界中具有特殊润湿性的生物体屡屡被发现[15-21]，在师法自然的仿生思想来构筑特殊润湿性表面的启示下，更是掀起了特殊润湿性表面的研究热潮[22,23]。

1.1　自然界中的特殊润湿性表面

在日常生活中大部分表面呈现出一般的疏水或亲水性，然而，在自然界中有很多生物体都具有特殊润湿性表面，例如荷叶、水稻叶片、蝴蝶翅膀、蚊子复眼、蝉翅膀、玫瑰花瓣、水黾、壁虎脚、西瓜叶、斗蓬草叶等显示超疏水性，而松萝、凤梨、泥炭藓等显示超亲水性。此外，荷叶下表面、蛤壳内表面显示水下超疏油性。自然界这些特殊润湿性表面给了设计和制备特殊润湿性表面很大的启发。通常，受生物启发的特殊润湿性功能材料可归纳为 10 个方面：a. 荷叶启发了自我清洁的表面；b. 植物和昆虫启发了各向异性的润湿表面；c. 昆虫和动物激发了抗反射和透明的表面；d. 红色的玫瑰花瓣、壁虎脚和鼠尾草植物启发了高黏性的表面；e. 树蛙启发了高湿黏性的表面；f. 珍珠母启发了机械稳定表面；g. 鲨鱼的皮肤和水黾的腿启发了低流体摩擦表面；h. 昆虫的复眼启发了防雾表面；i. 鸟类的羽毛启发了有色表面；j. 甲虫、仙人掌脊柱、尖刺丝和猪笼草植物启发了集水和定向液体运输表面。通过仿生学研究发现，上述生物获得特殊润湿性的重要原因便是表面特殊的微观结构。生物体这些特殊的微观结构和功能为科学技术的发展和进步提供了模仿和借鉴思路。后面将详细介绍这些具有特殊润湿性典型生物的微观结构。

1.1.1 自然界典型超疏水表面

1.1.1.1 超疏水植物表面

（1）荷叶

人类最早从自然界中探索并认识超疏水现象，北宋著名诗人周敦颐在《爱莲说》中对荷叶的描述——"出淤泥而不染，濯清涟而不妖"，给荷叶泥水不沾的性质赋予了高洁的、拟人化的含义。荷叶上滚过的露珠和雨滴往往能带走灰尘和污垢。荷叶表面上的液滴呈现出 160°左右的接触角，并且液滴可以容易地从荷叶表面滚走并带走附着的灰尘，这种卓越的自清洁功能被称作荷叶效应（lotus effect）[24]。根据生物适者生存的进化理论，在自然界中生存下来的生物都有其独特之处，人们在生产生活中寻找并遵循其中的道理可以说是科学研究的明智之举。随着 20 世纪 60 年代高分辨率电子显微镜的发明和发展，荷叶的这种表面自清洁效应终于被揭开了谜底。1997 年，德国生物学家 Barthlott 和 Neinhuis 等研究人员通过对近 300 种植物叶表面进行研究，认为这种自清洁的特性是由粗糙表面上微米结构的乳突以及表面疏水的蜡质材料共同引起的[13,14]。2002 年，江雷课题组[24]发现在荷叶表面微米结构的乳突上还存在纳米结构，乳突的平均直径为 5～9 μm，每个乳突表面分布着直径在 (124±3)nm 的绒毛，如图 1.1 所示。

实际上由于荷叶表面布满的微纳米双尺度结构使得水滴直接悬浮在了微观的突起结构上，从而大大减小了水滴与荷叶表面的实际接触面积，另外在其表面分布有致密的疏水性蜡质层，从而使得其接触角达到 161°，滚动角在 2°左右，达到超疏水和自清洁性能。基于荷叶效应的发现与深入研究，科学家通过构造微纳米多尺度结构结合疏水物质制备了各种各样的仿生超疏水材料，这也成为特殊润湿性材料研究的基础。由于自清洁涂层在日常生活、农业、工业和军事等领域中有着广阔的应用前景，在过去的几十年里，大量的合成策略已经被开发并用于制备自清洁功能材料。如今，许多自清洁涂层已经商品化并且广泛应用到了日常生活中，包括玻璃、陶瓷、纺织品等。

（2）水稻叶

水稻广泛分布于亚热带和温带地区，水稻叶的超疏水特性在自然界中较为特殊——水滴在水稻叶表面呈现漂亮的球形，静态接触角可达到 157°；而且水稻叶表面顺着叶脉方向和垂直于叶脉方向的润湿性不同，水滴易顺着平行叶脉的方向滚动，而较难在垂直叶脉方向滚动。在平行于叶片生长的方向上，液滴的滚动角为 3°～5°，在垂直方向，滚动角则为 9°～15°[26]。水稻叶的这种与方向相关的润湿性是各向相异的。水稻叶表面由许多微纳米级结构组成，与荷叶表面的微结构有些类似。但在水稻叶表面具有线形定向排列的突起阵列以及一维的沟槽结构，乳突沿平

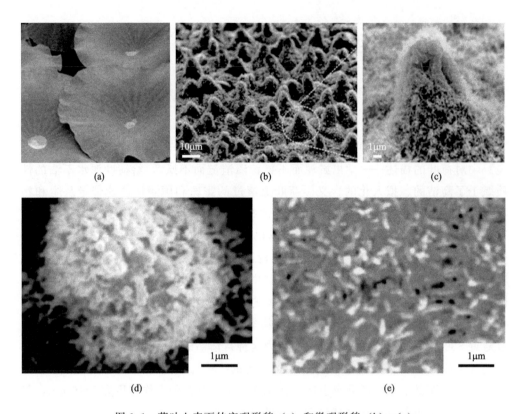

图 1.1　荷叶上表面的宏观形貌（a）和微观形貌（b）～（e）

（b）Barthlott 和 Neinhuis 拍摄的照片；（c）～（e）江雷等拍摄的照片[25]

行于叶边缘的方向整齐排列，垂直方向的乳突排列却比较杂乱。因此水珠更容易沿着平行叶脉方向滚动，如图 1.2 所示。稻叶表面乳突结构的线形定向排列为液滴提供了在两个方向上浸润的不同的能量壁垒。

(a) 稻叶的照片　　　　　　　　(b) 不同放大率的稻叶表面的SEM图像

图 1.2　稻叶的照片及不同放大率的稻叶表面的 SEM 图像[26]

（3）玫瑰花

玫瑰花瓣上的液滴往往牢固地附着在其表面。这些附着的小液滴可以使玫瑰花保持鲜丽水润的外观，只有比较大的液滴才会从玫瑰花瓣上滚落。江雷团队的Feng 等[27]探索了玫瑰花瓣的微观结构，揭示了玫瑰花瓣高黏附特性的原理。用扫描电镜（SEM）对玫瑰花瓣进行观察，发现玫瑰花表面由微米级的阵列乳突结构组成，相邻乳突中间均存在一定的空隙，形成凹槽结构，并且乳突上有纳米级别的凹槽，如图 1.3 所示。在乳突的尖端则是许多纳米尺度的折叠结构，而这种纳米折叠结构正是导致玫瑰花瓣高黏附特性的关键因素，气体可以存在于纳米折叠结构之中，而水则可以轻松刺入微米乳突之间，从而形成 Wenzel 状态的液滴镶嵌。因此当水滴滴在花瓣表面时，一部分水浸入空隙内部，导致水珠在花瓣表面不能自由地滚动，形成了具有高黏附力的超疏水表面。Bhushan 和 Her[28]深入地研究了高低两种不同黏附特性的玫瑰花瓣，证实了微米乳突的高度以及纳米折叠结构的密度是影响玫瑰花瓣表面黏附力高低的关键，从而进一步制备出了拥有不同黏附特性的仿玫瑰花瓣超疏水薄膜。

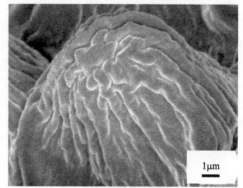

(a) 显示微乳头的周期性阵列　　　　　　　　(b) 每个乳头顶部的纳米折叠

图 1.3　玫瑰花瓣表面的 SEM 图像[27]

（4）其他植物

除了上述的典型的植物，自然界中还有许多植物具有特殊的润湿性，如芋头叶[29]、花生叶[30,31]、冬瓜皮[32]、苎麻叶[33]、西瓜叶[33]、黄花叶[34]、紫花苜蓿叶[34]、败酱草叶[34]、灰菜叶[34]、野大豆叶[34]、彬草叶[34]、牛筋草叶[34]、白蒺藜叶[34]、韭菜叶[34]、斗蓬草叶[34]等同样具有超疏水性能，部分植物的微观结构如图 1.4 所示。这些植物也值得我们进一步地探索和研究。

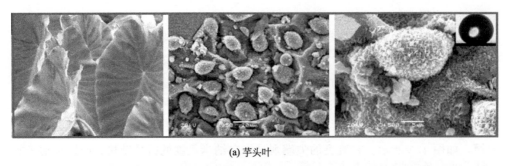

(a) 芋头叶

(b) 花生叶

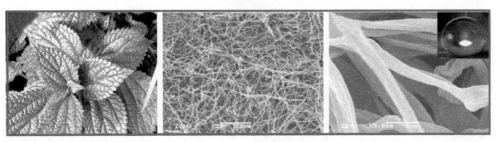

(c) 苎麻叶

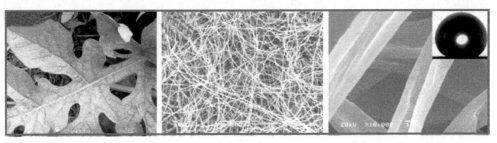

(d) 西瓜叶

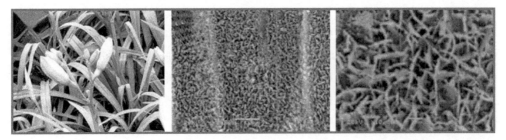

(e) 黄花叶

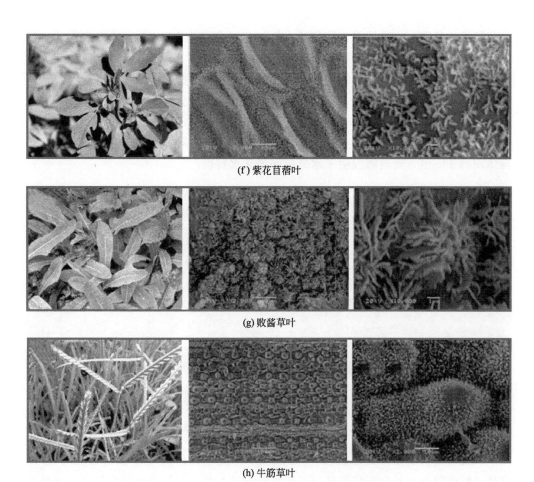

(f) 紫花苜蓿叶

(g) 败酱草叶

(h) 牛筋草叶

图 1.4　其他超疏水植物照片及表面微观结构图

1.1.1.2　超疏水动物表面

(1) 水黾

水黾 [图 1.5(a)] 是一种常见的水上昆虫，常栖息于静水面或溪流缓流水面上，能在平静或波动的水面上自由敏捷地滑行、飞跳，因此获得了"池塘中的溜冰者"的美誉。一般的成年水黾体重 1 mg，体长 2 cm，在水面上运动时速度可达 60 cm/s。早期的科学家认为水黾行走跳跃的能量来源于腿部滑动所产生的水表面张力波，类似划船的效应[35]。然而后来研究发现，水黾幼虫的最大运动速度不足以产生水表面张力波，称为 Denny 悖论[36]。2003 年，美国麻省理工学院的 Bush 等[16]利用高速摄像机捕捉到了水黾在水面上行走的过程。他们的研究表明，水黾转换自身动能到水面的关键因素是通过驱动多毛的腿部与水面形成半球形液面，而弯曲液面给予水黾一个反作用力。通过计算，这个作用的总动量远远大于波浪的动量，与水黾运动的动量相当，而水面张力波对推力的贡献非常小，从而解决了 Denny 悖论。2004 年，中国科学院江雷课题组[37]更深入地揭示了水黾在水面上站立和行走的秘密——水黾腿部的超疏水性（接触角约为 167.6°）。研究表明，水黾腿部之所以具有超疏水性是因为其上存在很多与腿表面夹角为 20°且定向排列的针状刚毛（长约 50 μm、直径约为几百纳米至 3 μm）。这些刚毛表面还存在很多纳米级的螺旋状纳米沟槽结构，这些沟槽能够储存许多极小的气泡，如图 1.5（b）所示。只有当水面上有 4.3 mm 深的涟漪时，水面才会被水黾的腿刺破。单条水黾腿的极限支撑力可以达到其自身重量的 15 倍。而被水黾腿排开的水的体积约是其腿部体积的 300 倍，这足够表明了水黾超强的疏水特性。

(a) 水黾在水上行走的照片 　　　(b) 水黾腿部刚毛SEM图像，插图为刚毛表面
　　　　　　　　　　　　　　　　　　　　纳米凹槽的放大的SEM图像

图 1.5　水黾及其腿部刚毛 SEM 图像[37]

大连理工大学徐文骥课题组[38]还发现水黾除了腿部具有极强的超疏水性外，身体（眼睛除外）其余部位同样具有优良的超疏水性。扫描电镜研究发现：水黾头部、背部、腹部、翅膀、触须、腿部的微观形貌十分粗糙，存在细小且致密排列的刚毛或乳突结构，这些微观结构形成的空隙可捕获空气形成气垫，有助于获得超疏水性；而水黾眼睛由于表面比较光滑，不存在类似的粗糙结构导致不具备超疏水性。该研究成果对将来制造高速、低阻力的水上机器人和微型环境监测器具有重要参考价值。

（2）蚊子

蚊子属昆虫纲、双翅目、蚊科，是一种离不开水的两栖小型昆虫，能够在水面自由行走、起落、产卵和吸食，被称为永无事故的"水面直升机"。2007～2010 年大连理工大学的吴承伟等对蚊子在水面自由起降的现象进行了研究，发现其秘密在于库蚊腿部的超疏水性（接触角约为 153°）。蚊子腿部含有三级复合微纳米阶层状结构：第一级结构为规则排列的鳞片（鳞片间距约为 3.5 μm，长度约为 40 μm，宽度约为 12.5 μm）；第二级结构为每个鳞片上的亚微米级、平行排列、间隔约 1.5 μm 的纵向肋结构；第三级结构为纵向肋之间的、间距为几百纳米的横向纳米肋结构，如图 1.6（a）所示[39]。这种特殊结构使库蚊腿部有超强的承载力，可使蚊子在水面起飞和降落时能够产生一个足够的动态反力（库蚊的后腿在水面的承载力约为600 μN，可达库蚊平均体重的二十几倍）。蚊子腿部的超疏水性是由三级复合微纳米阶层状结构吸附空气形成气膜引起的。

(a) 库蚊宏观及其微观形貌

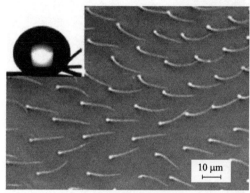

(b) 黄斑大蚊翅面形貌

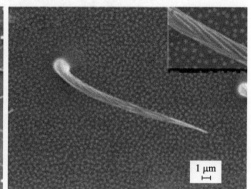

(c) 黄斑大蚊翅面放大图

图 1.6　蚊子的宏观形貌及其腿部的微观形貌：库蚊腿部[39]、黄斑大蚊翅面[40]

石彦龙等[40]发现黄斑大蚊的翅表面有很好的疏水性，接触角约为 155°。扫描电镜观察发现，在其翅表面分布有大量规则排列的钉子状微米棒 [图 1.6(b)]。经放大数倍观察 [图 1.6(c)] 发现：在钉子状微米棒表面，有大量的螺纹状凹槽，凹槽大致呈平行、盘旋状分布；在钉子状微米棒周围，均匀分布着大量的乳突状结构，颗粒直径为 120～170 nm。这种规则排列的多级微纳米凹槽或乳突状结构组成了微纳米级复合二元结构，可以有效地吸附空气并在其表面形成一层稳定的气膜，阻碍水滴的浸润。此外，蚊子翅膀成分主要为表面能较低的蛋白质、脂类和甲壳素。微纳米级复合二元结构和其材质的低表面效应发生协同作用，在宏观上表现出蚊子翅面、腿部的超疏水性，使其能在水面上安全起飞、降落和自由行走。该发现对于设计能在水面安全起飞、降落的水面直升机具有一定的借鉴意义。

蚊子可以在雾气和黑暗的环境中保持卓越的视觉。中国科学院化学研究所的江雷团队[41]和姚昱星[42]等研究发现，成蚊的复眼具有优异的防雾特性，具有自清洁效应。江雷等使用低真空背散射电子模式下的扫描电镜对蚊子复眼进行了观察，发现成蚊复眼是一种复式结构，由数百颗大小均一的半球状的小眼（ommatidia）组成。小眼直径约为 26 μm，表面覆盖有无数精细的纳米突起，称为纳米乳头（nano nipple）。这些纳米乳头的直径约为 185.98 nm，高约为 185.19 nm，并且它们在小眼的表面呈现非密堆砌排列，如图 1.7 所示。

图 1.7　蚊子复眼微观结构[41]

这些纳米尺度有序的乳头状突起和微米尺度下小眼半球排列在半球形的复眼表面，构成了特殊的微纳米分级的结构。这种特殊的微纳米复合结构表面，能够有效地在微纳米结构的缝隙内（气液接触面占整个接触面面积的 99% 以上）捕获空气，在复眼表面能形成有效的防水层，从宏观上表现为对微滴（雾滴）的超疏水性和低黏滞特性。当蚊子暴露于雾气环境中时，可以发现在蚊子眼睛表面并不能形成极小的液滴，而在蚊子眼睛周围的绒毛上雾气凝结成了大量液滴。这种极强的疏水性可以阻止雾滴在蚊子眼睛的表面附着和凝聚，从而给蚊子带来清晰的视野。此结构有望为制备具有"防雾性能"的车窗玻璃提供新的思路。

（3）蛾

淡剑夜蛾隶属于昆虫纲、鳞翅目、夜蛾科、袭夜蛾属，生活在树林、稻田和草地等湿润环境中。其翅表面为抵御雨、雾、露以及尘埃等不利因素的侵袭，经过长期的进化，形成了特殊结构，具有了反黏附、非润湿的超疏水自清洁功能。Wang等[43]研究发现淡剑夜蛾翅的非润湿自清洁功能的奥秘在于其翅面独特的微纳米结构。通过扫描电镜图片发现：在淡剑夜蛾（Sidemia depravata）的翅面分布有大量鳞片，鳞片表面规则分布着纳米级纵肋和微米级凹槽（图1.8）。这种非光滑鳞片的形态结构可增强其表面润湿性。此外，其翅膀表面的鳞片主要由蛋白质、脂类和甲壳素等构成，这些物质本身具有一定的疏水性，水滴在这种微纳米级的阶层固体表面的接触为复合接触，液滴不能填满粗糙表面上的凹槽，液滴下有截留空气存在，表观上的固-液接触区实际上由固体和气体共同组成。这种微米级鳞片、纳米级纵肋的微观复合结构与其表面的低表面能生物材料的耦合作用诱导了其翅膀表面具有较强的疏水性（水滴在其表面的接触角约为153°），有一定的自清洁功能，表面不会被雨水、露水以及尘埃所黏附，从而确保了受力平衡，提高了飞行速度，保证了飞行安全。

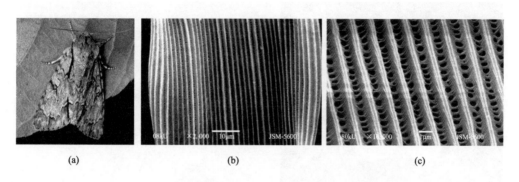

(a)　　　　　　　　　(b)　　　　　　　　　(c)

图1.8　淡剑夜蛾翅表面鳞片结构的SEM图像[43]

（4）蝉翅膀

蝉又名知了，隶属于昆虫纲、同翅目、蝉科，世界已知有3000余种。蝉翼透明轻薄，其表面有非常好的超疏水性和自清洁性[44-46]，可以使蝉保持良好的飞行能力。梁爱萍等[46]研究发现，不同种类的蝉其翅表面的疏水性存在很大差异，接触角从76.8°至146.0°不等，翅表面疏水性的强弱主要由其表面纳米级形貌结构（用乳突的基部直径、基部间距及乳突高3个参数表示）和化学成分（主要为蜡质类）共同决定。该研究结果显示，翅表乳突形状不同则疏水性不同，结构均一的翅表面疏水性较强，在金平埃角蝉（Ebhulini Distant jinpingensis）的翅表面（图1.9），乳突基部直径为（141±5）nm，基部间距为（46±4）nm，乳突高（391±24）nm，水滴在翅表的接触角达到146.0°，表现出最强的疏水性能。

（5）蝴蝶翅膀

蝴蝶隶属于昆虫纲、鳞翅目。房岩等[47,48]研究发现，在绿豹蛱蝶（Argynnis paphia）和菜粉蝶（Pieris rapae）[图1.10(a)和(b)]等的翅表面[分别属于

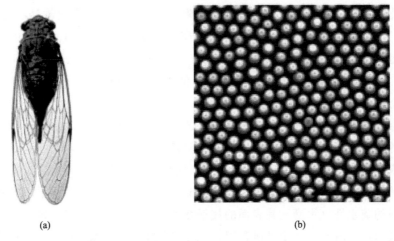

(a)   (b)

图 1.9   金平埃角蝉翅表面的 SEM 图像[44]

(a)   (b)

(c)   (d)

图 1.10   菜粉蝶和绿豹蛱蝶图片及蝴蝶翅鳞片 SEM 图像[47]

蛱蝶科（Nymphalidae）、粉蝶科（Pieridae）]均有很好的超疏水性，水滴在其表面的接触角分别达到152.5°和159.7°。研究发现在蝶翅表面分布有大量的鳞片，鳞片的表面又分布有大量平行排列的纵肋。蝴蝶翅上的鳞片微观形态会因种类的不同而有所差异，有窄叶形、阔叶形和圆叶形3种形状。翅面鳞片如覆瓦状相互重叠排列，在微米级和纳米级尺度上，均可以看出鳞片微观和超微结构具有各向异性[图1.10(c)、(d)]。通过测量水滴在鳞片粗糙表面的滚动角，发现蝴蝶翅表面的自清洁性具有各向异性。

（6）白蚁

白蚁（termite）属于昆虫纲、等翅目、白蚁科。Watson等[49]研究发现，象白蚁属（Nasutitermes）和锯白蚁属（Microcerotermes）白蚁的翅膀表面有很好的超疏水性，水滴在其上的接触角接近180°。该研究小组用扫描电镜发现，在白蚁翅膀表面分布有大量的体毛（体毛在其翅膀表面的密度为5根/100 μm²）和星形结构的微凸体［图1.11]，星形微凸体高5～6 μm、宽5～6 μm，微凸体由5～7个

(a)

(b)

(c)

(d)

图1.11　不同放大倍数白蚁翅面的SEM图像［(a)～(c)]和
白蚁翅面的光学照片（d)[49]

宽 90～120 nm 的"手臂"构成，沿着体毛的根基到顶端，分布有大量的凹槽，如果用低表面能材料聚二甲基硅氧烷在白蚁翅体毛表面涂层薄膜（聚二甲基硅氧烷为低表面能化学材料，水滴在其薄膜表面的静态接触角为 105°），随着薄膜厚度的增加，其疏水性减弱，10 μL 的水滴在其翅表面体毛上的黏附力仅为 15 nN，在体毛表面涂聚二甲基硅氧烷薄膜后，黏附力增大为 45 nN，当二甲基硅氧烷薄膜的厚度逐渐增加，体毛表面的微观结构消失而变成光滑的"圆柱体"，水滴在其表面的黏附力则增大至 300 nN，这说明体毛表面由大量凹槽构成的微纳米粗糙结构对其表面的疏水性有重要作用，表面分布的体毛和星形微纳米复合结构会吸附空气膜而使水滴不能浸入，表现出优异的超疏水性能，表面不会被雨水、露水黏附，保证白蚁在雨天能够安全、顺利地飞行。

1.1.2　自然界典型超亲水表面

（1）泥炭藓

泥炭藓（*Sphagnum palustre*）是典型的超亲水低等植物，又名水苔、地毛衣等，属于苔藓植物门、泥炭藓纲、泥炭藓目、泥炭藓科、泥炭藓属类植物。苔藓类植物属于低等植物，并没有真正意义上传统植物所拥有的根、茎、叶，其整体结构较为简单，不具有维管组织。苔藓类植物是介于水生植物与陆地植物之间的一种特殊的植物。泥炭藓最早出现的时间是古生代晚期二叠纪，距今已经有 2.5 亿～2.95 亿年的历史，是一种非常远古的植物。泥炭藓［图 1.12(a)］属于低等植物，没有

(a) 泥炭藓照片　　　　　　　　　　　　　(b) 泥炭藓微观结构图

图 1.12　泥炭藓照片及微观结构图[50]

根部来吸收和转移水分，只能通过超亲水表面从环境中吸收水分和营养物质。这些植物本身表皮腺体会分泌亲水性化合物来提高表面亲水性，但要想吸收大量水分仅靠分泌的亲水性物质是无法实现的。为了获得大量水分，植物表皮必须具有一定的微观结构使表面呈现超亲水性质。图 1.12（b）为泥炭藓的扫描电镜照片，可看到整个表面均匀分布着直径约为 $10\sim20~\mu m$ 的孔状结构，这些孔状结构可实现水和气的交换，增强表面的亲水能力，进而获得超亲水性，最终导致其最大吸水量达自身质量的 20 倍[50]。

陈天驰[51]为深入研究泥炭藓的超亲水机理，对其表面结构特性、表面化学成分进行表征，并建立三维模型和泥炭藓茎叶结构的相关理论方程，以获得泥炭藓表面结构的特征参数，例如表面粗糙度、表面分形维数和泥炭藓叶片的孔隙率等。在建立泥炭藓模型的基础上，通过高速摄像机对不同液体在泥炭藓叶片上的流动特性进行研究，获得泥炭藓叶片超亲水的铺展机理。而后又通过水滴滴落试验对泥炭藓茎叶的动态捕捉水滴特性进行研究，揭示了泥炭藓茎叶的水滴捕捉机理。研究证明泥炭藓植物具有独特的超亲水特性，表面独特的微结构是具有超亲水特性的关键，对泥炭藓表面微结构的研究丰富了超亲水表面的理论，从而为超亲水表面微结构的制备提供了一种新型结构，并希望以此提高植入物与骨表面的结合力。

（2）松萝凤梨

松萝凤梨是超亲水高等植物的典型代表，松萝凤梨（*Tillandsia usneoides*）是凤梨科铁兰属多年生附生草本植物。原产于美国南部、阿根廷中部，我国引种的时间不长，在花卉市场上能见到。其表皮细胞上含有粗糙多孔的吸水毛状体使表面实现超亲水性（其微观形貌见图 1.13）[52]。松萝凤梨通过其超亲水叶面上银灰色的绒毛状鳞片直接摄取生长所需的养料和水分。泥炭藓通过其超亲水叶面的多孔表面结构直接吸收水分。

(a)　　　　　　　　　　(b)　　　　　　　　　　(c)

图 1.13　松萝凤梨照片及微观结构图

（3）绒叶肖竹芋

绒叶肖竹芋（*Calathea zebrina*）又称天鹅绒竹芋、斑叶竹芋，为竹芋科肖竹芋属多年生常绿草本观叶植物。绒叶肖竹芋植株具地下根茎，叶单生，根出，植株矮生，株高 50～60 cm，是竹芋科中大叶种之一。原产南美的热带雨林中，1732 年已引种到英国，作为温室观叶植物很快被欧洲各国相继引种，在我国栽培的时间不长。1949 年后，在北京、南京、广州等植物园内栽培，随后普及到城市主要公园内，但栽培数量都很少。直到 20 世纪 80 年代以后，在南方各省才有批量生产。绒叶肖竹芋的叶子表面（图 1.14）分布着均匀一致的微米级圆锥结构。

(a)   (b)

图 1.14　绒叶肖竹芋照片及微观结构图[52]

（4）锦芦莉草

锦芦莉草（*Ruellia devosiana*）又称紫叶芦莉草，属于爵床科、芦莉草属，主要分布于云南、贵州等地。锦芦莉草的表面（图 1.15）具有微米级乳突和渠道状的复合结构。这些结构能够使液滴在其表面快速铺展。研究表明，在锦芦莉草的表面，5 mL 的水滴能够在 0.2 s 内快速扩散至接触角为 0°。这种极强的快速扩散能力，不仅使锦芦莉草具有自清洁的作用，还能够使水分迅速蒸发[52]。

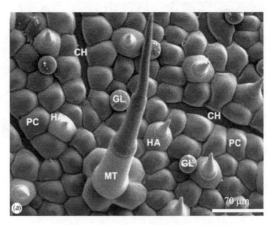

(a)   (b)

图 1.15　锦芦莉草照片及微观结构图[52]

（5）紫花琉璃草

紫花琉璃草（*Cerinthe major*）又名蓝蜡花、蜜蜡花，属于一年生草本，原产于地中海沿岸。翠绿茎直立，天然分枝较少，株高约 30～100cm。椭圆形互生叶片有灰白斑，叶片基部抱茎，中肋明显，叶片有被粉的质感。复蝎尾花序自茎端伸出，心形或圆形苞片呈绿色或蓝紫色，苞片内 1～3 朵壶状花下垂，萼片呈圆形或心形，雌蕊略伸出花外，花凋谢后宿存。原种花朵黄色、基部紫褐色。紫花琉璃草的叶子表面分布有多孔结构（图 1.16），这些多孔结构保证了植物体能够源源不断地从周围环境汲取水分[53]。

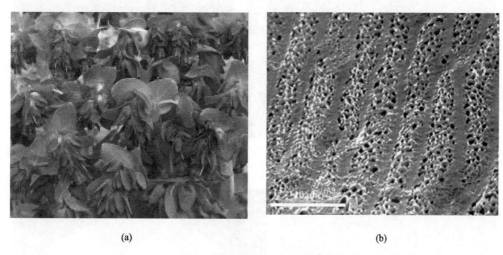

(a)   (b)

图 1.16　紫花琉璃草照片及微观结构图[53]

1.1.3　自然界典型超疏油表面

到目前为止，自然界空气中超疏油表面尚未发现，但水下超疏油表面已被发现。

（1）荷叶下表面

虽然荷叶的上表面有着优异的超疏水性能，但是不具有超疏油性能，很容易被油污染。与荷叶上表面的润湿性能相反，荷叶下表面是超亲水的，并且在水中有着优异的低黏附超疏油性能，使其在水中不会被油污染。水滴在其上表面呈球形，油滴（染上颜色的正己烷）在其下表面呈球形 [图 1.17(a)]。荷叶是将超疏水性和超亲水性完美结合的产物，正是因为荷叶具有两种超浸润特性才使其保持纯净，并且稳定漂浮在水面 [图 1.17(b)]。2011 年 Cheng 等[54]对荷叶下表面的水下超疏油性能进行了研究，环境扫描电镜图像显示荷叶下表面是由无数扁平的、略微凸起的乳突构成的，长约 30～50 μm，宽约 10～30 μm [图 1.17(c)]；原子力显微镜（AFM）用来进一步研究单个的乳突结构，每一个乳突表面覆盖有尺寸约为

200～500 nm 的纳米凹槽，每个乳突约 4 μm 高 [图 1.17(d)]。此外，其下侧的表皮腺可能分泌一些亲水性化合物。这种微纳米结构结合表面分泌的亲水性化合物使得荷叶下表面在空气中呈超亲水性。当荷叶下表面在水中时，水会代替微纳米结构中的空气，极大地降低油滴和固体表面的接触面积，从而导致大的油接触角和小的油滚动角。

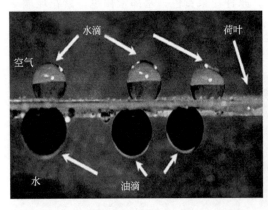

(a) 荷叶下表面水下超疏油的图像

(b) 荷叶漂浮在水表面的宏观图像

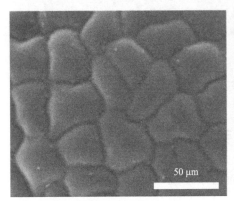

(c) 荷叶下表面的环境SEM图像

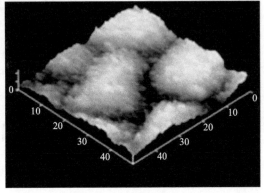

(d) 荷叶下表面的AFM图像(单位：μm)

图 1.17　荷叶下表面超疏油性能[50]

（2）鱼鳞

与空气中的自清洁生物表面相比，水中自清洁的生物表面也引起了人们的关注。在漏油事件中，海鸟会浑身沾满原油并挣扎死去，而鱼却可以逃离灾难，表明了鱼体表面具有与陆生动物不一样的物理化学特性。基于此，江雷课题组[55]首先研究了鱼鳞表面的润湿性。鱼鳞在空气中为超亲水性，在水中为超疏油性。研究发现鱼鳞表面由含有亲水性的羟基磷灰石蛋白质和一层薄薄的黏液以及微纳米级复合结构组成。如图 1.18 所示，鱼鳞表面复合结构由沿径向方向定向排列的微米级乳突（长 $100\sim300\ \mu m$，宽 $30\sim40\ \mu m$）组成，并且乳突表面覆盖了纳米级的粗糙结构，导致了其水下超疏油性质，水下油接触角为 $156.4°\pm3°$。因此，鱼鳞表面具有的亲水性化学成分和微纳米级复合结构共同决定了其超亲水-水下超疏油的性质。很多空气中具有亲水性质的材料都可用来尝试制备水下超疏油材料。这一新的浸润性领域的开拓对水体系下诸多领域中智能材料的设计有着深刻的启发作用，如船舶的防污和减阻、原油泄漏治理等。

(a)

(b)

(c)

(d)

图 1.18　鱼照片（a）及鱼鳞微观结构图（b）～（d）[55]

（3）蛤蜊壳内表面

从荷叶下表面、鱼鳞表面形貌可知，微观结构对水下超疏油性质的获得十分重要，这一重要性也在蛤蜊上得到了体现。根据生物体构成，蛤蜊壳内表面可分为两个区域：a. 边缘光滑区域［如图 1.19(b) 中的区域 1］；b. 大脑皮层覆盖区域［如图 1.19(b) 中的区域 2］；这两个区域的分界线是外套线（大脑皮层的肌痕）。2012

年 Liu 等[56]对蛤蜊壳内表面的水下油润湿性进行了研究。当蛤蜊壳内表面经去离子水冲洗、原油浸泡后，区域1被原油污染，而区域2依然十分干净［图1.19(b)和（c)］，表明区域2具有十分优异的水下超疏油性。区域1和区域2显示不同水下油润湿性的原因并不是表面化学成分的不同（主要成分均是亲水的无机 CaCO$_3$），而是因为表面微观结构的极大差异。在区域1，微米级叶状薄片以特别小的倾斜角度紧挨在一起，形成的形貌较光滑［图1.19(d)］，表面均方根（RMS）粗糙度仅

(a) 蛤蜊照片，蛤蜊壳内表面的宏观形貌和微观形貌

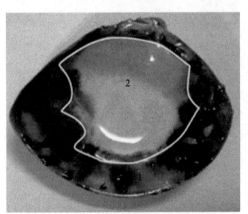

(b) 油污染前的照片

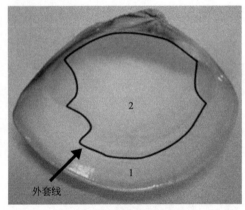

外套线

(c) 油污染后的照片

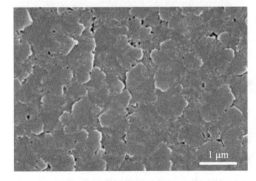

(d) 区域1的SEM图像

(e) 区域2的SEM图像

图 1.19　蛤蜊壳内表面[56]

金属特殊润湿性表面制备及性能研究

为 76.4 nm±10.2 nm，波动范围仅 100 nm；而在区域 2，微米级不规则的块状结构无序地堆放在一起，在微米级块状结构的表面还分布有纳米级结构，形成的形貌非常粗糙 [图 1.19(e)]，表面均方根 （RMS） 粗糙度为 137.5 nm±32.8 nm，而波动范围达 700 nm。区域 2 的微观粗糙结构可使表面更亲水，捕获更多水相，进而减小固油接触面积，减小黏附力，提高超疏油性。

1.1.4　自然界典型亲/疏水图案表面

为适应环境需要，自然界中许多生物都利用自身所特有的超亲水/超疏水图案完成十分重要的生命活动。非洲的纳米布沙漠是世界上最干旱的地区之一，即使在这样的环境中仍然有生命的痕迹。Parker 等[57]研究发现，非洲纳米布沙漠生活着一种甲虫 （*Stenocara*），能通过独特的方式在沙漠中收集水，以维持生命。这种甲虫背部的翅膀上有很多麻点状的突起物 （图 1.20），通过扫描电镜观察，这些突起

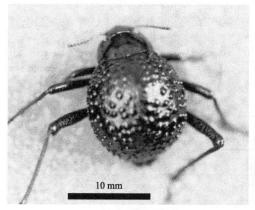

(a) 沙漠甲虫的照片

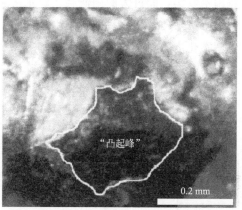

(b) 在鞘翅上的一个"凸起峰"

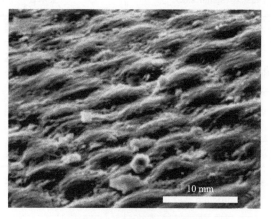

(c) 凹陷区域带纹理表面的SEM图像

图 1.20　沙漠甲虫及其亲水/疏水图案表面[57]

物平均直径为 0.5 mm，突起之间的间距为 0.5～1.5 mm。进一步考察发现甲虫背部的润湿性很特别，突起物表面光滑，没有其他物质覆盖，是亲水的；而在突起之间的部位则覆盖着披有蜡状的微米结构，由直径约 10 μm 的平滑半球呈规则的六角形排列而成，形成超疏水区域。当雾气吹向甲虫背部的时候，在亲水的突起上凝结、长大。因为亲水区域面积有限，水滴受到周围疏水区域的限制，长大到一定尺寸之后就由重力作用而滚落到甲虫的嘴里。沙漠甲虫通过将亲水/疏水图案进行复合，实现了从空气中收集淡水的目的。沙漠甲虫表面亲水与疏水区域的结合是集雾的关键。受沙漠甲虫的启发，人们制备了具有类似性能的集水材料。这项技术将来可以用于减少机场的雾、集水灌溉，还可用于多雾干旱的地区收集饮用水等。另外，这种亲水/疏水结合的表面在可控药物释放涂层、户外的微流体器件以及生物芯片等领域具有潜在的应用前景。

自然界中还有其他的生物自身也有超亲水/超疏水图案，例如地衣。地衣[58]的杯状茎表现出超疏水性，而杯状茎周围有许多的亲水点。当下小雨的时候亲水点会将雨水收集，而过大的雨滴会从疏水区域脱落。地衣通过这种特殊的图案化表面结构进行有效的水吸收从而实现生长繁殖。这类具有超亲水和超疏水区域的极端润湿性图案化表面激发了人们很大的兴趣。

随着多种仿生植物、动物的特殊润湿性表面仿生材料的涌现，具有特殊浸润性及特殊应用前景的仿生材料被相继报道，现将特殊润湿性仿生材料及功能应用总结如表 1.1 所列。

表 1.1　特殊润湿性仿生材料及功能应用

年份	生物启示材料	特殊润湿性及应用	参考文献
1997	荷叶(lotus leaf)	超疏水、自清洁	[13,14]
2000	壁虎足毛(gecko foot-hair) 蜘蛛丝(spider silk)	超疏水性、高附着力 集水性	[59] [60]
2001	沙漠甲虫(desert beetle)	超疏水-超亲水性	[57]
2002	水稻叶(rice leaf) 仙人掌茎(cactus stems)	超疏水、各向异性 雾收集、梯度润湿	[61] [62]
2004	水黾腿(water strider leg) 蝉翅(cicada wing)	超疏水、流体减阻 超疏水、抗反射	[37] [44]
2006	猪笼草(nepenthes pitcher plant)	润滑、水下双疏性	[63-66]
2007	蝴蝶翼(butterfly wing) 蚊眼(mosquito eye)	各向异性、结构色 抗反射、防雾	[47] [41]
2008	红玫瑰花瓣(red rose petal)	超疏水、高或低的附着力	[27]

年份	生物启示材料	特殊润湿性及应用	参考文献
2009	鱼鳞(fish scale)	超亲水-水下超疏油	[55]
2010	槐叶萍叶子(salvinia leaf) 鲨鱼皮肤(shark skin)	超疏水、高附着力 流体减阻	[67,68] [69,70]
2011	杨树叶毛(poplar leaf hair) 弹尾虫角质层(springtail cuticle)	超疏水、防反射 超双疏	[71] [72]
2012	蛤壳(clam shell)	超亲水-水下超疏油	[56]
2016	企鹅毛(penguin feather) 燕鸥鸟嘴部(skimmer beak)	抗结冰 减阻	[73] [74]
2018	瓶子草毛状体(sarracenia trichome) 蚯蚓(earthworms)	水收集与定向传输 自润滑、减少摩擦、防污	[75] [76]

1.2　固体表面润湿性

表面润湿理论研究开展得较早，在 19 世纪科学家们便对固体表面的润湿性行为展开了理论分析和研究。下面将从表面张力与表面能、静态接触角与润湿方程、动态接触角和油-水-固三相体系的润湿方程 4 个方面展开介绍。

1.2.1　表面张力与表面能

表面自由能（表面能）常常也称作表面张力，但两者物理意义不同。表面自由能（surface free energy）是指在温度、压力和组成保持恒定的情况下，单位表面积增加时，吉布斯（Gibbs）自由能的增加值，简称表面能，单位为 J/m^2。表面张力（surface tension）是液体表面层由于分子引力不均衡而产生的沿表面作用于任一界线上的张力，单位为 N/m。虽然，表面自由能和表面张力的物理概念和意义不同，但对于同一材料两者量纲相同、数值相等（如正己烷的表面自由能为 $0.0184 J/m^2$，表面张力为 $0.0184 N/m$），两者通常都用 γ 来表示[77]。故本书中，表面自由能与表面张力不做严格区分而交替使用。

一般而言，对于同一液体，表面能高的固体比表面能低的固体表面更易被液体所润湿；同理，表面能低的表面比表面能高的表面更容易疏液。通常将 0.1 N/m

作为表面能高低的一个分界线，表面能大于该数值的表面称为高能表面，表面能小于该数值的表面称为低能表面。含氟聚合物的表面张力往往较小，成为了制备超疏油表面过程中降低表面能的首选材料[78]，目前报道的含氟类物质最低的表面能为 $10.4\ mN/m^{[79]}$。

对于同一固体，固体表面更容易被表面能低的液滴润湿。对于液体来说，一般液体（除水银外）的表面张力都在 100 mN/m 以下。以此数值为界可以把固体分为两类[30]：一类是高能表面，例如常见的金属及其氧化物、硫化物、无机盐等，它们具有较高的表面自由焓，大致在每平方米几百至几千毫焦之间，它们容易被一般液体润湿；另一类为低能表面，包括一般的有机固体及高聚物，它们的表面自由焓与液体大致相当，在 $25\sim100\ mJ/m^2$ 左右，它们的润湿性质与液-固两相的表面组成及性质密切相关。对于固体表面来说，一般按其自由能的大小可以分为亲水和疏水两大类。较为常见的亲水表面有玻璃、金属等；疏水/亲油的表面有聚烯烃、硅等；疏水/疏油的表面有聚四氟乙烯等。水的表面张力较高为 72.8 mN/m，油类液体的表面张力一般都较低，在 $20\sim40\ mN/m$ 之间。从表面化学的角度来讲，只有在固体表面自由能低于相应液体表面自由能的 1/4 的情况下才可能获得超疏液表面[80]。因此，从降低表面张力的角度来说，制备超疏油表面的难度要远大于制备超疏水表面。

研究表明，对于常用的高分子烃类化合物中氢原子被其他原子取代或引入其他原子均可使其润湿性发生变化。卤素中氟原子取代氢原子可降低高聚物的 γ_c，而且取代的氢原子越多，降得越低。其他卤素原子取代氢原子或在碳氢链中引入氧和氮等杂原子均可增加高聚物的 γ_c。几种常见元素增加高聚物固体 γ_c 的次序是：

$$N>O>I>Br>Cl>H>F$$

常见的低表面能分子主要含有甲基和氟原子等可以取代氢原子的基团，其表面能按下列顺序降低：

$$—CH_2—>—CH_3>—CF_2—>—CF_2H>—CF_3$$

对于超疏水研究而言，表面能越低越有利于超疏水材料的制备。因此，含氟化合物是降低表面能实现超疏水的理想选择。

1.2.2 静态接触角与润湿方程

当液滴滴在固体表面时，可能会出现 3 种情况：

① 液滴在固体表面完全铺展开，在表面形成一层很薄的液体膜；

② 液滴在固体表面部分铺展开，在表面形成一冠状的液滴；

③ 液滴在固体表面几乎不发生铺展，在表面形成一球状或类似球状的液滴[81]。

设将液体滴在固体表面上，液体并不完全展开而与固体表面成一角度，即所谓的接触角。接触角的定义是，在固体表面形成一球状或冠状液滴时，固、液、气三相达到平衡，如图 1.21 所示，在三相交点处沿气/液界面做一切线，此切线与固-液界面之间的夹角称为接触角（contact angle，CA），通常以 θ 表示，是液体对固体表面润湿程度的量度[2]。若固体是亲液的则液体的接触角 $\theta < 90°$，其中 $0 < \theta < 10°$ 为超亲液；若固体是疏液的则液体的接触角 $\theta > 90°$，其中 $\theta \geqslant 150°$ 为超疏液。滚动角是指使液滴从固体表面滚落所需的最小倾斜角，即当缓慢倾斜固体基底时，液滴刚刚开始滚落的一瞬间，固体基底与水平面之间的夹角。滚动角可以反映固体表面对液体黏附力的大小，滚动角越小，黏附力越小。

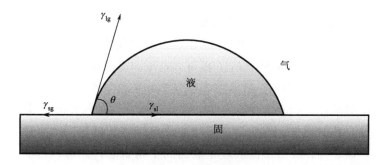

图 1.21　接触角示意

液体对固体表面的润湿情况与液固界面的表面张力和固体表面的粗糙程度有关。早在 19 世纪，人们就开始对表面润湿性行为进行理论研究。对于静态液体与固体表面的润湿状态主要有以下理论：Young 方程、Wenzel 模型和 Cassie-Baxter 模型及两者的过渡态，模型示意见图 1.22。

(a) Wenzel　　　　　　(b) Cassie-Baxter润湿状态　　　　(c) Wenzel模型与Cassie-Baxter模型
　　　　　　　　　　　　　　　　　　　　　　　　　两者过渡态示意

图 1.22　Wenzel 模型、Cassie-Baxter 模型及两者的过渡态示意

（1）Young 方程

1805 年，英国科学家 T. Young 首次描述了液滴与理想固体表面（即刚性材料表面绝对光滑、组成均一、具有不溶性和不发生反应）的内在联系，提出可以通过平面固体表面上液滴在三个界面张力下的平衡关系来衡量接触角，即可由固-液表面张力 γ_{sl}、液-气表面张力 γ_{lg} 和固-气界面张力 γ_{sg} 来决定。因此，接触角的相对大小也是三相体系本身追求最小能量的结果，Young 通过力学关系推导出了在三

个表面张力达到平衡状态时 θ 与 γ_{sl}、γ_{lg} 和 γ_{sg} 的定量关系[82]：

$$\gamma_{sg} = \gamma_{sl} + \gamma_{lg}\cos\theta \tag{1.1}$$

式中　θ——平衡接触角，又称材料的本征接触角或者固有接触角（intrinsic contact angle）。

式(1.1) 就是著名的 Young 方程，也称浸润方程，是研究固-液润湿作用的理论基础。

将式(1.1) 稍做一下变换就可以得到计算本征接触角 θ 的公式：

$$\cos\theta = (\gamma_{sg} - \gamma_{sl})/\gamma_{lg} \tag{1.2}$$

Young 方程是研究固/液润湿作用的基础，接触角 θ 的大小是判断润湿性能强弱的依据：

① $\theta = 0°$，完全浸润，液体在固体表面完全铺展开；

② $0° < \theta < 90°$，液体可润湿固体，θ 值越小，润湿性越好；

③ $90° \leqslant \theta < 180°$，液体不润湿，$\theta$ 值越大，不润湿的程度越高；

④ $\theta = 180°$，完全不润湿，液滴在固体表面凝聚成小球。

需要指出的是，Young 方程适用的条件是理想表面，即表面光滑、无限平坦、化学组成均一、各向同性、不变形、无化学反应发生的理想固体表面，只有在这样的表面上，固、气、液三相接触时才能达到平衡状态，此时，三个张力应满足 $\gamma_{sg} - \gamma_{sl} \leqslant \gamma_{lg}$。

Young 方程包含了较多的数学转换，而不具有真实的物理和化学意义。这种经典定义无法解释一些特殊表面的润湿现象。例如，光滑的聚乙烯醇表面水的接触角只有 $72°$，按经典定义划分属于亲水性表面；而增加一定粗糙度后的聚乙烯醇纳米纤维薄膜表面的接触角可达 $171°$[83]。数十年来，有部分学者从水结构和在表面上反应的观点出发，认为实际上的亲水和疏水的界限应定义为约 $65°$[84-87]。按此界限，实际上就扩大了疏水表面的范围。

Young 方程是一个建立在理想条件及热力学平衡下的，以热力学参数来定量描述接触角的唯象方程[88-90]。同绝大多数热力学方程一样，这种定量关系只有在特殊控制的接近理想状态的实验条件下，较准确地测量出各个热力学量，才有可能得到验证。在通常条件下，接触角的大小还会受到温度、三相线形成方式、表面化学组成的不均匀性和粗糙度等诸多因素的影响而呈现出测量数据的漂移，而 Young 方程只能对通常的状况给出一些定性的指导。

（2）Wenzel 模型

1936 年，Wenzel 最先认识到具有细微结构的粗糙表面的真实表面积要比其表观表面积大，因此从能量的观点来看，粗糙将会增大固-液和固-气界面张力对体系自由能的贡献，进而影响粗糙表面的接触角。若一固体表面实际表面积为 S，当把它看作理想表面时的几何表面积为 S_0，则定义粗糙度 r 为实际表面积与理想几何表面积的比，也即 $S = rS_0$，r 反映了固体表面的粗糙程度，r 值越大表面越粗糙。

将这一关系应用于 Young 方程就可得到 Wenzel 方程[91]：

$$\cos\theta_W = r\cos\theta \tag{1.3}$$

式中　θ_W——Wenzel 状态下的接触角；

　　　θ——相应的理想表面的接触角；

　　　r——粗糙度。

Wenzel 模型的基本假设是液滴完全填充到粗糙表面的凹槽中，如图 1.22(a) 所示。

由于实际表面存在粗糙度，使得固-液的实际接触面积要大于表观几何上观察到的面积，即 $r \geq 1$。根据 Wenzel 方程，可以得到：a. 当 $\theta < 90°$时，θ_W 随表面粗糙度 r 的增大而减小，即表面变得更加亲液；b. 当 $\theta > 90°$时，θ_W 随表面粗糙度 r 的增大而增大，即表面变得更加疏液。

也就是说，粗糙度能够强化表面固有的润湿性，使原本亲水的表面变得更亲水，原本疏水的表面更疏水。

粗糙结构对表面润湿性的增强作用是仅仅靠改变表面化学组分所达不到的。Nishino 等[92]测量了—CF_3 基团封闭六角形的表面自由能，这种表面被认为是具有最低表面能的固体表面，然而，实验结果表明，即使具有最低表面自由能的光滑表面与水的接触角也只有 119°，其表面自由能为 6.7 mN/m。

应当指出的是，Wenzel 方程只适用于热力学稳定的平衡状态，但由于表面不均匀，液体在表面上铺展时需要克服一系列由于起伏不平而造成的势垒。当液滴振动能小于这种势垒时，液滴不能达到 Wenzel 方程所需求的平衡状态而可能处于某种亚稳态。

（3）Cassie-Baxter 模型

由于 Wenzel 方程只适用于均相粗糙表面，当固体表面化学组成不均匀或由不同种类的化学物质组成时，则不再适用。Cassie 和 Baxter 针对这种情况，于 1944 年提出液体在其表面上的接触角取决于每一化学组分其理想表面上的接触角和每一化学组分的面积在整个表面中所占的比例。对于最简单的只有两种不同化学组分（组分 1 和组分 2）的平坦表面，液体在其上的接触角可表示为[93]：

$$\cos\theta = f_1\cos\theta_1 + f_2\cos\theta_2 \tag{1.4}$$

式中　θ_1、θ_2——组分 1 和组分 2 的理想表面的接触角；

　　　f_1、f_2——这两种组成区域在整个表面中各自所占的比例，且满足 $f_1 + f_2 = 1$。

通常将式(1.4) 称为 Cassie-Baxter 方程。

此方程也适用于具有多孔的物质或粗糙至能截留空气的表面，此时表面由固体物质及空气组成。当表面结构疏水性较强时，Cassie 和 Baxter 认为，在疏水表面上的液滴并不能填满粗糙表面上的凹槽，在液滴下有截留的空气存在，界面是由固体与气体组成的气-固复合界面，如图 1.22(b) 所示。表观上的固-液接触面实际上是由固-液接触面与气-液接触面共同组成。此时的 f_2 为多孔的分数或截留空气部分的表观面积分数，由于空气对水的接触角 $\theta_2 = 180°$，即 $\cos\theta_2 = -1$。所以，式（1.4）可以简化为

$$\cos\theta = f_1\cos\theta_1 - f_2 \qquad (1.5)$$

需要指出的是，虽然 Wenzel 模型和 Cassie-Baxter 模型都对非理想表面的接触角做了良好近似，但上述这些公式还是经验性和模型化的结果。事实上，固体表面不一定符合公式所描述的情况，因为它与表面的形貌有关。例如，具有平行凹槽或凹坑的表面，它们的粗糙度相同，但各自呈现的性质却完全不一样。因此，如果完全不知道一个复合表面的形貌，其粗糙程度不一定可用粗糙因子 r 来修正。

（4）Wenzel 与 Cassie-Baxter 模型的改进

Onda 等[94]通过引入分形指数对 Wenzel 方程进行了改进。

$$\cos\theta_f = \left(\frac{L}{l}\right)^{D-2}\cos\theta_y \qquad (1.6)$$

式中　$\cos\theta_f$——分形表面的接触角；

　　$(L/l)^{D-2}$——表面积放大因子；

　　L、l——表面具有分形行为的上限和下限尺度；

　　　D——分形维。

使用方程时要注意两点：a. l 远远大于组成液滴的分子直径；b. L 远远小于液滴的直径。

与此同时，许多研究发现，Cassie 方程经常不能正确地描述化学非均一表面的润湿性，尤其是对于具有纳米尺寸的疏水或者亲水区域材料表面[95-98]。Cassie 方程是采用块（patch）的概念定义疏水 1、亲水 2 区域，要求表面是组分 1 和组分 2 具有良好分散的区域。Israelachvili 等[99]从分子尺度研究化学非均一表面的润湿性，理论计算的接触角比 Cassie 接触角要小。同时 Israelachvili 认为定量分析非均一表面的润湿性，需要明确知道各组分的比例，而原子力显微镜（AFM）或扫描隧道显微镜（STM）正是这种研究的最佳工具。大量的实验研究发现，实验接触角比 Cassie 预测值要大[100]。其中气、液、固三相接触线自由能被广泛用于解释 Cassie 计算值与实验接触角的偏离，特别是当区域尺度在微米尺寸以下的时候[98]。目前，大部分的解释与非均一表面的疏水、亲水区域接触线相关，即与疏水、亲水区域的尺度相关。

Woodward 和他的合作者[95]通过引入疏水效应，对实验接触角与 Cassie 方程接触角的偏离进行重新校正。长程的疏水效应能够使疏水作用范围在几何疏水区域的尺度上向外有一定尺度的延伸，这种延伸相当于增加了疏水区域的面积。疏水效应的解释考虑了疏水、亲水区域的尺度，而这正是 Cassie 方程没有考虑的因素，同时这可能也是 Cassie 方程对水接触角解释存在偏差的主要原因。

（5）Wenzel 状态与 Cassie-Baxter 状态之间的关系

由以上描述可知，Wenzel 模型和 Cassie-Baxter 模型都是粗糙表面的两种状态，但它们之间存在着内在的联系[101]。当液滴静置在粗糙固体表面上时，既有可能与表面发生湿式接触形成 Wenzel 状态，也有可能与表面发生复合接触形成 Cassie-Baxter 状态。一般而言，当液滴静置于粗糙固体表面上时，会选择能量较低的接触方式，以使其自身处于稳定状态。直观地看，如果固体表面的疏水性较差，水滴容易渗入到表面的粗糙结构中，极有可能与表面发生湿接触形成 Wenzel 状态；反之，当表面疏水性很好时，由于空气层的存在水滴很难深入到表面粗糙结构中，则很有可能发生复合接触形成 Cassie 状态。当然，也存在两者的过渡态。

Wenzel 状态和 Cassie 状态不是完全独立的，它们之间还可以发生相应的转变[102]。Dettre 和 Johnson[103]在 Wenzel 及 Cassie-Baxter 方程的基础上，通过模拟粗糙表面发现表面粗糙度因子存在一个临界值，超出这一临界值，固体表面的润湿性状态会从 Wenzel 状态向 Cassie 状态转变。Patankar[104]通过计算粗糙模型表面 Wenzel 和 Cassie 状态下的能量，结果表明随着粗糙度的增大，Wenzel 状态下体系的能量不断升高，直至转变为 Cassie-Baxter 状态。从能量的角度来说，表面粗糙度越大，Cassie 状态和 Wenzel 状态之间的能垒越高，Cassie 状态越稳定。

一般来说，处于稳定超疏水状态的 Cassie 接触模式的水滴可以向稳态的 Wenzel 接触模式转变，但两者的能量状态是不同的，要实现其转变过程必须克服相同的能量势垒。通过大量的实验观察发现，通过施加外力可以促使液滴在粗糙固体表面发生 Cassie-Wenzel 润湿转变，例如电压[105-110]、光照[111-113]、蒸发[114-117]和振动[118-122]等。然而，相反的润湿状态转变，即 Wenzel-Cassie 润湿转变，却从未在实验中观察到。

1.2.3 动态接触角

判断表面的疏水效果时，除了静态接触角之外，还必须考虑液滴在微小重力作用下的运动情况，所以动态润湿性及接触角滞后现象的研究就显得十分重要。

以固、液、气三相体系为例，液-固界面取代气-固界面、气-固界面取代液-固界面后形成的接触角通常不相同，这种现象叫作接触角滞后[123,124]。通常定义，液-固界面取代气-固界面后形成的接触角为前进接触角，简称前进角（advancing contact angle，θ_A），如图 1.23(a) 所示；相应地，气-固界面取代液-固界面后形成的接触角为后退接触角，简称后退角（receding contact angle，θ_R），如图 1.23 (b) 所示。前进接触角一般反映与液体亲和力较弱的那部分固体表面的润湿性，而后退接触角则反映与液体亲和力较强的那部分固体表面的润湿性。通常来说，前进接触角大于后退接触角，两者的差值称为接触角滞后（contact angle hysteresis，$\Delta\theta_H = \theta_A - \theta_R$）。接触角滞后的大小能够反映出液滴从固体表面滚落的难易程度，接触角滞后越大，液滴越不容易从表面滚落[125]。在倾斜面上，可以同时看到液滴的前进角和后退角。假设没有接触角滞后，液滴就会滚落。接触角的滞后使液滴能稳定在斜面上。这一事实表明，接触角滞后的原因是液滴的前沿存在能垒。

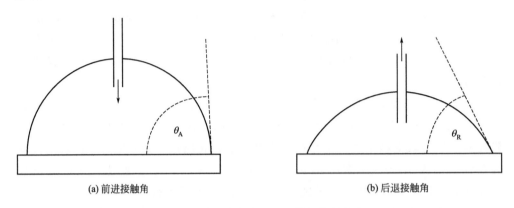

(a) 前进接触角　　　　　　　　　　　　　　　　(b) 后退接触角

图 1.23　前进接触角和后退接触角的示意

相对于前进接触角和后退接触角，滚动角（sliding angle，α）能比较直观地反映出接触角滞后的大小。所谓滚动角是指使液滴从固体表面滚落所需的最小倾斜角，即当缓慢倾斜固体基底时，液滴刚刚开始滚落的一瞬间，固体基底与水平面之间的夹角[126]。Furmidge通过对液滴进行受力分析，如图 1.24 所示，于 1962 年提出了滚动角与前进接触角和后退接触角之间的关系，见式(1.7)[127]：

$$F = (mg\sin\alpha)/w = \gamma_{lg}(\cos\theta_R - \cos\theta_A) \tag{1.7}$$

式中　F——用来使液滴在固体表面移动的作用力，是液滴周长上单位长度的线性临界力；

　　　m——液滴的质量；

　　　g——重力加速度；

　　　α——表面倾斜的角度；

　　　w——液滴的宽度；

　θ_A、θ_R——前进角和后退角；

　　γ_{lg}——气-液界面上液体的自由能。

由前进角和后退角可以计算出能使液滴滚动的表面最小倾角。由式(1.7) 可以看出，接触角滞后越小，液滴发生滚动的最小倾角就越小，即液滴越容易从表面滚落。从式(1.7) 也可以看出，具有相同滞后固体表面的动态接触角滞后和滚动角的大小反映了固体表面对液体的亲和力或者固体表面的黏性，动态接触角滞后和滚动角越大说明固体表面对液体的亲和力或者固体表面的黏性越大[127]。

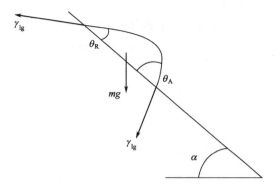

图 1.24　倾斜的固体基底上的液滴[127]

特别地，静态接触角大于 150°、动态接触角滞后或者滚动角小于 10°的固体表面称为自清洁表面。

1.2.4　油-水-固三相体系的润湿方程

上面讨论的润湿情况都发生在空气环境下，即气-液-固体系中的润湿行为，近年来随着海上石油生产及运输的开展和频发的石油泄漏事件，水溶液等液体环境下油对固体表面的润湿情况也引起了人们的关注。对于液-液-固体系，依然可以根据 Young 方程进行推导。在 2009 年，Jung 和 Bhushan[122] 在 Young 方程的基础上，对水下油在固体表面的润湿情况进行了分析和讨论。式(1.8) 和式(1.9) 分别为空气中水在固体表面和油在固体表面的接触角计算公式，式(1.10) 显示了水下油在固体表面的接触角计算公式，具体如下：

$$\cos\theta_w = \frac{\gamma_{sg} - \gamma_{sw}}{\gamma_{wg}} \tag{1.8}$$

$$\cos\theta_o = \frac{\gamma_{sg} - \gamma_{so}}{\gamma_{og}} \tag{1.9}$$

$$\cos\theta_{ow} = \frac{\gamma_{so} - \gamma_{sw}}{\gamma_{ow}} \tag{1.10}$$

式中　θ_w——水在固体表面的接触角；

γ_{sg}——固体表面张力；

γ_{sw}——水与固体界面张力；

γ_{wg}——水的表面张力；

θ_o——油在固体表面的接触角；

γ_{so}——油与固体界面张力；

γ_{og}——油的表面张力；

θ_{ow}——水下油在固体表面的接触角；

γ_{ow}——油与水的界面张力。

联合式(1.8)～式(1.10)得水下油在固体表面的接触角（θ_{ow}）计算公式（1.11）：

$$\cos\theta_{ow} = \frac{\gamma_{wg}\cos\theta_w - \gamma_{og}\cos\theta_o}{\gamma_{ow}} \tag{1.11}$$

对于亲水材料，当疏水材料表面亲油时，会在油-水-固界面得到疏水的表面；而当疏水材料表面疏油时，因为一般 γ_{wg} 比 γ_{og} 大很多，因此大部分疏油表面在油-水-固界面也是疏水的。

水下油滴在液-固界面的接触角（图 1.25）主要分为以下几种情况：

1）若固体表面为空气中亲水表面时，此时必然 $\gamma_{sg} > \gamma_{sw}$。

① 当 $\gamma_{og}\cos\theta_o < \gamma_{wg}\cos\theta_w$，则 $\gamma_{og}\cos\theta_o - \gamma_{wg}\cos\theta_w < 0$，则 $\cos\theta_{ow}$ 必然小于零，此时 $90° < \theta < 180°$，为水下疏油表面。

② 当 $\gamma_{og}\cos\theta_o > \gamma_{wg}\cos\theta_w$，则 $\gamma_{og}\cos\theta_o - \gamma_{wg}\cos\theta_w > 0$，则 $\cos\theta_{ow}$ 必然大于零，此时 $0° < \theta < 90°$，为水下亲油表面。

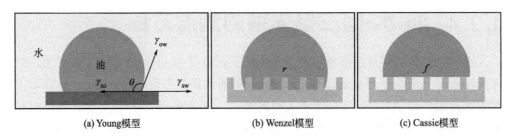

(a) Young模型　　　　　(b) Wenzel模型　　　　　(c) Cassie模型

图 1.25　水下油滴在液-固表面的模型示意[31]

因为水的表面张力远大于油的表面张力，故 $\gamma_{wg}\cos\theta_w > \gamma_{og}\cos\theta_o$，因此，大多数的亲水材料在油-水-固界面也是亲水的。

2）若固体表面为空气中疏水表面时，此时必然 $\gamma_{sg} < \gamma_{sw}$，如果 $\gamma_{sg} < \gamma_{so}$，为空气中疏油表面，则：

① 当 $\gamma_{og}\cos\theta_o > \gamma_{wg}\cos\theta_w$，则 $\gamma_{og}\cos\theta_o - \gamma_{wg}\cos\theta_w < 0$，则 $\cos\theta_{ow}$ 必然小于零，此时 $90° < \theta < 180°$，为水下疏油表面。

② 当 $\gamma_{og}\cos\theta_o < \gamma_{wg}\cos\theta_w$，则 $\gamma_{og}\cos\theta_o - \gamma_{wg}\cos\theta_w > 0$，则 $\cos\theta_{ow}$ 必然小于零，此时 $0° < \theta < 90°$，为水下亲油表面。

如果 $\gamma_{sg} > \gamma_{so}$，为空气中亲油表面，则 $\gamma_{og}\cos\theta_o - \gamma_{wg}\cos\theta_w > 0$ 恒成立，则 $\cos\theta_{ow}$ 必然永远小于零，此时 $0° < \theta < 90°$，为水下亲油表面，无法得到水下疏油表面。

3）若固体表面在空气中表现疏水性（$\gamma_{sg} < \gamma_{sw}$）同时亲油性（$\gamma_{sg} > \gamma_{so}$）时，则 $\gamma_{og}\cos\theta_o > \gamma_{wg}\cos\theta_w$ 恒成立，则 $\cos\theta_{ow}$ 必然永远大于零，此时固体表面在水下为亲油表面。在该条件下无法获得疏油表面。

该式表征的是水下油滴在固体表面的接触角，为液-液-固三相界面接触角，对于非空气环境润湿性的研究具有极其重要的意义。

以上分析都是假定固体表面是理想的光滑平面，对于实际的粗糙表面来说，Wenzel 方程和 Cassie 方程也可以相应地根据水下 Young 方程推广到油-水-固三相界面，其模型表达式分别为：

$$\cos\theta_w = r\cos\theta_{ow} \tag{1.12}$$

$$\cos\theta'_{ow} = f\cos\theta_{ow} + f - 1 \tag{1.13}$$

式中　θ_w、θ'_{ow}——粗糙固体表面水下油接触角；

$\quad\quad\theta_{ow}$——理想光滑表面水下油接触角；

$\quad\quad r$——固体表面粗糙因子；

$\quad\quad f$——油与固体表面的接触面积与水-固界面的百分比。

由式(1.12)和式(1.13)可知，可以通过对固体表面做亲水性处理和增大表面粗糙度来提高固体表面的水下疏油性能。

参 考 文 献

[1] 江雷，冯琳. 仿生智能纳米界面材料 [M]. 北京：化学工业出版社，2007.

[2] 傅献彩，沈文霞，姚天扬，等. 物理化学 [M]. 北京：高等教育出版社，2005.

[3] Vazirinasab E, Jafari R, Momen G. Application of superhydrophobic coatings as a corrosion barrier：A review [J]. Surface Coatings Technology, 2018, 341：40-56.

[4] Su B, Tian Y, Jiang L. Bio-inspired interfaces with super-wettability：from materials to chemistry [J]. Journal of the American Chemical Society, 2016, 138 (6)：1727-1748.

[5] Bonn D, Eggers J, Indekeu J, et al. Wetting and spreading [J]. Reviews of Modern Physics, 2009, 81：739-805.

[6] Yao X, Song Y, Jiang L. Applications of bio-inspired special wettable surfaces [J]. Advanced Materials, 2011, 23：719-734.

[7] Sun T, Feng L, Gao X, et al. Bioinspired surfaces with special wettability [J]. Accounts of Chemical Research, 2005, 38：644-652.

[8] Liu K, Jiang L. Bio-inspired self-cleaning surfaces [J]. Annual Review of Materials Research, 2012, 42：231-263.

[9] Kota A K, Kwon G, Choi W, et al. Hygro-responsive membranes for effective oil-water separation [J]. Nature Communications, 2012, 3：1025.

[10] Zhang W, Shi Z, Zhang F, et al. Superhydrophobic and superoleophilic PVDF membranes for effective separation of water-in-oil emulsions with high flux [J]. Advanced Materials, 2013, 25：2071-2076.

[11] Mishchenko L, Hatton B, Bahadur V, et al. Design of ice-free nanostructured surfaces based on repulsion of impacting water droplets [J]. ACS Nano, 2010, 4：7699-7707.

[12] Boreyko J B, Collier C P. Delayed frost growth on jumping-drop superhydrophobic surfaces [J]. ACS Nano, 2013, 7：1618-1627.

[13] Barthlott W, Neinhuis C. Purity of the sacred lotus, or escape from contamination in biological surfaces [J]. Planta, 1997, 202：1-8.

[14] Neinhuis C, Barthlott W. Characterization and distribution of water-repellent, self-cleaning plant surfaces [J]. Annals of Botany, 1997, 79：667-677.

[15] Bhushan B. Bioinspired structured surfaces [J]. Langmuir, 2012, 28: 1698-1714.

[16] Bush J W M, Hu D L. Walking on water: Biolocomotion at the interface [J]. Annual Review of Fluid Mechanicas, 2006, 38: 339-369.

[17] 江雷. 从自然到仿生的超疏水纳米界面材料 [J]. 科学导报, 2005, 23 (2): 4-8.

[18] Zheng Y M, Gao X F, Jiang L. Directional adhesion of superhydrophobic butterfly wings [J]. Soft Matter, 2007, 3: 178-182.

[19] Sun Y H, Guo Z G. Recent advances of bioinspired functional materials with special wettability: from nature and beyond nature [J]. Nanoscale Horizon, 2019, 4: 52-76.

[20] Zheng Y M, Bai H, Huang Z B, et al. Directional water collection on wetted spider silk [J]. Nature, 2010, 463: 640-643.

[21] Liu X J, Liang Y M, Zhou F, et al. Extreme wettability and tunable adhesion: biomimicking beyond nature? [J]. Soft Matter, 2012, 8: 2070-2086.

[22] Tian Y, Su B, Jiang L, et al. Interfacial material system exhibiting superwettability [J]. Advanced Materials, 2014, 26: 6872-6897.

[23] Liu K, Yao X, Jiang L. Recent developments in bio-inspired special wettability [J]. Chemical Society Reviews, 2010, 39: 3240-3255.

[24] 王鹏伟, 刘明杰, 江雷. 仿生多尺度超浸润界面材料 [J]. 物理学报, 2016, 18: 6801.

[25] 翟锦, 李欢军, 李英顺, 等. 碳纳米管阵列超双疏性质的发现 [J]. 物理, 2002, 31 (8): 483-486.

[26] Guo Z G, Liu W M. Biomimic from the superhydrophobic plant leaves in nature: Binary structure and unitary structure [J]. Plant Science, 2007, 172: 1103-1112.

[27] Feng L, Zhang Y N, Xi J M, et al. Petal effect: a superhydrophobic state with high adhesive force [J]. Langmuir, 2008, 24: 4114-4119.

[28] Bhushan B, Her E K. Fabrication of superhydrophobic surfaces with high and low adhesion inspired from rose petal [J]. Langmuir 2010, 26: 8207-8217.

[29] Peng P P, Ke Q, Zhou G, et al. Fabrication of microcavity-array superhydrophobic surfaces using an improved template method [J]. Journal of Colloid and Interface Science, 2013, 395: 326-328.

[30] Yang S, Ju J, Qiu Y C, et al. Peanut leaf inspired multifunctional surfaces [J]. Small, 2014, 10: 294-299.

[31] 邱宇辰, 刘克松, 江雷. 花生叶表面的高黏附超疏水特性研究及其仿生制备 [J]. 中国科学 (化学), 2011, 41: 403-408.

[32] Guo Z, Liu W, Su B L. Superhydrophobic surfaces: from natural to biomimetic to functional [J]. Journal of Colloid and Interface Science, 2011, 353: 335-355.

[33] Shirtcliffe N, McHale G, Newton M I. The superhydrophobicity of polymer surfaces: Recent developments [J]. Journal of Polymer Science Part B Polymer Physics, 2011, 49: 1203-1217.

[34] 赵坤. 植物表面超疏水及铝, 铜合金基体超疏水, 油表面的制备 [D]. 兰州: 兰州理工大学, 2010.

[35] Puukilainen E, Rasilainen T, Suvanto M, et al. Superhydrophobic polyolefin surfaces: controlled micro-and nanostructures [J]. Langmuir, 2007, 23 (13): 7263-7268.

[36] Hu D L, Chan B, Bush J W M. The hydrodynamics of water strider locomotion [J]. Nature, 2003, 424: 663-666.

[37] Gao X F, Jiang L. Biophysics: Water-repellent legs of water striders [J]. Nature, 2004, 4: 432-436.

[38] 宋金龙, 工程金属材料极端润湿性表面制备及应用研究 [D]. 大连: 大连理工大学, 2015.

[39] 孔祥清, 吴承伟. 蚊子腿表面多级微纳结构的超疏水特性 [J]. 科学通报, 2010, 55: 1589-1594.

[40] 石彦龙，冯晓娟，杨武，等 . 黄斑大蚊的喜湿性及其翅膀、腿表面的超疏水性［J］. 科学通报，2011，
      56：1241-1245.

[41] Gao X F, Yan X, Yao X, et al. The Dry-style antifogging properties of mosquito compound eyes and ar-
      tificial analogues prepared by soft lithography［J］. Advanced Materials, 2007, 19：2213-2217.

[42] 姚昱星，姚希，李作林，等 . 蚊子体表面的微纳米结构与浸润性［J］. 高等学校化学学报，2008，29：
      1826-1828.

[43] Wang X J, Cong Q, Zhang J J, et al. Multivariate coupling mechanism of noctuidae moth wings' surface
      superhydrophobicity［J］. Chinese Science Bulletin, 2009, 54：569-575.

[44] Zhang G M, Zhang J, Xie G Y, et al. Cicada wings：a stamp from nature for nanoimprint lithography
      ［J］. Small, 2006, 2：1440-1443.

[45] Lee W, Jin M K, Yoo W C, et al. Nanostructuring of a polymeric substrate with well-defined nanome-
      ter-scale topography and tailored surface wettability［J］. Langmuir, 2004, 20：7665-7669.

[46] Sun M X, Watson G S, Liang A P, et al. Wetting properties on nanostructured surfaces of cicada wings
      ［J］. Journal of Experimental Biology, 2009, 212：3148-3155.

[47] Fang Y, Sun G, Wang T Q, et al. Hydrophobicity mechanism of non-smooth pattern on surface of but-
      terfly wing［J］. Chinese Science Bulletin, 2007, 52：711-716.

[48] Cong Q, Chen G H, Fang Y, et al. Study on the super-hydrophobic characteristic of butterfly wing sur-
      face［J］. Journal of Bionics Engineering, 2004, 1：249-255.

[49] Watson G S, Cribb B W, Watson J A. How micro/nanoarchitecture facilitates anti-wetting：an elegant
      hierarchical design on the termite wing［J］. ACS Nano, 2010, 4：129-136.

[50] Koch K, Bhushan B, Barthlott W. Diversity of structure, morphology and wetting of plant surfaces［J］.
      Soft Matter, 2008, 4：1943-1963.

[51] 陈天驰 . 泥炭藓的超亲水机理研究［D］. 徐州：中国矿业大学，2018.

[52] Koch K, Barthlott W. Superhydrophobic and superhydrophilic plant surfaces：an inspiration for biomim-
      etic materials［J］. Philosophical Transactions of the Royal Society A, 2009, 367：1487-1509.

[53] Koch K, Inga C B, Gabriele K, et al. The superhydrophilic and superoleophilic leaf surface of ruelliade-
      vosiana（acanthaceae）：a biological model for spreading of water and oil on surfaces［J］. Functional
      Plant Biology, 2009, 36：339-350.

[54] Cheng Q, Li M, Zheng Y, et al. Janus interface materials：superhydrophobic air/solid interface and su-
      peroleophobic water/solid interface inspired by a lotus leaf［J］. Soft Matter, 2011, 7：5948-5951.

[55] Liu M J, Wang S T, Wei Z X, et al. Superoleophobic surfaces：bioinspired design of a superoleophobic
      and low adhesive water/solid interface［J］. Advanced Materials, 2010, 21（6）：665-669.

[56] Liu X, Zhou J, Xue Z X, et al. Clam's shell inspired high-energy inorganic coatings with underwater low
      adhesive superoleophobicity［J］. Advanced Materials, 2012, 24：3401-3405.

[57] Parker A R, Lawrence C R. Water capture by a desert beetle［J］. Nature, 2001, 414：33-34.

[58] Hamlett C A E, Shirtcliffe N J, Pyatt F B, et al. Passive water control at the surface of a superhydro-
      phobic lichen［J］. Planta, 2011, 234：1267-1274.

[59] Autumn K, Liangy A, Hsiehs T, et al. Adhesive force of a single gecko foot-hair［J］. Nature, 2000,
      405：681-685.

[60] Zheng Y, Bai H, Huang Z, et al. Directional water collection on wetted spider silk［J］. Nature, 2010,
      463：640-643.

[61] Feng L, Li S, Li Y, et al. Super-hydrophobic surfaces：from natural to artificial［J］. Advanced Materi-

als，2002，14：1857-1860.

［62］ Ju J，Bai H，Zheng Y，et al. A multi-structural and multi-functional in tegrated fog collection system in cactus ［J］. Nature Communication，2012，3：1247.

［63］ Gorbe V，Gorbs N. Physicochernicalproperties of functional surfaces in pitchers of the carnivorous plant nepenthes alatablanco（nepenthaceae）［J］. Plant Biology，2006，8：841-848.

［64］ Bohnf F，Federle W. Insect aquaplaning：nepenthes pitcher plants capture prey with the peristome，a fully wettable water-lubricated anisotropic surface ［J］. Proceedings of the National Academy of Sciences of the United States of America，2004，101：14138-14143.

［65］ Gorb E，Kastner V，Peressadko A，et al. Structure and properties of the glandular surface in the digestive zone of the pitcher in the carnivorous plant nepenthes ventrata and its role in insect trapping and retention ［J］. Journal of Experimental Biology，2004，207：2947-2963.

［66］ Wong T S，Kang S H，Tang S K Y，et al. Bioinspired self-repairing slippery surfaces with pressure-stable omniphobicity ［J］. Nature，2011，477：443-447.

［67］ Koch K，Bhushan B，Barthlott W. Multifunctional surface structures of plants：an inspiration for biomimetics ［J］. Progress in Materials Science，2009，54：137-178.

［68］ Barthlott W，Schimmel T，Wierschetal S. The salvinia paradox：superhydrophobic surfaces with hydrophilic pins for air retention under ［J］. Advanced. Materials，2010，22：2325-2328.

［69］ Dean B，Bhushan B. Shark-skin surfaces for fluid-drag reduction in turbulent flow：a review ［J］. Philosophical Transactions of the Royal Society A，2010，368：4775-4806.

［70］ Bixlerg D，Bhushan B. Fluid drag reduction with shark-skin riblet inspired microstructured surfaces ［J］. Advanced Functional Materials，2013，23：4507-4528.

［71］ Ye C，Li M，Hu J，et al. Highly reflective superhydrophobic white coating inspired by poplar leaf hairs toward an effective "cool roof" ［J］. Energy Environmental Science，2011，4：3364-3367.

［72］ Helbig R，Nickerl J，Neinhuis C，et al. Smart skin patterns protect springtails ［J］. Plos One，2011，6：e251050.

［73］ Wang S，Yang Z，Guo G，et al. Icephobicity of penguins spheniscushumboldti and an artificial replica of penguin feather with air-infused hierarchical rough structures ［J］. The Journal of Physical Chemistry C，2016，120：15923-15929.

［74］ Martin S，Bhushan B. Discovery of riblets in a bird beak（rynchops）for low fluid drag ［J］. Philosophical Transactions of the Royal Society A，2016，374：134.

［75］ Chen H，Ran T，Gan Y，et al. Ultrafast water harvesting and transport in hierarchical microchannels ［J］. Nature Materials，2018，17（10）：935-942.

［76］ Zhao H，Sun Q，Deng X，et al. Earthworm-inspired rough polymer coatings with self-replenishing lubrication for adaptive friction-reduction and antifouling surfaces ［J］. Advanced Materials，2018，30：1802141.

［77］ Butt H J，Graf K，Kappl M. Physics and chemistry of interfaces ［M］. WILEY-VCH，2003.

［78］ 王琼燕，张庆华，詹晓力，等. 低表面能侧基含氟聚合物 ［J］. 化学进展，2009，21：2183-2187.

［79］ Coulson S R，Woodward I，Badyal J P S，et al. Super-repellent composite fluoropolymer surfaces ［J］. Journal of Physical Chemistry B，2000，104：8836-8840.

［80］ Tsujii K，Yamamoto T，Onda T，et al. Super oil-repellent surfaces ［J］. Angewandte Chemie International Edition，1997，36：1011-1012.

［81］ 顾惕人，朱步瑶，李外郎，等. 表面化学 ［M］. 北京：科学出版社，2001.

[82] Young T. An essay on the cohesion of fluids [J]. Philosophical Transactions of the Royal Society of London, 1805, 95: 65-87.

[83] Dorrer C, Ruhe J. Some thoughts on superhydrophobic wetting [J]. Soft Matter, 2009, 5: 51-61.

[84] Butt H J, Golovko D S, Bonaccurso E. On the derivation of young's equation for sessile drops: nonequilibrium effects due to evaporation [J]. Journal of Physical Chemistry B, 2007, 111: 5277-5283.

[85] Kern R, Muller P. Deformation of an elastic thin solid induced by a liquid droplet [J]. Surface Science. 1992, 264: 467-494.

[86] Guo C W, Wang S T, Liu H, et al, Wettability alteration of polymer surfaces produced by scraping [J]. Journal of Adhesion Science and Technology, 2008, 22: 395-402.

[87] Berg J M, Eriksson L G T, Claesson P M, et al. 3-component langmuir-blodgett-films with a controllable degree of polarity [J]. Langmuir, 1994, 10: 1225-1234.

[88] Vogler E A. Structure and reactivity of water at biomaterial surfaces [J]. Advances in Colloid and Interface Science, 1998, 74: 69-117.

[89] Yoon R H, Flinn D H, Rabinovich Y I. Hydrophobic interactions between dissimilar surfaces [J]. Journal of Colloid and Interface Science, 1997, 185: 363-370.

[90] Patel A J, Varilly P, Chandler D. Fluctuations of water near extended hydrophobic and hydrophilic surfaces [J]. Journal of Physical Chemistry B, 2010, 114: 1632-1637.

[91] Wenzel R N. Resistance of solid surfaces to wetting by water [J]. Industrial and Engineering Chemistry, 1936, 28: 988-994.

[92] Nishino T, Meguro M, Nakamae K, et al. The lowest surface free energy based on-CF_3 alignment [J]. Langmuir, 1999, 15: 4321-4323.

[93] Cassie A B D, Baxter S. Wettability of porous surfaces [J]. Transactions of the Faraday Society, 1944, 40: 546-550.

[94] Onda T, Shibuichi S, Satoh N, et al. Super-water-repellent fractal surfaces [J]. Langmuir, 1996, 12: 2125-2127.

[95] Woodward J T, Gwin H, Schwartz D K. Contact angles on surfaces with mesoscopic chemical heterogeneit [J]. Langmuir, 2000, 16: 2957-2961.

[96] Connell S D A, Allen S, Roberts C J, et al. Investigating the interfacial propenies of single-liquid nanodroplets by atolllic force microscopy [J]. Langmuir, 2002, 18: 1719-1728.

[97] Drelich J, Wilbllr J L, Miller J D. Contact angles for liquid drops at a model heterogeneous surfke consisting of altemating and parallel hydrophobic/hydrophilic strips [J]. Langmuir, 1996, 12: 1913-1922.

[98] Iwamatsu M. The validity of cassie's law: a simple exercise using a simplied model [J]. Journal of Colloid Science, 2006, 294: 176-181.

[99] Israelachvili J N, Intermolecular and surface forces [M]. Third edition. New York: Academic Press, 2011.

[100] Israelachvili J N, Gee M L. Contact angles on chemically heterogeneous surfaces [J]. Langmuir, 1989, 5: 288-289.

[101] Lafuma A, Quéré D. Superhydrophobic states [J]. Nature Materials, 2003, 2: 457-460.

[102] Ishino C, Okumura K, Quéré D. Wetting transitions on rough surfaces [J]. Europhysics Letters, 2004, 68: 419.

[103] Johnson R E, Dettre R H. Contact angle hysteresis. Ⅲ. Study of an idealized heterogeneous surface [J]. Journal of Physical Chemistry, 1964, 68: 1744-1750.

[104] Patankar N A. Transition between superhydrophobic states on rough surfaces [J]. Langmuir, 2004, 20: 7097-7102.

[105] Lin Z, Kerle T, Russell T P, et al. Electric field inducedde wetting at polymer/polymer interfaces [J]. Macromolecules, 2002, 35: 6255-6262.

[106] Krupenkin T N, Taylor J A, Wang E N, et al. Reversible wetting-dewetting transitions on electrically tunable superhydrophobic nanostructured surfaces [J]. Langmuir, 2007, 23: 9128-9133.

[107] Krupenkin T N, Taylor J A, Schneider T M, et al. From rolling ball to complete wetting: the dynamic tuning of liquids on nanostructured surfaces [J]. Langmuir, 2004, 20: 3824-3827.

[108] Kakade B, Mehta R, Durge A, et al. Electric field induced, superhydrophobic to superhydrophilic switching in multiwalled carbon nanotube papers [J]. Nano Letters, 2008, 8: 2693-2696.

[109] Manukyan G, Oh J M, Ende D V D, et al. Electrical switching of wetting states on superhydrophobic surfaces: a route towards reversible cassie-to-wenzel transitions [J]. Physical Review Letters, 2011, 106: 014501.

[110] Papadopoulou E L, Barberoglou M, Zorba V, et al. Reversible photoinduced wettability transition of hierarchical ZnO structures [J]. The Journal of Physical Chemistry C, 2009, 113: 2891-2895.

[111] Han J T, Kim S, Karim A. UVO-tunable superhydrophobic to superhydrophilic wetting transition on biomimetic nanostructured surfaces [J]. Langmuir, 2007, 23: 2608-2614.

[112] Groten J, Bunte C, Ruhe J R. Light-induced switching of surfaces at wetting transitions through photoisomerization of polymer monolayers [J]. Langmuir, 2012, 28: 15038-15046.

[113] Yang J, Zhang Z, Men X, et al. Reversible superhydrophobicity to superhydrophilicity switching of a carbon nanotube film via alternation of UV irradiation and dark storage [J]. Langmuir, 2010, 26: 10198-10202.

[114] Tsai P, Lammertink R G H, Wessling M, et al. Evaporation-triggered wetting transition for water droplets upon hydrophobic microstructures [J]. Physical Review Letters, 2010, 104: 116102.

[115] Luo C, Xiang M, Liu X, et al. Transition from cassie-baxter to wenzel states on microline-formed PDMS surfaces induced by evaporation or pressing of water droplets [J]. Microfluidics and Nano fluidics, 2011, 10: 831-842.

[116] Susarrey-Arce A, Marin A G, Nair H, et al. Absence of an evaporation-driven wetting transition on omniphobic surfaces [J]. Soft Matter, 2012, 8: 9765-9770.

[117] Kusumaatmaja H, Blow M L, Dupuis A, et al. The collapsetransition on superhydrophobic surfaces [J]. Europhysics Letters, 2008, 81: 36003.

[118] Bormashenko E, Pogreb R, Whyman G, et al. Vibration-induced cassie-wenzel wetting transition on rough surfaces [J]. Applied Physics Letters, 2007, 90: 201917.

[119] Bormashenko E, Pogreb R, Whyman G, et al. Resonance cassie-wenzel wetting transition for horizontally vibrated drops deposited on a rough surface [J]. Langmuir, 2007, 23: 12217-12221.

[120] Bormashenko E, Pogreb R, Whyman G, et al. Characterization of rough surfaces with vibrated drops [J]. Physical Chemistry Chemical Physics, 2008, 10: 4056-4061.

[121] Bormashenko E, Pogreb R, Whyman G, et al. Cassie-wenzel wetting transition in vibrating drops deposited on rough surfaces: is the dynamic cassie-wenzel wetting transition a 2D or 1D affair? [J]. Langmuir, 2007, 23: 6501-6503.

[122] Jung Y C, Bhushan B. Wetting behavior of water and oil droplets in three-phase interfaces for hydrophobicity/philicity and oleophobicity/philicity [J]. Langmuir, 2009, 25: 14165-14173.

金属特殊润湿性表面制备
及性能研究

[123] Degennes P G. Wetting-statics and dynamics [J]. Reviews of Modern Physics. 1985, 57: 827-863.

[124] McHale G, Shirtcliffe N J, Newton M I. Super-hydrophobic and super-wetting surfaces: Analytical potential [J]. Analyst, 2004, 129: 284-287.

[125] Extrand C W. Contact angles and their hysteresis as a measure of liquid-solid adhesion [J]. Langmuir, 2004, 20: 4017-4021.

[126] Marmur A. The lotus effect: superhydrophobicity and metastability [J]. Langmuir, 2004, 20: 3517-3519.

[127] Furmidge C G. Studies at phase interfaces. I. Sliding of liquid drops on solid surfaces and a theory for spray retention [J]. Journal of Colloid Science, 1962, 17: 309-324.

第 2 章

金属特殊润湿性表面

2.1　具有表面特殊润湿性的金属材料

　　金属作为重要的工程结构材料以其独特的性能优势在人类社会发展史上发挥了重要的、不可替代的作用，是当今社会材料的主力军[1]。金属材料的工作环境常常比较复杂，大多处于多场、多力作用下或潮湿、腐蚀环境中，这对金属表面功能化提出了很高的要求[2,3]。为满足金属表面在实际应用中的需求，常对金属表面进行改性处理。近来研究表明制备特殊润湿性表面是一种十分有效的手段[4-7]：将超疏水用于金属材料表面，可以实现自清洁，可以有效地提升金属工件的腐蚀防护能力、推迟结冰时间、降低流体与材料的摩擦阻力[6]；将超亲水用于金属材料表面，可以拓展金属材料在水收集、油水分离、热传递和生物医药等领域的应用[7]；将润湿性智能响应表面用于金属材料，可实现药物的可控输送[8]、细胞可逆捕获[9]、智能窗[10]、微流体装置[11]等的应用。特殊润湿性金属表面对于提高金属材料的综合使用性能，如提高金属工件的使用寿命和可靠性，改善机械设备的性能、质量，增强产品的竞争能力，对于拓展金属材料的应用范围等都具有重要意义。因此，制备特殊润湿性表面已经成为金属表面工程领域的一个重要课题。

　　常见的特殊润湿性表面是指具有超疏液和超亲液性质的极端润湿性表面。通常而言，超疏液表面是指某种液滴在其上的接触角大于 150° 的表面，而超亲液表面指的是某种液滴在其上的接触角小于 10° 的表面。鉴于液滴表面张力的不同，超疏液表面常被分为超疏水表面（superhydrophobic surface）和超疏油表面（superoleophobic surface），超亲液表面常被分为超亲水表面（superhydrophilic surface）和超亲油表面（superoleophilic surface）。将以上 4 种极端润湿性两两组合，同一固体表面的特殊润湿性可能体现为：超亲水超亲油、超疏水超疏油、超亲水超疏油和超疏水超亲油，如图 2.1 所示[12]。此外，受到外界刺激润湿性能够发生转换的润湿性智能转换表面，如超亲水与超疏水之间转换，也归为特殊润湿性表面。

　　到目前为止，具有特殊润湿性表面的金属基底材料已被广泛研究，涉及了从轻金属到重金属和贵金属的几乎所有常见金属材料，包括非贵金属和贵金属，例如铜及其合金、铝及其合金、镁及其合金、钛及其合金、锌、钢、镍和金等；也包括了金属材料的所有的形态，如块状金属材料（板材、箔材、管材）和多孔金属材料（金属网和多孔泡沫金属等）。

2.1.1　块状金属材料

　　块状金属材料（metallic bulk-based materials）是日常生产生活中使用最广泛

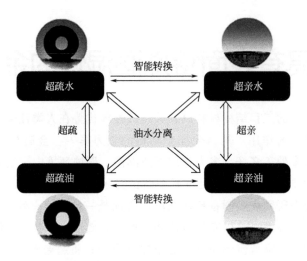

图 2.1 4 种特殊润湿性及两两组合获得的二元特殊
润湿性之间的关系示意[12]

的金属材料，如金属块材料、板材和管材等。在过去的十几年中，研究人员一直致
力于各种块状金属平面（金属板材和箔材）特殊润湿性的制备与应用研究[13-15]。
金属管内表面上制造特殊的润湿性的报道很少，然而这些金属管，如传输管和流体
动力轴承等，如果赋予特殊润湿性将大大提升它们的性能。2015 年，Hao 等[16]在
铜合金圆柱内表面上制造了稳定的超疏水性膜层（图 2.2）。在该表面上，液滴连
续非常快地从侧壁滚落，在内表面摆动并聚集在一起成为大液滴。摆动行为和摆动
高度分别随着时间的延长而变慢和降低。大液滴将停止摆动，直到动能耗尽为止。
最后，液滴以较大的接触角站立在底面上。非平面基材上的分层超疏水表面将加快
电阻降低的发展并获得更多应用。

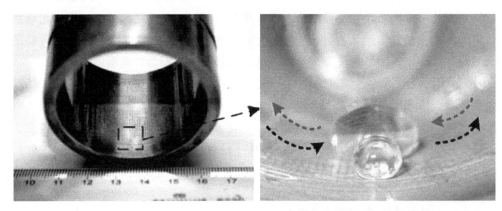

(a) 带纹理的圆柱形内表面　　　　　(b) 在超疏水表面的分层结构上液滴的最终状态

图 2.2 轴承的图像[16]

2.1.2 多孔金属材料

多孔金属材料（metallic porous-based materials）是近十几年内发展起来的新材料，它具有结构材料和功能材料的特性，所以被广泛应用于航空航天、交通运输、建筑工程、机械工程、电化学工程、环境保护工程等领域。具有特殊润湿性表面的多孔金属材料常常制备于金属网状材料和金属泡沫材料之上，利用其对油水两相不同的润湿特性来分离油水混合物。

金属网（metallic meshes）是一种由金属丝编织而成的相互连接的二维多孔结构材料，常见的金属网有不锈钢网和铜网等。研究人员经常使用孔径为数十至数百微米的金属网为基底，在其表面官能化以使其成为超疏水-超亲油性或超亲水-水下超疏油性表面来分离油水混合物。除了上述二维金属网外，2013 年研究人员还报道了三维（3D）金属网[17,18]。Sun 等[17]描述了一种通过工程化简单方法在可商购的不锈钢网表面制备超润湿网膜（superwetting mesh films，SMF）。由于网膜的良好机械柔韧性，可以简单地折叠或弯曲，可用于大规模运输。立方 3D-SMF 可以在其内部腔室中选择性吸收和储存油水混合物中的油（图 2.3，彩色版见书后）。图 2.3 中，(a) 为超润湿网膜的模型、(b) 为由超润湿网膜制备的立方三维超润湿网膜油/水混合物的选择性吸收过程（圆点代表油）、(c) 为立方三维超润湿网膜选

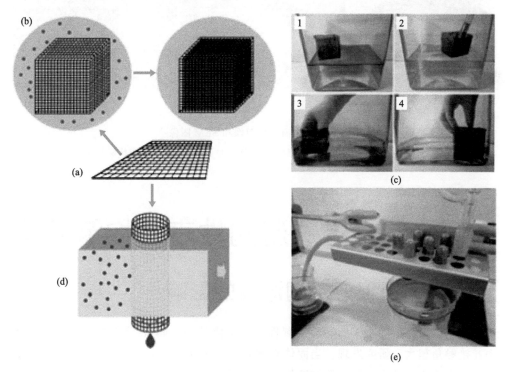

图 2.3 三维超润湿网膜及应用图[17]

择性吸收辛烷（1，2）和氯仿（3，4）的光学图像、（d）为制备的油水分离柱状三维超润湿网膜模型；（e）为组装的氯仿/水混合物分离设备的照片。

　　泡沫金属（metallic foam）是指含有泡沫气孔的特种三维多孔金属材料。通过其独特的结构特点，泡沫金属拥有密度小、隔热性能好、隔声性能好以及能够吸收电磁波等一系列优点，是随着人类科技逐步发展起来的一类新型材料，常用于航空航天、石油化工等一系列工业开发上[19-22]。超疏水性3D多孔材料由于具有发达的孔和比2D多孔材料更大的表面积，因此被认为是有前途的高容量吸收剂。因此，将可商购获得的3D多孔材料，例如泡沫铜（图2.4）和泡沫镍，用作制造用于水/油分离的超润湿性表面的基材[23,24]。

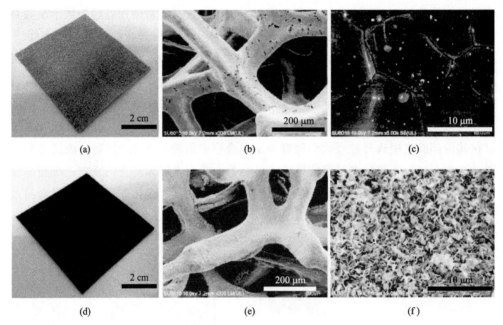

图 2.4　泡沫铜光学图像和 SEM 图像[24]

（a）～（c）为未经处理的泡沫铜；（d）～（f）为经化学处理的泡沫铜

2.2　金属特殊湿润性表面构筑原理

2.2.1　表面组分对润湿性的影响

　　固体表面自由能直接影响其润湿性：自由能越小，固-液分子之间的作用力越小，接触角越大。研究发现：当固体表面化学成分不同时，其润湿性也通常不同。固体的表面张力越大，越容易被液体润湿。要制备超亲液表面，在一定的粗糙结构基础上，只需要减小固体和液体间的界面张力即可。对于清洗干净的玻璃、硅表面及一些干净的金属氧化物表面，本身就可以表现出很小的接触角，水滴会在表面迅速铺展形成水膜。这是由于这些固体表面的分子与水分子有很强的相互作用，以至于水与固体的界面变得接近水和水之间"界面"，也就是趋向于消失的界面，此时固体和水之间的界面张力降到接近零。对于某些聚合物的"软表面"，水和固体之间的界面张力甚至可以变成负值，此时水会渗透高分子界面，使得表面能降低。

在1.2部分描述Young方程时已经提到，对于绝对光滑的理想表面，化学组成直接决定其润湿性。如果在理想光滑平坦表面上水的接触角大于90°，那么要求该表面的表面能 γ_{sg} 小于 20 mN/m；如果要使得烷烃类液体（表面能 γ_{lg} 为 20～30 mN/m）的接触角大于90°，则该表面的表面能 γ_{sg} 需要小于 6 mN/m。作为低表面能材料的代表，聚四氟乙烯的表面能 γ_{lg} 大约为 18.5 mN/m，利用该材料制备得到的理想光滑平坦表面也无法具有对低表面能液体相疏的性能，必须通过构筑复合结构，以进一步提高其疏液性能。

而对于实际的粗糙表面，无论液滴处于何种平衡状态，Wenzel和Cassie模型都反映了本征接触角对表观接触角的影响，而化学组成影响了本征接触角的大小。采用低表面能物质对固体表面进行修饰可以明显增大其接触角、减小滚动角，即增强了其疏水性能。

对于超疏水研究而言，表面能越低越有利于超疏水材料的制备，因此，含氟化合物是降低表面能实现超疏水的理想选择。

目前，国内外研究者开发出许多增强疏水性的低表面能物质，常见的有氟硅烷类、脂肪酸类、芳香族化合物类等。但是，单纯通过低表面修饰对疏水性的增强是很有限的，而几何结构的影响更为显著。

2.2.2 表面结构对润湿性的影响

相比于低表面能物质修饰，合理地构造几何结构更容易获得特殊润湿性表面。因此，国内外比较侧重对表面几何形貌设计的研究。通过对荷叶叶片表面形貌的观察可知，表面微纳米复合结构直接导致了超疏水性，但是这种层级结构加工工艺复杂，成本高。而对于一级周期结构，无论是微米尺度还是纳米尺度，只要对表面形貌、尺寸、排列方式进行合理的搭配设计，同样能够获得高疏水效果，但是可能在性能上与复合结构有所差别。

（1）单级结构

Extrand[25]通过研究周期排列的微柱结构，发现柱高、柱间距、柱边斜度等对表面润湿性均有影响，但改变微结构形状可能要比单纯增加微结构高度更为重要。对于梯形柱状结构，倾斜角（柱体与表面的夹角）大于90°才能较好地保持复合态接触。Patankar[26]利用能量平衡理论，针对微米级柱状周期结构固体表面，建立了液滴复合接触、非复合接触的润湿转换标准，结果发现在润湿转换中，柱高与柱宽之比为决定因素。国内崔晓松等[27]对该结构进行了热力学分析，也得出类似结论。Bhuhan 等[28]进一步设计了圆柱状阵列柱子微结构，发现减小圆柱间距可以增大接触角，减小滚动角，但是可能导致液滴无法维持复合接触状态，而转变成非复合接触。Yamamoto 等[29]结合热力学理论分析了三维柱状结构与腔型结构，发现对于柱状结构，大的长宽比和高度可以实现大接触角，形成复合接触，腔型结构不易实现超疏水性。徐海建[30]制备了材料为聚苯乙烯的纳米级球形结构粗糙表面，通过对比不同直径纳米球结构的疏水性，发现表面疏水性随着球形直径的减小而增强，且当球形直径为 190 nm 时，可获得 168°接触角的超疏水表面。

图案化硅的表面高度图和二维轮廓及表面上的平顶圆柱的二维表示见图 2.5（彩色版见书后）。

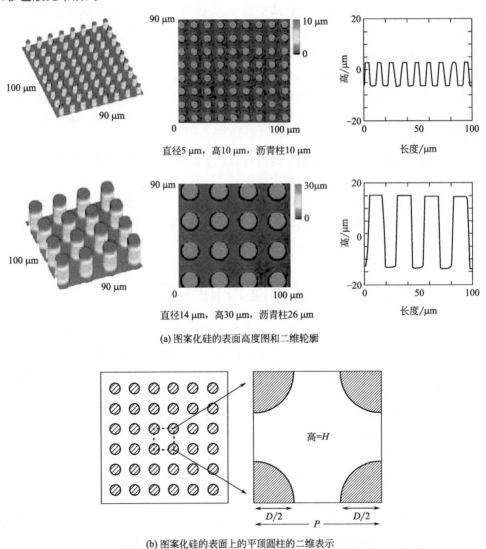

直径5 μm，高10 μm，沥青柱10 μm

直径14 μm，高30 μm，沥青柱26 μm

(a) 图案化硅的表面高度图和二维轮廓

(b) 图案化硅的表面上的平顶圆柱的二维表示

图 2.5　图案化硅的表面高度图和二维轮廓及表面上的平顶圆柱的二维表示

（2）多级结构

前面提到，荷叶疏水主要源于表面的微纳米复合结构，为此一些研究者对多级结构也进行了研究。Patankar[26]对荷叶结构效应从理论上进行了模拟，以粗糙表面的 Wenzel 方程和 Cassie 方程为理论基础构建了一种"具有二级复合结构的柱形沟槽"模型：第一级结构为排列规整的尺寸为 $a \times a$ 的阵列方柱（柱的高度为 H，柱间距离为 b）；第二级结构为"生长"在每个方柱上的"微柱"，并且这两级结构都是在较大的范围内规律存在的（图 2.6）。

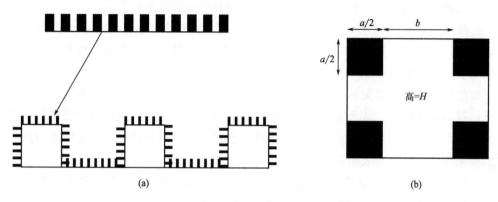

图 2.6　Patankar 对荷叶结构效应的理论模拟[26]

依据所建立的模型，可以得到遵循 Wenzel 方程和 Cassie 方程的两个相应的方程，即由 Wenzel 方程引申出方程式(2.1)，此时接触角与柱高度有关；而 Cassie 方程引申出接触角与柱高度无关的方程式(2.2)。在这两个方程式中，只要将下脚标变化一下，便可以从描述一级结构转移到描述二级结构。

$$\cos\theta_r^w = \left(1 + \frac{4A_1}{a_1/H_1}\right)\cos\theta \tag{2.1}$$

$$\cos\theta_r^c = A_1(1 + \cos\theta) - 1 \tag{2.2}$$

其中
$$A_1 = \frac{1}{[(b_1/a_1) + 1]^2}$$

式中　a_1——柱边长；

b_1——柱间距；

H_1——柱高。

Bhuhan 等[28]通过比较一级微米结构、一级纳米结构和微纳米复合结构的表面疏水性，发现单纯的一级微米结构或纳米结构也可以获得接触角大于 150° 的固体表面，而微纳米复合结构更容易获得滚动特性好的超疏水表面（接近 170°）。2012年，Ebert 等[31]采用简单的喷雾技术制备出材料为硅石的一级微米（球体、柱体两种）、一级纳米（球体）和二级微纳米复合结构（球球复合和柱球复合）三种粗糙表面，结果发现，若想获得接触角大、滚动角小的疏水表面，微纳米复合结构优于一级纳米和一级微米结构，且对于一级微米结构，针对某一特定尺寸的球体和柱体，将其周期结构排列的间距控制在一定范围内可以保证接触角大于150°且滚动角小于3°，但是大于某一特定临界值就会出现从疏水到亲水的转变，这也体现了前面所说的必须设计合理的间距和几何结构尺寸才能保证液滴处于Cassie状态（复合接触）。2013年，庞小龙[32]研究分析了二维微结构的表面浸润性。结果发现在疏水材料表面，若仅构建单级结构，无法获得同时满足大接触角和小滚动角的表面，两者中任何一个方面性能的提高都是以牺牲另一性能为条件的。

张泓筠[33]建立了一级、二级柱形结构模型，对疏水性能同柱体长宽高及间距之间的关系进行定量描述，并分别针对复合和非复合接触，建立起超疏水表面上液滴的表观接触角（Wenzel、Cassie接触角）、接触角滞后、自由能变化等参数与柱形微结构之间的数学关系，理论分析了圆柱、圆锥、圆台等周期结构表面润湿性情况。得出初步结论，认为正弦型微结构可能是设计超疏水表面的最合适微结构，其次是圆台形、棱台形、抛物线形、半正弦波形以及半球形和球形。而金字塔和圆锥模型则可能使液滴与表面系统处于理想超疏水状态。

Li等[34]通过对不同粗糙尺度结构表面的自由能和能垒的计算，得出了对于不同阶层数的微纳米复合结构表面，其接触角滞后（CAH）关系为：CAH（一级）＞CAH（二级）＞CAH（三级）。但是由于三级阶层结构更复杂，难以加工，力学性能更难持久，且三级结构相对二级结构的接触角滞后减少程度并不明显，因而通常不制备三级结构，只通过设计合理的一级或二级微米或纳米结构来获得超疏水表面。

综上，在构建微纳米粗糙结构中，构建多级结构是一种十分有效的途径。多级结构不仅可以增大粗糙度，而且可以降低超疏水表面对小液滴敏感性，例如对雾的敏感性。这种多级粗糙结构是指表面由多个尺度的粗糙结构复合而成的结构，其粗糙度可以表示为：

$$R = r_1 r_2 r_3 \cdots \qquad (2.3)$$

式中　　R——总的粗糙度；

r_1、r_2、r_3——不同尺度上的粗糙度。

r_i（$i=1,2,3,\cdots$）总是大于1的，因而总的粗糙度一定比任意一个尺度上的粗糙度要大，且级数越多粗糙度越大。Herminghaus[35]提出，如果液滴在多尺度粗糙结构上采取的是Cassie状态，那么其接触角应该符合式(2.4)：

$$\cos\theta_{n+1} = (1-f_n)\cos\theta_n - f_n \qquad (2.4)$$

式中　　n——分级结构中的第n级；

θ_n、θ_{n+1}——第n级和第$n+1$级的接触角；

f_n——第n级结构中所包埋的空气占表面的分数。

从式(2.4)我们可以看出随着分级结构级数的增加，表面会变得越来越疏液。

（3）凹角结构

前面提到，表面结构和化学元素是极端润湿性表面形成的关键，因为获得超疏油表面具有更大的难度，这两个因素对具有较低表面能的液滴来说更为关键。表面化学能的降低较容易实现，重点是构架表面微观结构。

如果表面存在"凹形结构（re-entrant structure）"或者叫"悬臂结构（overhang structure）"，那么亲水表面可能变为疏水表面，亲油表面也能变为疏油表面。Tuteja 等[36]通过体系能量计算发现，不论是水还是十六烷，当液体在具有"多重凹形"结构的表面上时，虽液-固润湿处于 Wenzel 完全润湿状态时体系能量最低，但是此时接触角较小，不利于达到超疏液。而体系处于 Cassie-Baxter 不完全润湿状态时，体系能量会升高从而变得不稳定，但是此时接触角较大，有利于体系达到超疏液。进一步计算发现，在 Cassie-Baxter 状态时体系能量会出现一个局部极小值，在该点时体系处于亚稳态，此时表面既具有较大接触角又具有一定的稳定性。根据这一发现，他们在纤维模型和悬臂模型的基础上，提出用 4 个参数 D^*、H^*、T^* 和 A^* 来表征表面的疏油性强弱（图 2.7）。参数 D^* 表明了表观接触角和固体表面形貌之间的关系。它等于表观固体面积除以最大固体截面积，直接与 f_s 相关，f_s 越大则 D^* 越小。对于纤维模型 $D^* = (R+D)/R$；而对于悬臂模型，$D^* = [(W+D)/W]^2$。参数 H^* 和参数 T^* 表明了该表面处于 Cassie-Baxter 状态的稳定性，其中 H^* 表明的是高度稳定性，而 T^* 表明的是角度稳定性。对于处在 Cassie-Baxter 状态的液体，维持该状态的稳定需要保持液体不接触到基底，避免不完全润湿转变为完全润湿。参数 H^* 为悬挂的液滴下垂到最大深度 h_2 时的附加压强与此时液体由于成球所产生的压强的比值。当 $H^* > 1$ 时，表明该体系是局部稳定的。对于纤维模型，$H^* = (Rl_{cap}/D^2)(1-\cos\theta)$；而对于悬臂模型，则有 $H^* = \left[\dfrac{Rl_{cap}}{D^2(1+\sqrt{D^*})}\right]\left[\left(1-\cos\theta+\dfrac{H}{R}\right)\right]$。其中，$l_{cap} = (\gamma_{lg}/\rho g)^{1/2}$。有些表面虽然满足 $H^* \gg 1$，但是液体在该表面还是不稳定，例如图 2.7(c) 中所示情况，虽然此时液体下垂高度小于最大深度，但是由于液体已经到达悬臂下端，此时液体并不能通过改变下垂液体的曲率来提供额外的附加压强，结果便是液体会完全

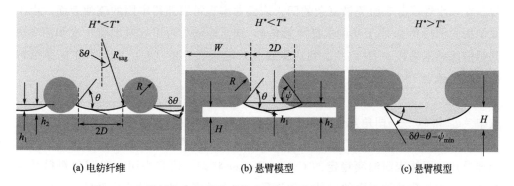

(a) 电纺纤维　　　　　　　(b) 悬臂模型　　　　　　　(c) 悬臂模型

图 2.7　电纺纤维和悬臂模型的稳固复合材料界面的设计参数示意

润湿表面。从图 2.7(b) 中可以看到，随着液体下移 Ψ 越变越小，当液体达到悬臂反面时 Ψ 达到液体稳定存在时的最小值 Ψ_{min}。参数 T^* 为 Ψ_{min} 时产生的附加压强与此时液体由于成球所产生的压强的比值。对于纤维模型，$T^* = [l_{cap}/(2D)]$ $\sin(\theta - \Psi_{min})$，而对于悬臂模型，$T^* = [l_{cap}/(2D)][\sin(\theta - \Psi_{min})/(1 + D^*)]$。参数 A^* $(1/A^* \approx 1/H^* + 1/T^*)$ 为复合型稳定性参数，它综合考虑高度稳定性和角度稳定性。Choi 等[37]利用这 4 个参数考察了他们制备出来的多种表面，数据结果表明了这 4 个参数的适用性。

Cao 等[38]详细讨论了何种结构才能使整个体系稳定在 Cassie-Baxter 不完全润湿状态，以及处于该状态的原因，发现这取决于液体在理想光滑平坦表面的接触角 θ_{flat} 和悬臂倾斜角 $\theta_{overhang}$ 的关系（图 2.8）。当 $\theta_{flat} > \theta_{overhang}$ 时，液-气界面是内凹的，该凹面产生的附加力向下，这会导致水进入 Cassie-Baxter 状态中的气垫部分，使得体系从 Cassie-Baxter 不完全润湿状态转变为 Wenzel 完全润湿状态，从而整个体系的接触角变小；当 $\theta_{flat} = \theta_{overhang}$ 时，液-气界面是水平的，此时没有附加力的产生，液-气界面会继续向气体部分前进，这同样会使得体系从 Cassie-Baxter 不完全润湿状态转变为 Wenzel 完全润湿状态，从而接触角变小；当 $\theta_{flat} < \theta_{overhang}$ 时，液-气界面是外凸的，产生的附加力向上，该力能阻止液体进一步浸入气体部分，使得体系能稳定在 Cassie-Baxter 状态，保持较大的接触角。

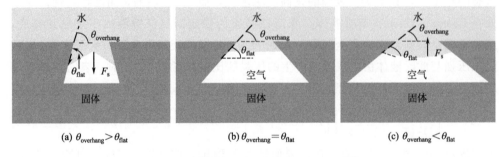

(a) $\theta_{overhang} > \theta_{flat}$ (b) $\theta_{overhang} = \theta_{flat}$ (c) $\theta_{overhang} < \theta_{flat}$

图 2.8   液体在"悬臂"结构上的示意[37]

此外，Tuteja 课题组[36]指出精加工的凹形结构是超疏油表面的形成基础，即使是在亲水性成分表面凭借复杂的凹入表面曲率也可以获得牢固的疏油表面。由于该结构的凹形角 Ψ 小于油的本征接触角 θ，向上驱动力可以有效地阻止水和油渗透到粗糙的纳米结构中[39]。考虑到边缘效应，应从临界角（θ_c）大于 180°的微结构中获得全疏表面[40,41]。

$$\theta_c = \theta_0 + \theta_Y \tag{2.5}$$

式中 θ_0 和 θ_Y——凹角几何角和平滑表面的本征接触角。

从式（2.5）可以得出，增加 θ_0 和 θ_Y 都有利于获得疏液表面。这些重要的设计标准导致了固体表面油滴稳定的 Cassie-Baxter 状态。研究表明：双凹角粗糙结构是获得牢固超疏油性表面的一种有效途径。由于具有垂直分量的垂直悬垂，已证明

金属特殊润湿性表面制备及性能研究

表面张力的向上方向将完全润湿的油滴（例如全氟己烷）悬浮。

Sun 等[42]总结了 6 种具有凹角几何形状的经典粗糙结构，包括 T 形结构、蘑菇状结构、梯形结构、纤维状结构、火柴状结构和微球状结构。

Liu 等[43]对比研究了截面呈矩形的简单圆柱、截面呈 T 形的顶部坐落实心圆盘的圆柱、截面呈双凹角的顶部坐落空心圆盘的圆柱这 3 种微观结构［如图 2.9 (a)～(c) 所示］的表面润湿性。结果表明，具有上述 3 种微观结构的材料本征接触角至少需要达到120°、30°、0°才能实现超抗润湿表面，换言之，即使材料表面本征接触角为0°且不借助任何疏水物质，仅依靠双凹角形柱状微结构，也可实现超抗润湿状态。在理论的支撑下，通过精密热氧化和浅刻蚀在本征超亲水（本征接触角<10°）的硅基体表面构造出双凹角柱状三维立体结构，如图 2.9(d)～(g) 所示，在不经任何疏水改性的情况下，该表面可实现对表面张力从 72.8 mN/m 的水滴到目前已知最低表面张力 10 mN/m 的含氟液滴的超抗润湿状态。

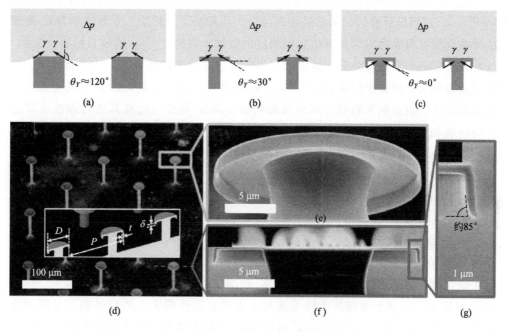

图 2.9　不同圆柱顶部结构的润湿特性机理 (a)～(c) 和
双凹角形柱状结构的 3D 立体图 (d)～(g)[42]

悬挂结构能有效阻止水滴因毛细力作用向微结构内部渗透，使得水滴与固体表面形成复合接触，体系处于亚稳的 Cassie 状态，从而使得材料表面呈超疏水性。同样地，在本征亲油材料上构筑悬挂结构也可实现超疏油，其疏油原理与疏水原理相同，即悬挂结构可以阻止油液向微结构内部渗透，因此油液与固体表面接触也是复合接触，体系同样处于亚稳的 Cassie 状态，从而使材料表面表现为超疏油性。然而，关于亚稳 Cassie 状态稳定性的定量评价及油液在超疏油表面上的动态行为仍然需要做进一步的研究。

2.2.3　金属特殊润湿性表面的构筑策略

超亲液金属表面的制备主要有两种途径[44,45]：利用光诱导亲液效应，常见于 TiO_2、ZnO、SnO_2、WO_3 等光致亲水材料[46-48]，但该途径不具有普适性；直接制备具有亲水性组分的粗糙表面。

要获得超疏液表面必须同时具备两个条件：低表面能的材料和微纳米粗糙结构。一般构造超疏液表面主要有两种方法：在低能表面构造粗糙结构和在粗糙表面上修饰低能物质。对大多数金属基材包括铜、铝、镁、铁及其合金而言，它们平滑的表面具有高的表面能而呈现亲水性。因此，要在金属基材表面构建超疏水表面，一方面要对基底进行表面粗糙处理，另一方面还需要使用低表面能物质修饰粗糙表面。鉴于上述两个步骤顺序的不同，超疏液金属表面的制备可以分为以下三种策略[49]：a. 先粗糙后修饰，通常采用刻蚀法、沉积法、氧化法、水热法和溶胶-凝胶法等在金属材料表面构筑具有适宜粗糙度的微纳米结构[50,51]，通过自组装、旋涂、气相或液相沉积等途径将低表面能物质（如氟硅烷等含氟化合物、长链脂肪酸、长链烷基硫醇等）修饰于粗糙表面[52-54]；b. 先修饰后粗糙，首先制备低表面能或高表面能的聚合物或纳米颗粒，然后通过喷涂、溶胶-凝胶转化或其他物理技术将这些特殊表面能材料涂覆在平坦的金属表面，在涂覆的过程中提高材料的粗糙度[55,56]；c. 粗糙和修饰同步实现，常采用自组装、电沉积、化学沉积等一步原位技术来制备特殊润湿性表面，这是更简单的方法[57,59]。

从 Wenzel 理论和 Cassie-Baxter 理论及已经取得的研究成果来看，Wenzel 模型和 Cassie-Baxter 模型都可以达到超疏液状态。然而，处于不同润湿状态（即 Wenzel 润湿状态或者 Cassie 润湿状态）的液滴在粗糙固体表面运动时的动态接触角滞后和滚动角存在着很大的差异。由于 Cassie-Baxter 状态下不仅接触角大，而且接触角滞后小，因而液滴很容易从表面滚落，从而实现完全的不沾水。然而 Wenzel 状态下，接触角滞后大以及水对表面的黏附作用大，严重影响了表面对水的排斥作用。因而 Cassie-Baxter 状态比 Wenzel 状态更受研究人员的青睐。从 Cassie-Baxter 方程我们也可以看到，Cassie-Baxter 状态下的表面超疏水主要源于表面包埋的空气。也就是说，Cassie-Baxter 状态下的复合表面更接近我们前面提到的类气体状态。实际上还有一种方法可以区分 Wenzel 状态和 Cassie-Baxter 状态，那便是 Cassie-Baxter 状态时，观察表面浸于液体中时会看到有一层反光的空气层，而 Wenzel 状态却没有，这也表明 Cassie-Baxter 状态下的表面更接近所谓的类气体表面。由于 Cassie-Baxter 润湿状态对于构建超疏水表面特别是自清洁表面至关重要，那么为了获得这样的表面，我们首先要考虑如何获得 Cassie-Baxter 润湿状态以及如何保持 Cassie-Baxter 润湿状态稳定性的问题。研究表明足够大的粗糙度和本征接触角有利于实现 Cassie-Baxter 状态。

双元润湿性表面指的是同时具有水和油的双元润湿性表面，如超疏水-超亲油表面、超亲水-超疏油表面等。Tsujii 等[60]认为，如果某固体表面的自由能（γ_s）与液体表面自由能（γ_1）满足 $\gamma_s < 1/4\gamma_1$，那么，该固体表面就具有疏液性质。典型的水表面张力大约为 72.8 mN/m，而典型的油表面张力都小于 40 mN/m，如菜籽油的表面张力为 35 mN/m，十六烷的表面张力为 27.5 mN/m。所以，如果能设计一种固体表面，它的表面张力大小正好处在水和油之间，就有可能同时具有疏水和亲油性能。因此，要实现同时拥有超疏水和超亲油性质，那么所制备表面的表面能应当在油（20～40 mN/m）和水（72.8 mN/m）之间[61]。对于疏水亲油性材料只需引入适当的表面粗糙度就可以实现超疏水和超亲油。然而，超亲水和超疏油本身是一个矛盾的两个对立面。若是制备了自然条件下的超亲水表面，则其表面张力必然很高，接近于水的表面张力，此时，膜的表面张力必然接近油的表面张力或者大于油的表面张力，则此时表面有可能是亲油的，也有可能是疏油的，但是在水下则必然为超疏油的。因此，通常所说的超亲水-超疏油表面指的是超亲水-水下超疏油表面，其制备方法类似于超亲液表面。

目前制备超亲水-超疏油膜主要有两种思路，即超亲水-水下超疏油膜和刺激响应超亲水-超疏油膜。超亲水-水下超疏油膜在空气中表现为超亲水、疏油或者亲油，当膜浸入水溶液后，膜的表面被水占据，膜表面的液-气-固三相界面转换为液-液-固三相界面，此时由于油和水的不相容性以及膜表面的潜在亲水性，从而使膜的表面与水的黏附力极强，在膜的表面形成了一层稳定的水膜，使得膜的表面变为超疏油。对于刺激响应超亲水-超疏油膜，首先需制备具有刺激响应的超疏油膜，此时该膜在空气中表现为超疏水性，但是在一定的刺激作用下，膜的表面发生重组装转化为超亲水-超疏油，常见的刺激响应有光响应、pH 响应及气体响应等[62-67]。

智能润湿性材料在外界能量的刺激下可发生润湿性可逆转变，当外部刺激移除或者替换为别的刺激时，表面润湿性又恢复，最终实现润湿性可控的可逆转换，如亲水可转变为疏水，而疏水又可变回亲水。这种外加刺激下的润湿性可逆转变可作为智能响应开关。构建具有特殊润湿性可控智能表面有 5 个关键因素，分别为设计与合成新型响应材料、构筑异质界面、纳米和微米的多尺度效应、双稳态或亚稳态和多重弱相互作用[68]。目前，润湿性响应开关主要有电场响应[69]、光响应[70]、pH 响应[71,72]、温度响应[73,74]和离子响应[75]等。Accardo 等[69]在超疏水基体上进行了润湿性电场响应试验，施加电场时，液滴在靠近固体表面附近的那层界面能会减小，进而导致接触角的减小，在 30V 电压的作用下，仅需 179 s 接触角便可从163.11°减小至 49.43°。Lim 等[70]用紫外光照射 V_2O_5，使其由超疏水性转变为超亲水性，再将样品放入黑暗中又可恢复超疏水性。

2.3 金属特殊润湿性制备工艺

近年来，随着特殊润湿性金属表面研究的不断深入，相应的制备技术更是层出不穷，典型实例如下。

2.3.1 化学刻蚀法

化学刻蚀（chemical etching）法是利用金属与合金的晶格缺陷或合金不同成分的抗腐蚀能力存在差异进行选择性刻蚀，从而在表面得到特殊结构的方法。该方法由于操作简单、成本较低，广泛用于多种金属基底微纳米结构的构建。酸能够有效地溶解一些金属材料，大量研究人员选择酸作为腐蚀液的主要成分进行刻蚀进而获得特殊润湿性表面[76-80]。李艳峰等[81]采用盐酸溶液对铝合金进行化学溶解，获得了由长方体状凸台和凹坑构成的深浅相间的"迷宫型"微纳米结构，并显示超亲水极端润湿性，水滴在表面上完全铺展，接触角为 0°；当再经氟硅烷修饰后获得了具有超疏水性质的表面，接触角达 156°。Yang 等[82]使用盐酸刻蚀铝材料再经沸水浸泡和全氟辛酸处理后获得了超疏油表面。Liu 等[83]使用盐酸刻蚀镁-锂合金材料，在表面获得类似牡丹花状的二元微纳米层级结构，经氟硅烷修饰后表现出超疏水。Wang 等[84]使用硫酸和双氧水刻蚀镁板，刻蚀后的镁表面覆盖了由宽 $300 \sim 400$ nm、长 1 μm 的微纳米片组成的花簇状结构，经硬脂酸修饰后获得超疏水表面，接触角为 154°，滚动角为 3°。

除使用酸外，碱也常被用于刻蚀金属材料[85-87]。Guo 等[85]将铝和 2024 铝合金放置于氢氧化钠溶液中刻蚀 2 h，得到了多孔铝表面和孤岛状铝合金表面，经低表面能材料修饰后呈现超疏水，铝超疏水表面对水的接触角达到 168°±2°，铝合金超疏水表面的接触角为 152°±2°，它们对水的滚动角均小于 2°。该表面对宽 pH 范围的溶液表现出长期的稳定性。Saleema 等[87]也使用氧氧化钠刻蚀铝制备出了超疏水表面。

2.3.2 化学沉积法

化学沉积（chemical deposition）法是指将金属材料置于金属盐溶液中，依靠化学还原置换反应，将活泼性次于该材料的金属还原出来，并自发在工件金属表面沉积出微纳米结构的方法。Larmour 等[88]将锌和铜分别浸泡在氯金酸溶液和硝酸银溶液中，采用化学还原置换反应，在锌表面生成了由较小的金晶体构建的微米结花状结构，在铜表面生成了由 50～100 nm 银颗粒组成的 150～300 nm 的簇状结构，经全氟十二烷硫醇修饰后，呈超疏水性且接触角高达 173°±1°，滚动角仅为 0.64°±0.04°。该课题组采用该方法又分别在锌上镀金或在铜上镀银。Safaee 等[89]采用类似的方法也将铜片浸泡在硝酸银溶液中，表面生成微纳米树枝状银结构，经硬脂酸修饰后获得接触角达 156.3°±1.2°、滚动角为 5.0°±1.3° 的超疏水表面。Sarkar 等[90,91]将低表面能的苯甲酸和氟硅烷直接添加进硝酸银溶液中，浸泡后的铜片表面了生成表面能较低的微纳米树枝状银结构，一步构建了超疏水表面。Song 等[92]将铜板浸泡在氯金酸溶液中，表面生成由 Au、CuCl、Cu_2O 组成的多孔微纳米结构，该表面没经任何低表面能材料修饰就表现出超疏水性。Zhang 和 Zhu 等[93,94]将喷砂后的铜片浸泡在硝酸银中，表面生成由纳米银颗粒组成的树枝状和簇状结构，经全氟十二烷硫醇修饰后显示超疏油性，对水、甘油、乙二醇、苯甲醇、菜籽油和十六烷的接触角均超过 150°。Ning 等[95]通过将锌基底浸泡于 $PtCl_4$ 溶液制备了超疏水铂表面。Cao 等[96]将锌基底浸泡于酸性 $SnCl_2$ 溶液中制备了超疏水锡表面。Cheng 等[97]采用化学刻蚀和退火处理在 Au-Zn 合金表面制备了具有自清洁和良好耐腐蚀性的超疏水表面。

2.3.3　电化学方法

电化学方法也是对金属表面进行处理以构建粗糙结构的有效方法，常用的电化学方法包括阳极氧化法、电化学沉积法和电化学溶解法等。

阳极氧化（anodic oxidation）法是一种电化学处理方法，是指将金属及其合金作为阳极，置于电解质溶液中进行通电处理，依靠阳极氧化作用形成金属氧化物来制备微纳米结构的方法。通过阳极氧化过程，在铝或者铝合金表面很容易制备结合紧密的多孔氧化铝结构。受此启发，Onda 等[60,98]以硫酸作为电解液，将铝片进行阳极氧化 3 h，得到具有微观裂缝分形结构的氧化铝表面（图 2.10），表现为超亲液性，该表面经氟化磷酸酯修饰后，呈现超疏液性，对水的接触角超过 170°，对菜籽油的接触角达 150°。Tasaltin 等[99]采用两步阳极氧化法在铝表面制备了多孔的氧化铝结构，经气相沉积修饰六甲基二氟硅烷后获得超疏水表面，水滴在其上的接触角达到 153.2°。Fujii 等[100]结合磁控溅射沉积技术和阳极氧化技术，获得表面分布有纳米孔的微米级柱状结构，经氟烷基磷酸酯修饰后获得超双疏表面。Wang 等[101]将退火后的铝板在磷酸溶液中阳极氧化 120 min，获得孔径 0.15～0.2 nm、壁厚 20～50 nm 的壁面光滑的蜂窝状多孔结构，接着使用等离子体轰击使蜂窝状多孔结构表面变得粗糙，再经三氯十八基硅烷修饰后，显示超疏水性，对水的接触角为 157.8°。Wu 等[102]先后以硫酸钠和草酸为电解液，采用两步阳极氧化法，在铝箔表面制备了由氧化铝纳米须构成的多元结构，经氟硅烷修饰后获得超疏液表面，对水的接触角达 170.2°，对原油、硅油等接触角也均超过 150°。除了铝及其合金基底外，钛及其合金材料也常通过阳极氧化法制备粗糙结构。Lai 等[103]采用阳极氧化和自组织在钛基底上制备了海绵状 TiO$_2$ 纳米结构超疏水膜。采用同样的方法，Zhang 等[104]也在钛基底上制备了超疏水表面。

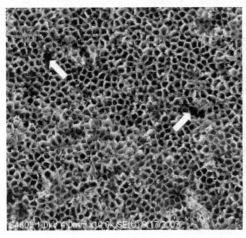 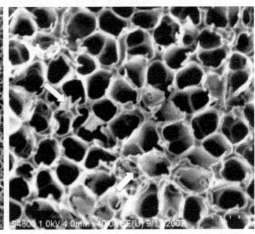

(a) 阳极氧化后获得的多孔氧化铝结构　　　　(b) 经过等离子体处理后的多孔氧化铝表面

图 2.10　铝表面电化学方法处理后的 SEM 图像[98]

电化学沉积（electrochemical deposition）法是依靠阴极发生还原反应的性质，在金属基底表面沉积出微纳米结构的方法，该方法的适用基底较广。Shirtcliffe 等[105]利用掩模光刻技术和电化学沉积技术在光滑的铜表面上制备了高 4 μm、直径 40 μm 的双尺度离散状粗糙铜柱，经氟碳疏水层修饰后呈超疏水性（图 2.11）。

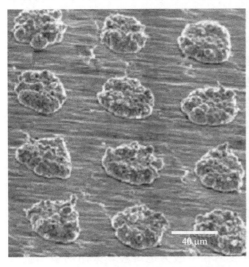 

(a) 生长有方形柱状结构的铜表面SEM图像　　　　(b) 水滴在疏水性的铜表面的照片

图 2.11　电化学沉积铜表面的 SEM 图像[105]

Li 等[106]以含硫酸铜、硫酸和十六烷基三甲基溴化物的混合液为电镀液，依靠电镀过程中阴极产生的氢气泡为动态模板，在金电极表面化学沉积了由微纳米级树枝状结构构成的三维多孔铜结构，经过正十二烷基硫醇修饰后获得了超疏水表面。Huang 等[107]以含硫酸镍、氯化镍、硼酸、TiO$_2$ 纳米颗粒等的混合液为电镀液，在镍基底上电化学沉积了 Ni-TiO$_2$ 微纳米复合膜层，该膜层具有纳米级的刺状结构，经氟硅烷修饰后表现出超疏水性，对水的接触角达到 174.9°。

电化学溶解（electrochemical dissolution）法也是一种常见的构建微纳米结构的方法。La 等[108]以 NaOH 溶液作为电解液，将铜箔和铜网置于阳极进行电化学溶解，电化学溶解后的铜材料表面布满氢氧化铜纳米针状结构，并表现出超亲水性。其接触角为 0°，最后经全氟辛基三乙氧基硅烷修饰后，转变为超疏水性，水滴在其上的接触角达 170°。Wang 等[109,110]以磷酸作为电解液，将黄铜置于该电解液中用交流电进行脱锌溶解，获得了微纳米铜结构，该表面呈现出超亲水性，其接触角小于 5°，在经过硬脂酸修饰后获得超疏水表面，其接触角为 156°。Wang 等[111]仍以磷酸为电解液采用交流电电化学溶解碳钢获得花状 FePO$_4$ 结构，显示超亲水性和水下超疏油性。

2.3.4　氧化法

氧化（oxidation）法是指采用高温氧化或者使用强氧化剂，在金属表面生成微纳米结构的氧化物来获得粗糙结构的方法。Lee 等[112]将铜片放置于 430 ℃的条件下加热 4 h，表面生成氧化铜纳米线，然后在 200 ℃氢气氛围下还原 2 h，氧化铜纳米线变为弯曲状铜纳米线，并表现出超疏水性，水在其上的接触角大于 160°，滚动角小于 2°。Zhang 等[113]将泡沫铜放置于马弗炉中在 550 ℃下加热 24 h，表面制备了氧化铜纳米线结构，该表面呈现出超亲水性，其水的接触角为 0°，在经过全氟辛基三氯硅烷修饰后获得超疏水表面（图 2.12）。

溶剂氧化法是一种在铜基底上构建微纳米结构的有效方法，该方面的报道较多。Guo 等[86]将铜片浸入 60 ℃的过硫酸钾和氢氧化钾的混合液中，表面生成花朵状的 CuO 膜，每个"花朵"的直径为 2~8 μm、"花瓣"厚 20~50 nm，经低表面能材料修饰后，获得接触角为 158°±1.6°、滚动角小于 5°的超疏水表面（图 2.13）。Yin 等[114]用氢氧化钠和过硫酸盐的混合溶液浸泡铜片 30min，在铜片上得到类荷叶结构的粗糙表面，平坦区域由纳米针状 Cu(OH)$_2$ 组成，并且随机分布着花状突起。钱柏太[115]采用过硫酸钾和氢氧化钾的混合溶液对铜基体进行表面氧化，在铜基体表面上形成了一层具有花朵状微米结构的 CuO 膜，每朵微米花由数十个长约 2 μm、宽约 120 nm、厚约 12 nm 的 CuO 纳米片组成。然后用氟硅烷对氧化后的表面进行修饰处理，修饰后的粗糙表面与水的接触角达 158°，滚动角约 10°。

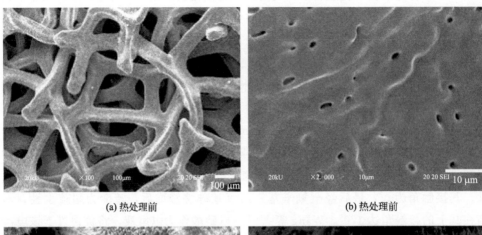

(a) 热处理前   (b) 热处理前

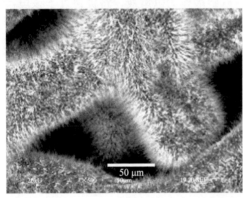

(c) 热处理后   (d) 热处理后

图 2.12 泡沫铜在热处理前后的 SEM 图像[113]

Wang 等[116]利用安替福明（Antiformin）的强氧化性，通过一个短时间的浸泡过程在铜箔上制备了豆芽状结构。

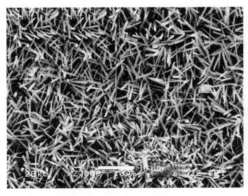

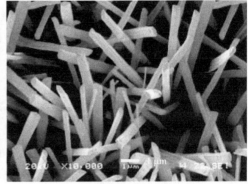

(a) Cu(OH)₂纳米棒阵列低倍图   (b) Cu(OH)₂纳米棒阵列高倍图

 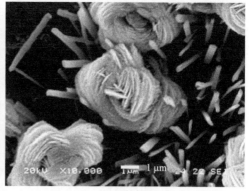

(c) CuO和Cu(OH)₂层级结构低倍图　　　　(d) CuO和Cu(OH)₂层级结构高倍图

图 2.13　Cu(OH)$_2$ 纳米棒阵列及铜基底上 CuO 和 Cu(OH)$_2$ 层级结构的 SEM 图像[86]

2.3.5　自组装法

自组装（self-assembly）法是指基本结构单元（分子、纳米材料、微米或更大尺度的物质）自发形成有序结构的一种技术。Wang 等[117]采用了一种新颖的一步浸泡自组装法，将铜片浸泡在脂肪酸的乙醇溶液中，经过 3～5 d 后，在金属表面得到了花状微纳米结构的金属脂肪酸盐 Cu[CH$_3$(CH$_2$)$_{12}$COO]$_2$（见图 2.14）。这种由花状结构组成的表面表现出良好的超疏水性，其接触角有 162°，滚动角为 2°，在这种一步浸泡自组装过程中，铜片经过正十四酸的乙醇溶液浸泡后，正十四酸与铜离子反应形成正十四酸铜，然后在铜片表面发生自组装，形成了非常独特的微纳米花状复合结构。同时该方法具有操作简单、廉价，一步构建，制备的超疏水表面具有良好的环境稳定性，可用于大面积制备超疏水材料等优点。Li 等[118]将去除氧化膜的金属镍浸泡于单烷基膦酸的乙醇溶液中 3～5 d，在镍基底表面生长了花状结构的突起，这些花状结构由花瓣状纳米片组成，经成分分析表明该花状结构为 Ni[CH$_3$(CH$_2$)$_{17}$PO$_3$]·H$_2$O。Wang 等[119]将镁合金浸泡在 150 ℃的尿素溶液中，浸泡 12 h 后，尿素与合金表面的镁发生自组装反应，在镁合金基底表面形成一种镁菱矿的晶体薄层，许多直径约为 100～200 μm 的花状结构致密地分布在合金基材表面，这些微米花状结构由更小的纳米结晶片构成。这些微米和纳米复合结构组成了微米/纳米二元层级结构表面，这种复合结构对构筑特殊润湿性表面起关键作用。

2.3.6　水热法

水热（hydrothermal）法是采用水溶液或矿化剂溶液作为反应介质，在高温高压条件下，与金属基底发生物质溶解、反应，并进行重结晶从而在金属基底表面制

(a) 浸泡4 h　　　　　　　　　　　　(b) 浸泡16 h

(c) 浸泡72 h　　　　　　　　　　　　(d) 单个花瓣结构

图 2.14　不同浸泡时间铜片表面 Cu[CH₃(CH₂)₁₂COO]₂ 簇的
SEM 图像及单个花状结构图片[117]

备金属氧化物或氢氧化物微纳米晶体薄膜来构建粗糙表面的方法。Ishizaki 等[120]采用水热法，以硝酸铵和氢氧化钠溶液为水热介质与 AZ31 镁合金发生反应，在 AZ31 镁合金表面构筑了由 Mg(OH)₂ 纳米片晶体组成的粗糙结构。Wang 等[121]以 NaAlO₂ 和尿素溶液为水热介质与 2024 铝合金共同水热，在 2024 铝合金表面制备了由 AlOOH 纳米片晶体组成的花朵状微米突起。Lin 等[66]将制备好的 WO₃ 胶体悬浮液与不锈钢网共同水热，在不锈钢网上制备了针状 WO₃ 晶体花瓣组成的花状结构。Li 等[122]将干净的锌箔置于 H₂O₂/NaOH 混合溶液的水热介质中，通过改变水热介质的比例，制备了微米花状结构、微米六棱柱状结构、纳米棒等粗糙结构。

2.3.7　溶胶-凝胶法

溶胶-凝胶（Sol-gel）法是将化学活性高的化合物水解后得到的溶胶进行缩合反应，并将生成的凝胶干燥以形成微纳米孔状结构的一种湿化学法。虽然该方法操作简单、成本较低，但是反应过程较为缓慢，通常需要几个小时甚至几天。Caldarelli 等[123]采用溶胶-凝胶法在铜基底上制备了氧化铝溶胶，经过 200 ℃ 退火处理和低表面能物质修饰获得了超疏水表面，水的接触角为 179°，接触角滞后小于 4°。Lu 等[124]通过溶胶-凝胶法在铝基底上制备了氧化锌纳米结构，低表面能修饰获得了超疏水表面，水的接触角为 154.8°，接触角滞后约 3°。Wang 等[125]使用溶胶-凝胶法在钢基底上制备了超疏水表面，并研究了耐腐蚀性能。

2.3.8　其他方法

除了上述方法外，还有电火花线切割法、激光刻蚀法等机械加工方法。根据金属材料的特性，有时会将上述的两种或者几种方法结合使用来构建粗糙结构。例如，Barthwal 等[126]先后通过酸蚀、阳极氧化和修饰低表面能物质全氟硅烷，在铝表面制备了超双疏表面（图 2.15，彩色版见书后）。钢基底上超疏水表面的制备通常首先采用化学或电化学沉积法在钢基底表面沉积一层其他金属（Cu、Ni 和 Zn 等），然后在沉积金属上构建粗糙结构和表面修饰[127-130]。

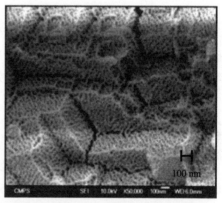

(a) 酸刻蚀3 min后铝表面的SEM图像　　　　　(b) 阳极氧化10 min后铝表面的SEM图像

(c) 不同液滴在该表面的照片

图 2.15

(d) 不同液滴的接触角照片

图 2.15　超双疏表面的 SEM 图像及液滴照片[126]

2.4　金属特殊湿润性表面应用

近年来，随着表面润湿研究的深入，特殊润湿性金属表面的种种应用也逐渐被研究人员发现，例如腐蚀防护、抗结冰、减阻、油水分离、微型设备、液体运输等。下面将就特殊润湿性金属表面的实际或者潜在应用进行简要的分析与介绍。

2.4.1　自清洁

自清洁性是特殊润湿性表面最早发现的性能之一，无论是超疏水还是超亲水表面均具有自清洁功能。由于水滴在具有低黏附性的超疏水表面极易滚动，滚落时可带走泥土、灰尘等污染物，而使其表现出自清洁性。自清洁涂层在日常生活中、农业、工业和军事应用等领域有着广阔的应用前景，因此具有自清洁性能的超疏水金属材料一直是研究的热点[131,132]。Lomga 等[133]采用化学刻蚀法在铝表面制备了超疏水膜，并以石墨粉作为污染物分别洒在未经处理的铝表面和超疏水性铝表面上，用滴水滚动去除石墨粉。结果显示，在未处理的铝表面石墨粉仍黏附，而在超疏水性铝表面的石墨粉随着水滴滑出表面，自清洁机制如图 2.16 所示。Fürstner 等[134]以氟化的荧光粉作为污染物考察超疏水铜表面和超疏水铝表面的自清洁效果，水滴滚动均可将荧光粉从超疏水铜表面和超疏水铝表面去除。

与低黏附超疏水表面的自清洁原理不同，超亲水表面具有自清洁性是由于水滴极易在表面铺展，从而在超亲水表面和污染物间形成水膜，降低污染物的附着力。污染物在重力或风力的作用下极易沿着或随着水膜落下，达到自清洁效果[135]。另外，由于二氧化钛（TiO$_2$）具有光催化作用和光致超亲水性，这些特殊的光诱导性质使得 TiO$_2$ 成为了理想的自清洁功能材料。

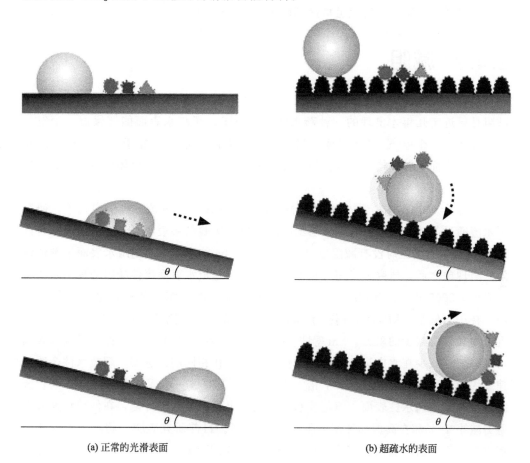

(a) 正常的光滑表面 　　　　　　　　　　　(b) 超疏水的表面

图 2.16　自清洁机制的示意[135]

2.4.2　腐蚀防护

自金属超疏水表面问世以来，超疏水表面在金属腐蚀防护领域表现出的潜在应用价值就引起了研究人员的极大关注。2008 年 Liu 等[83] 首次报道了稳定的超疏水镁合金表面具有增强的防护性能之后，一些研究小组就开始专注于超疏水镁合金耐蚀性的研究[136-140]。Liu 等[141] 采用电化学沉积技术在 AZ91D 镁合金表面制备了具有菜花状簇突结构的膜层，经过硬脂酸修饰获得了超疏水表面。通过电化学测试手段表征了该超疏水样品在 3.5%（质量分数）NaCl 腐蚀介质中的耐腐蚀性质，测试结果表明该超疏水涂层能够有效提高 AZ91D 镁合金的耐腐蚀能力。同时，一些研究人员开展了其他金属材料超疏水表面的耐腐蚀研究，都获得了不错的效果。Wang 等[142-144]通过不同的方法制备了超疏水锌、铜、镁合金表面并研究了这些金属材料在 3.5%（质量分数）NaCl 腐蚀介质中的防护性能和气液接触模型。目前，金属材料超疏水表面防护性已经被广泛研究，铜[145]、铝[146]、钛[147]、钢[148] 及其合金材料的耐腐蚀研究报道也逐年增多。

2.4.3　减阻

阻力是飞机、船只、潜艇和微流设备的主要障碍之一。超疏水表面应用于流体减阻是最近十几年才出现的一种新兴的减阻技术。超疏水表面能够保留一个空气层，并建立一个空气/水新界面，当超疏水表面浸入水下，处于 Cassie-Baxter 状态，水与表面粗糙结构的顶部接触。在这种状态下，空气层上流体的滑移导致了超疏水表面上的阻力减小。

1999 年 Watanabe 等[149]在疏水性表面上水表现出更好流动性的启发下，研究了水流通过超疏水内壁方管和圆管的减阻效果。实验结果表明层流时减阻效果可以达到 14%，而湍流时没有减阻效果。自 Watanabe 首次报道了超疏水表面牛顿流体的减阻现象之后，研究人员将大量的精力投入到超疏水表面流体减阻的理论和实验研究中。2009 年，Shirtcliffe 等[150]研究了超疏水内壁铜管的减阻效果。结果表明，在压力低于 4 kPa 下，超疏水铜管表现出增强的溢流速率以及对水和水-甘油混合物表现出减少的阻力。Shi 等[151]制备了超疏水金线并首次证实了超疏水表面可以有效地减少在水中运动的物体的流体阻力。在相同的推进器，超疏水性金线的速度约为普通疏水性金线的 1.7 倍。Wang 等[152]通过一步溶液浸渍处理在铜合金基体上制造超疏水性表面。该超疏水表面表现出优异的减阻性能，在低剪切速率下阻力减小 40% 和在高剪切速率下阻力减小 20%。目前研究表明，超疏水表面减阻能力归因于超疏水表面能够保留一个空气层，处于 Cassie-Baxter 润湿状态。在这种状态下，空气层上流体的滑移导致了超疏水表面上的阻力减小。

2.4.4　油水分离

目前用于油水混合物分离的特殊润湿性表面主要有超疏水-超亲油表面和超亲水-水下超疏油表面。超疏水-超亲油多孔材料常常通过"去油"的方式进行油水分离。极强的亲油性使得油相很容易铺展开来，被多孔材料吸附或者穿过滤网，而水相则被完全排斥，因而超疏水-超亲油多孔材料具有极高的选择性和油水分离效率。自 2004 年 Feng 等[153]首次报道了超疏水-超亲油不锈钢网通过倾倒式重力驱动法能够高效（效率高于 95%）分离油水混合物以来，大量研究者开始了多孔超疏水-超亲油材料在油水混合物分离的研究。常见的金属网，如不锈钢网和铜网等，常常被赋予超疏水-超亲油性用于油水分离[154-160]。超疏水-超亲油多孔材料除了倾倒式重力驱动法来实现油水分离外，还可以通过吸附的方式进行油水分离。Sun 等[17]在商品化的不锈钢网表面进行石墨烯修饰制备了超疏水-超亲油网。利用金属网好的机械柔韧性，该网可以简单地折叠或弯曲成 3D 超润湿网，这种立方形的 3D 特殊润湿性网可用于从油水混合液吸附油或者储存油。此外，具有三维多孔结构的泡沫金属材料也常常被用于构建超疏水-超亲油表面，并通过吸附的方式进行油水分离[62-64]。

虽然超疏水-超亲油不锈钢网可通过倾倒式重力驱动法实现油水混合物的高效分离，但是由于水的密度通常比油的密度大，在分离过程中网上方会出现积水阻碍油与网的接触，甚至使得分离无法继续。针对上述问题，2011 年 Xue 等[65]提出了采用超亲水-水下超疏油网来进行油水混合物的分离，如图 2.17 所示。由于密度较大的水直接与超亲水网接触，因此不会产生水桥问题。

(a) 不锈钢网涂层的低分辨SEM图像

(b) 不锈钢网涂层的高分辨SEM图像

(c) 水滴在不锈钢网表面的形状

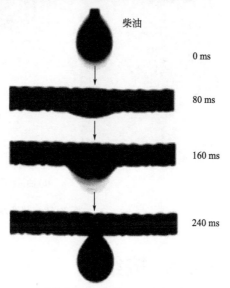

(d) 柴油在网膜上铺展240 ms内渗透穿过

图 2.17　超疏水-超亲油不锈钢网的油水分离[65]

近来，超亲水-水下超疏油材料也被开发用于油水乳液的分离。与油水混合液分离中使用的网不同，油水乳液的分离需要更小的孔径，表面结构对乳液的分离起更加重要的作用。Lin 等[66]采用一个简单的水热法在不锈钢网上制备了氧化钨涂层，该网表面具有双重结构，包括微米级的花和纳米针状的花瓣。结合表面构筑的微纳米结构和氧化钨的天然亲水性，该网表现出超亲水-水下超疏油性。由于特殊的润湿性，这样的网可以用于分离油水乳液，其分离效率大于 99.90％。还出现了利用特殊润湿性表面进行水包油乳化液和油包水乳化液分离的报道[67,161,162]。Zhang 等[71]在铜网上制备了的极低黏附性的超亲水-水下超疏油氢氧化铜表面，用于油水混合物和水包油乳液的分离，如图 2.18 所示。

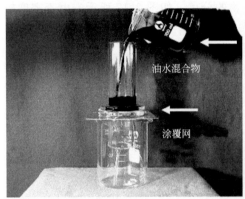

(a) 油水混合物分离

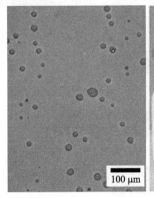

(b) 油包水乳化液分离前后对比图

图 2.18　超亲水-水下超疏油网油水分离

2.4.5　抗结冰

　　结冰结霜是常见的自然现象，在寒冷的冬季或者在气候严寒的地带，冰和霜在房屋和一些公共设施上凝结会引发一些事故，给人们的正常生活带来不便。在一些关系到国家安全的重要领域，如电力输送、通信网络、航空以及高铁运输等，都会出现不同程度的结冰，给国家经济带来重大隐患。例如，高空过冷的水蒸气和云很容易冷凝，并冻结在飞机表面，这导致飞机的上升力显著降低，在最坏的情况下可能导致飞机坠毁。

目前，国内外已经开发的各种防冰和除冰方法，包括物理方法和化学方法，总是需要投入大量的人力物力和能源消耗。由于特殊润湿性表面具有出色的抗水抗油的能力，这些特殊润湿性表面已经被用于抗结冰领域。超疏水表面之所以能够表现出抗结冰性能是由于表面微纳米结构中存在捕获的空气层。这个空气层使得超疏水表面具有小的接触角滞后，使得水滴在冷冻前很容易滑落。即使是在过冷条件下，水滴在超疏水表面形成冰核前也很容易弹离，这使得超疏水表面能够有效减少水滴的累积。另外，空气层形成的热传递障碍层和水滴在超疏水表面小的接触面积有效阻碍了热传递。

自然环境下的结冰通常发生在过冷水与固体表面接触的地方，而过冷水对固体表面的润湿情况对结冰过程起着重要作用[163]。2009 年 Tourkine 等[164]报道了滴在过冷超疏水表面的水滴结冰时间被显著推迟。将超疏水表面倾斜，没有被冻结的液滴能够轻松除去。Meuler 等[165]对比研究了光滑裸露钢和超疏水钢表面前进角/后退角与冰黏附强度之间的关系。研究发现增大表面水的后退角能够减轻冰的黏附，从而可以通过简单测量光滑表面水的后退角来估测表面的抗结冰能力。Cao 等[166]调查了铝基底上超疏水性纳米粒子-聚合物复合材料表面的抗结冰性能。该超疏水表面无论是在实验室条件下还是在自然环境中都能抑制过冷水凝结成冰。作者还发现超疏水表面的抗结冰性能除了受到表面超疏水性的影响，还受到基底材料表面粗糙度的影响。Jung 等[167]通过使用未经处理和修饰后铝表面（包括了从亲水到超疏水不同润湿性表面）进一步研究了表面粗糙度对抗结冰性能的影响。虽然疏水表面显示出比亲水表面高的抗结冰能力，但是具有接近冰晶核半径的纳米级结构表面比具有典型分层结构的超疏水表面表现出更高的抗结冰能力。此外，研究表明空气层形成的热传递障碍层和水滴在超疏水表面小的接触面积能够有效阻碍热传递也是超疏水表面能够表现出抗结冰性能的原因之一。直到现在，金属材料超疏水表面的抗结冰主要集中于铝及其合金、钛合金和铜等材料的研究。

2.4.6 微型设备

油污不仅对环境产生破坏，还阻碍了水生生物的活动和设备的运行。后者将造成巨大的经济损失。因此，有必要制造可以使受污染的水自由移动的设备。在自然界中，水黾能够在水上快速行走是由于水黾具有超疏水性的腿。研究发现单个水黾腿在超疏水性的作用下排开水的体积可达自身体积的 300 倍，导致单腿承载力达水黾体重的 15 倍。超疏水表面在水中表现出这样大的向上的力主要来自水黾排水产生的浮力和液体变形产生的曲率压力。受到水黾的启示，众多研究人员开始利用超疏水材料制备具有高负载能力的水上微设备。Pan 等[72]使用直径 20 mm、厚 50 μm

的超疏水铜箔构建了具有稳定的高承重力的水黾模型，结果表明该设备的最大承载力达到了本身质量的 15.7 倍。该研究小组还制备了新颖的类水黾的机器人模型，该模型由 10 个超疏水支撑腿、2 只微型直流电动机和 2 个致动腿组成。该微型机器人不仅可以毫不费力地"站立"在水面，而且可以在水面上自由转动[73]。Liu 等[74]使用水下超疏油铜线制备了仿生水黾腿模型（图 2.19）。这个人工设备可以在油-水界面自由移动而不受到任何油的污染。这种人工水黾的设计为制造具有水下超疏油设备提供了新思路。

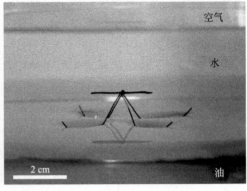

(a) 水/空气界面的水黾照片   (b) 油/水界面的人工油黾模型

图 2.19 超疏液微型设备[74]

2.4.7 微流体传输

近年来，微流体技术因其潜在的应用前景而发展十分迅速。同时，器件的微型化使得运输管道的表面性质，特别是表面的润湿性，对流体流动行为具有非常重要的影响。倘若能将超疏水界面材料应用到微流体传输中，必将极大地促进微流体技术的发展。因为这些表面上水滴的高迁移率提供了使用更有效的液滴运动方法的可能性。通过刻蚀多晶板，在铜箔上电沉积铜或将两者结合使用来制造铜基分层表面（图 2.20，彩色版见书后）[168]。用硫醇修饰的碳氟化合物改性后，获得了超疏水铜表面。这些超疏水表面通过已开发的结构化技术来构建基于液滴的超疏水芯片。此外，在通过热氧化修饰 CuO 纳米线后，获得了带有光纤的导线引导，以使液滴可在图案化的超疏水表面上移动。

2.4.8 其他应用

除上述应用以外，具有特殊润湿性表面的金属材料在防水装置、液体无损转移、液体运输、微流设备和生物等领域也存在一定的应用前景。如超亲水-水下超

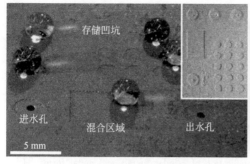 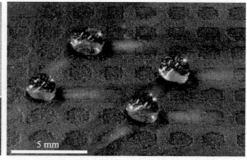

(a) 基于刻蚀多晶铜的芯片(插图为芯片布局)　　　　(b) 纳米线装饰的刻蚀多晶铜制成的表面上的凹坑阵列

图 2.20　铜基芯片及铜基表面凹坑阵列图像[168]

疏油表面除了可用于油水分离外，由于在水下对油滴的黏附作用很小而用于水下油滴无损转移。Zhang 等[169]在不锈钢片上制备了水下超疏油表面，该表面具有可控的黏附性，可应用于水下油滴转移和水下自清洁。

参 考 文 献

[1] Lu K. The future of metals [J]. Science，2010，328：319-320.

[2] 孔小东，胡会娥，苏小红. 金属腐蚀与防护导论 [M]. 北京：科学出版社，2017.

[3] 李晶，李强，于化东，等. 金属基超疏水制备方法与应用浅述 [J]. 长春理工大学学报，2014，37：27-35.

[4] Feng L，Li S H，Li Y S，et al. Super-hydrophobic surfaces：From natural to artificial [J]. Advanced Materials，2002，14：1857-1860.

[5] 乔卫，朱定一，温鸿英，等. 金属表面超疏水性的研究进展 [J]. 材料导报，2009，23：45-56.

[6] Si Y F，Guo Z G. Superhydrophobic nanocoatings：from materials to fabrications and to applications [J]. Nanoscale，2015，7：5922-5946.

[7] 宋金龙，陆遥，黄帅，等. 极端润湿性表面研究与应用进展 [J]. 科技导报，2015，33：92-100.

[8] Kim Y J，Ebara M，Aoyagi T. A smart hyperthermia nanofiber with switchable drug release for inducing cancer apoptosis [J]. Advaned Functional Materials，2013，23：5753-5761.

[9] Kim Y J，Ebara M，Aoyagi T. A smart nanofiber web that captures and releases cells [J]. Angewandte Chemie International Edition，2012，51：10537-10541.

[10] Wen Z H，Ke Y J，Feng C C，et al. Mg-doped $VO_2@ZrO_2$ core-shell nanoflakes for thermochromic smart windows with enhanced performance，Advanced Material Interfaces，2021，8：2001606.

[11] Jiang L，Erickson D. Light-governed capillary flow in microfluidic systems [J]. Small，2013，9：107-114.

[12] Feng X J，Jiang L. Design and creation of superwetting/antiwetting surfaces [J]. Advanced Materials，2006，18：3063-3078.

[13] Liu K，Jiang L. Metallic surfaces with special wettability [J]. Nanoscale，2011，3：825-838.

[14] 徐文骥，宋金龙，孙晶，等. 金属基体超疏水表面制备及应用的研究进展 [J]. 材料工程，2011 (5)：97-102.

[15] 顾强，陈英，陈东，等. 金属超疏水表面的制备及应用研究进展 [J]. 材料保护，2018，　51 (9)：

107-114.

[16] Hao X Q，Wang L，Lv D H，et al. Fabrication of hierarchical structures for stable superhydrophobicity on metallic planar and cylindrical inner surfaces [J]. Applied Surface Science，2015，325：151-159.

[17] Sun H X，Li A，Qin X J，et al. Three-dimensional superwetting mesh film based on graphene assembly for liquid transportation and selective absorption [J]. Chemsuschem，2013，6（12）：2377-2381.

[18] Deng D，Prendergast D P，MacFarlane J，et al. Hydrophobic meshes for oil spill recovery devices [J]. ACS Applied Materials Interfaces，2013，5（3）：774-781.

[19] Gibson L J. Mechanical behavior of metallic foams [J]. Annual Review Materials Science，2000，30：191-227.

[20] Banhart J. Manufacture，characterisation and application of cellular metals and metal foams [J]. Progress Materials Science，2001，46（6）：559-632.

[21] Lefebvre L P，Banhart J，Dunand D C. Porous metals and metallic foams：current status and recent developments [J]. Advanced Engineering Materials，2008，10：775-787.

[22] Smith B H，Szyniszewski S，Hajjar J F，et al. Characterization of steel foams for structural components [J]. Metals，2012，2（4）：399-410.

[23] Li Y，Jia W Z，Song Y Y，et al. Superhydrophobicity of 3D porous copper films prepared using the hydrogen bubble dynamic template [J]. Chemical Materials，2007，19：5758-5764.

[24] Zhao F，Liu L L，Ma F J，et al. Candle soot coated nickel foam for facile water and oil mixture separation [J]. Rsc Advances，2014，4（14）：7132-7135.

[25] Extrand C W. Model for contact angles and hysteres is on rough and ultraphobic surface [J]. Langmuir，2002，18（21）：7991-7999.

[26] Patankar N A. Transition between superhydrophobic states on rough surfaces [J]. Langmuir，2004，20：7097-7102.

[27] 崔晓松，姚希. 超疏水表面微纳结构设计与制备及润湿行为调控 [J]. 中国材料进展，2009，28（12）：41-52.

[28] Bhuhan B，Nosonovsky M，Jung Y C. Towards optimization of patterned superhydrophobic surfaces [J]. Journal of the Royal Society Interface，2007，4（15）：643-648.

[29] Yamamoto K，Ogata S. 3-D thermodynamic analysis of superhydrophobic surfaces [J]. Journal of Colloid and Interface Science 326（2）：471-477.

[30] 徐建海. 具有微纳米结构超疏水表面润湿性的研究 [J]. 化学进展，2006，18（11）：1425-1433.

[31] Ebert D，Bhushan B. Durable Lotus-effect with hierarchial structure using micro-and nanosized hydrophobic silica particles [J]. Colloid and Interface Science，2012，369：584-591.

[32] 庞小龙. 二维结构表面浸润性研究 [D]. 南京：南京邮电大学，2013.

[33] 张泓筠. 超疏水表面微结构对其疏水性能的影响及应用 [D]. 湘潭：湘潭大学，2013.

[34] Li W，Fang G，Li Y，et al. Anisotropic wetting bchavior arising from superhydrophobic surfaces：parallel grooved structure [J]. Journal of Physical Chemistry B，2008，112（24）：7234-7243.

[35] Herminghaus S. Roughness-induced non-wetting [J]. Europhysics Letters，2000，52：165-170.

[36] Tuteja A，Choi W，Ma M，et al. Designing superoleophobic surfaces [J]. Science，2007，318：1618-1622.

[37] Choi W，Tuteja A，Chhatre S，et al. Fabrics with tunable oleophobicity [J]. Advanced Materials，2021，21：2190-2195.

[38] Cao L，Hu H H，Gao D. Design and fabrication of micro-textures for inducing a superhydrophobic be-

金属特殊润湿性表面制备
及性能研究

havior on hydrophilic materials [J]. Langmuir, 2007, 23 (8): 4310-4314.

[39] Yong J, Chen F, Yang Q, et al. Superoleophobic surfaces [J]. Chemical Society Reviews, 2017, 46 (14): 4168-4217.

[40] Chang F M, Hong S J, Sheng Y J, et al. Wetting invasion and retreat across a corner boundary [J]. Journal of Physical Chemistry C, 2010, 114 (3): 1615-1621.

[41] Liu X, Gu H, Wang M, et al. 3D printing of bioinspired liquid superrepellent structures [J]. Advanced Materials, 2018, 30 (22): 1800103.

[42] Sun Y H, Guo Z G. Recent advances of bioinspired functional materials with special wettability: from nature and beyond nature [J]. Nanoscale Horizon, 2019, 4: 52-76.

[43] Liu T L, Kim C J. Turning a surface superrepellent even to completely wetting liquids [J]. Science. 2014, 346: 1096-1100.

[44] 斯芳芳, 张靓, 赵宁, 等. 超亲水表面制备方法及其应用 [J]. 化学进展, 2011, 23: 1832-1840.

[45] Horiuchi Y, Ura H, Kamegawa T, et al. Design of superhydrophilic surfaces on metallic substrates by the fabrication of Ti-containing mesoporous silica thin film [J]. Applied Catalysis A, 2010, 387: 95-99.

[46] Wang P, Hashimoto K, Fujishima A. Light-inducedamphiphilic surfaces [J]. Nature, 1997, 388: 431-432.

[47] Feng X J, Feng L, Jin M H, et al. Reversible super-hydrophobicity to super-hydrophilicity transition of aligned ZnO nanorod films [J]. Journal of the American Chemical Society, 2004, 126: 62-63.

[48] Zhu W Q, Feng X J, Feng L, et al. UV-manipulated wettability between superhydrophobicity and superhydrophilicity on a transparent and conductive SnO_2 nanorod film [J]. Chemical Communications, 2006, 2753-2755.

[49] Chu Z L, Seeger S. Superamphiphobic surfaces [J]. Chemical Society Reviews, 2014, 43: 2784-2798.

[50] Peng S, Bhushan B. Mechanically durable superoleophobic aluminum surfaces with microstep and nanoreticula hierarchical structure for self-cleaning and anti-smudge properties [J]. Journal of Colloid and Interface Science, 2016, 461: 273-284.

[51] Jiang T, Guo Z G, Liu W M. Biomimetic superoleophobic surfaces: focusing on their fabrication and applications [J]. Journal of Materials Chemistry A, 2015, 3: 1811-1827.

[52] She Z, Li Q, Wang Z, et al. Novel method for controllable fabrication of a superhydrophobic CuO surface on AZ91D magnesium alloy [J]. ACS Applied Materials Interfaces 2012, 4: 4348-4356.

[53] Huang Y, Sarkar D K, Chen X G. Superhydrophobic aluminum alloy surfaces prepared by chemical etching process and their corrosion resistance properties [J]. Applied Surface Science, 2015, 356: 1012-1024.

[54] Basu M, Sinha A K, Pradhan M, et al. Fabrication and functionalization of CuO for tuning superhydrophobic thin film and cotton wool [J]. Journal of Physical Chemistry C, 2011, 115: 20953-20963.

[55] Simovich T, Wu A H, Lamb R N. Hierarchically rough, mechanically durable and superhydrophobic epoxy coatings through rapid evaporation spray method [J]. Thin Solid Films, 2015, 589: 472-478.

[56] Kim D Y, Lee J G, Joshi B N, et al. Self-cleaning superhydrophobic films by supersonic-spraying polytetrafluoroethylene-titania nanoparticles [J]. Journal of Materials Chemistry A, 2015, 3: 3975-3983.

[57] Xi J, Feng L, Jiang L. A general approach for fabrication of superhydrophobic and superamphiphobic surfaces [J]. Applied Physics Letters, 2008, 92: 053102.

[58] Meng H, Wang S, Xi J, et al. Jiang. Facile means of preparing superamphiphobic surfaces on common

engineering metals [J]. Journal of Physical Chemistry C, 2008, 112: 11454-11458.

[59] Xiang Y, Si Y F, Xin Y, One-step strategy to prepare utility ZnO-stearic acid (STA) superhydrophobic nanocoating [J]. Chemistry Letters, 2017, 46 (9): 1393-1395.

[60] Tsujii K, Yamamoto T, Onda T, et al. Super oil-repellent surfaces [J]. Angewandte Chemie International Edition, 1997, 36 (9): 1011-1012.

[61] Chu Z, Feng Y, Seeger S. Oil/water separation with selective superantiwetting/superwetting surface materials [J]. Angewandte Chemie International Edition, 2015, 54: 2328-2338.

[62] Lin J, Tian F, Shang Y, et al. Facile control of intra-fiber porosity and inter-fiber voids in electrospun fibers for selective adsorption [J]. Nanoscale, 2012, 4 (17): 5316-5320.

[63] Zhang J, Ji K J, Chen J, et al. A three-dimensional porous metal foam with selective-wettability for oil-water separation [J]. Journal of Materials Science, 2015, 50: 5371-5377.

[64] 陈宁. 超疏水超亲油多孔材料的制备及在油水分离中的应用 [D]. 哈尔滨: 哈尔滨工业大学, 2012.

[65] Xue Z, Wang S, Lin L, et al. A novel superhydrophilic and underwater superoleophobic hydrogel-coated mesh for oil/water separation [J]. Advanced Materials, 2011, 23 (37): 4270-4273.

[66] Lin X, Lu F, Chen T N, et al. One-step Breaking and separating emulsion by tungsten pxide coated mesh [J]. Acs Applied Materials & Interfaces, 2015, 7 (15): 8108-8113.

[67] Zhang W, Shi Z, Zhang F, et al. Superhydrophobic and superoleophilic PVDF membranes for effective separation of water-in-oil emulsions with high flux [J]. Advanced Materials, 2013, 25 (14): 2071-2076.

[68] 江雷, 冯琳. 仿生智能纳米界面材料 [M]. 北京: 化学工业出版社, 2007.

[69] Accardo A, Gentile F, Coluccio M L, et al. A combined electrowetting on dielectrics superhydrophobic platform based on silicon micro-structured pillars [J]. 2012, 98: 651-654.

[70] Lim H S, Kwak D, Lee D Y, et al. UV-driven reversible switching of a roselike vanadium oxide film between superhydrophobicity and superhydrophilicity [J]. Journal of the American Chemical Society, 2007, 129, 4128-4129.

[71] Zhang F, Zhang W B, Shi Z, et al. Nanowire-haired inorganic membranes with superhydrophilicity and underwater ultralow adhesive superoleophobicity for high-efficiency oil/water separation [J]. Advanced Materials, 2013, 25 (30): 4192-4198.

[72] Pan Q, Liu J, Zhu Q. A water strider-like model with large and stable loading capacity fabricated from superhydrophobic copper foils [J]. ACS Applied Materials Interfaces, 2010, 2 (7): 2026-2030.

[73] Zhang X B, Zhao J, Zhu Q, et al. Bioinspired aquatic microrobot capable of walking on water surface like a water strider [J]. ACS Applied Materials Interfaces, 2011, 3 (7): 2630-2636.

[74] Liu X L, Gao J, Xue Z X, et al. Bioinspired oil strider floating at the oil/water interface supported by huge superoleophobic force [J]. ACS Nano, 2012, 6: 5614-5620.

[75] Manna U, Lynn D M. Synthetic surfaces with robust and tunable underwater superoleophobicity [J]. Advanced Functional Materials, 2015, 25: 1672-1681.

[76] Sarkar D K, Farzaneh M, Paynter R W. Superhydrophobic properties of ultrathin rf-sputtered Teflon films coated etched aluminum surfaces [J]. Materials Letters, 2008, 62 (8-9): 1226-1229.

[77] Chen Z, Guo Y, Fang S. A facial approach to fabricate superhydrophobic aluminum surface [J]. Surface and Interface Analysis, 2010, 42 (1): 1-6.

[78] 潘立宁, 董慧药, 毕鹏禹. SDBS/HCl 化学刻烛法制备具有纳米-微米混合结构的铝基超疏水表面 [J]. 高等学校化学学报, 2009, 30: 1371-1374.

[79] Zhang Y, Jie W, Yu X, et al. Low-cost one-step fabrication of superhydrophobic surface on Al alloy [J]. Applied Surface Science, 2011, 257 (18): 7928-7931.

[80] Yin B, Fang L, Hu J, et al. A facile method for fabrication of superhydrophobic coating on aluminum alloy [J]. Surface and Interface Analysis, 2012, 44 (4): 439-444.

[81] 李艳峰，于志家，于跃飞，等. 铝合金基体上超疏水表面的制备 [J]. 高校化学工程学报，2008，22 (1)：6-10.

[82] Yang J, Zhang Z Z, Xu X H, et al. Superoleophobic textured aluminum surfaces [J]. New Journal of Chemistry, 2011, 35 (11): 2422-2426,

[83] Liu K, Zhang M, Zhai J, et al. Bioinspired construction of Mg-Li alloys surfaces with stable superhydrophobicity and improved corrosion resistance [J]. Applied Physics Letters, 2008, 92: 183103.

[84] Wang Y, Wang W, Zhong L, et al. Super-hydrophobic surface on pure magnesium substrate by wet chemical method [J]. Applied Surface Science, 2010, 256 (12): 3837-3840.

[85] Guo Z, Zhou F, Hao J, et al. Stable biomimetic super-hydrophobic engineering materials [J]. Journal of the American Chemical Society, 2005, 127 (45): 15670-15671.

[86] Guo Z, Liu W, Su B. A stable lotus-leaf-like water-repellent copper [J]. Applied Physics Letters, 2008, 92: 183103.

[87] Saleema N, Sarkar D K, Paynter R W, et al. Superhydrophobic aluminum alloy surfaces by a novel one-step process [J]. ACS Applied Materials & Interfaces, 2010, 2 (9): 2500-2502.

[88] Larmour I A, Bell S E J, Saunders G C. Remarkably simple fabrication of superhydrophobic surfaces using electroless galvanic deposition [J]. Angewandte Chemie, 2007, 119 (10): 1740-1742.

[89] Safaee A, Sarkar D K, Farzaneh M. Superhydrophobic properties of silver-coated films on copper surface by galvanic exchange reaction [J]. Applied Surface Science, 2008, 254 (8): 2493-2498.

[90] Sarkar D K, Saleema N. One-step fabrication process of superhydrophobic green coatings [J]. Surface and Coatings Technology, 2010, 204 (15): 2483-2486.

[91] Sarkar D K, Paynter R W. One-step deposition process to obtain nanostructured superhydrophobic thin films by galvanic exchange reactions [J]. Journal of Adhesion Science and Technology, 2010, 24 (6): 1181-1189.

[92] Song W, Zhang J J, Xie Y F, et al. Large-area unmodified superhydrophobic copper substrate can be prepared by an electroless replacement deposition [J]. Journal of Colloid and Interface Science, 2009, 329 (1): 208-211.

[93] Zhang Z Z, Zhu X T, Yang J, et al. Facile fabrication of superoleophobic surfaces with enhanced corrosion resistance and easy repairability [J]. Applied Physics A, 2012, 108 (3): 601-606.

[94] Zhu X T, Zhang Z Z, Xu X H, et al. Rapid control of switchable oil wettability and adhesion on the copper substrate [J]. Langmuir, 2011, 27 (23): 14508-14513.

[95] Ning T, Xu W G, Lu S X. One-step controllable fabrication of superhydrophobic surfaces with special composite structure on zinc substrates [J]. Journal of Colloid and Interface Science, 2011, 361: 388-396.

[96] Cao L, Liu J, Huang W, et al. Facile fabrication of superhydrophobic surfaces on zinc substrates by displacement deposition of Sn [J]. Applied Surface Science, 2013, 265: 597-602.

[97] Cheng Y Y, Lu S X, Xu W G, et al. Wang, Fabrication of superhydrophobic Au-Zn alloy surface on a zinc substrate for roll-down, self-cleaning and anti-corrosion [J]. Journal of Materials Chemistry A, 2015, 3: 16774-16784.

[98] Shibuichi S，Yamamoto T，Onda T，et al. Super water-and oil-repellent surfaces resulting from fractal structure [J]. Journal of Colloid and Interface Science，1998，208 (1)：287-294.

[99] Tasaltin N，Sanli D，Jonas A，et al. Preparation and characterization of superhydrophobic surfaces based on hexamethyldisilazane-modified nanoporous alumina [J]. Nanoscale Research Letters，2011，6 (1)：1-8.

[100] Fujii T，Sato H，Tsuji E，et al. Important role of nanopore morphology in superoleophobic hierarchical surfaces [J]. The Journal of Physical Chemistry C，2012，116 (44)：2330-23314.

[101] Wang H，Dai D，Wu X. Fabrication of superhydrophobic surfaces on aluminum [J]. Applied Surface Science，2008，254 (17)：5599-5601.

[102] Wu W C，Wang X L，Wang D A，et al. Alumina nanowire forests via unconventional anodization and super-repellency plus low adhesion to diverse liquids [J]. Chemical Communications，2009 (9)：1043-1045.

[103] Lai Y K，Lin C J，Huang J Y，et al. Markedly controllable adhesion of superhydrophobic spongelike nanostructure TiO_2 films [J]. Langmuir，2008，24：3867-3873.

[104] Zhang F，Chen S G，Dong L H，et al. Preparation of superhydrophobic films on titanium as effective corrosion barriers [J]. Applied Surface Science，2011，257：2587-2591.

[105] Shirtcliffe N J，McHale G，Newton M I，et al. Dual-scale roughness produces unusually water-repellent surfaces [J]. Advanced Materials，2004，16 (21)：1929-1932.

[106] Li Y，Jia W Z，Song Y Y，et al. Superhydrophobicity of 3D porous copper films prepared using the hydrogen bubble dynamic template [J]. Chemistry of Materials，2007，19 (23)：5758-5764.

[107] Huang S，Hu Y，Pan W. Relationship between the structure and hydrophobic performance of Ni-TiO_2 nanocomposite coatings by electrodeposition [J]. Surface and Coatings Technology，2011，205 (13-14)：3872-3876.

[108] La D D，Nguyen T A，Lee S，et al. A stable superhydrophobic and superoleophilic Cu mesh based on copper hydroxide nanoneedle arrays [J]. Applied Surface Science，2011，257：5705-5710.

[109] Wang Z，Zhu L，Li W，et al. Rapid reversible superhydrophobicity-to-superhydrophilicity transition on alternating current etched brass [J]. ACS Applied Materials Interfaces，2013，5 (11)：4808-4814.

[110] Wang Z，Zhu L，Li W，et al. Superhydrophobic surfaces on brass with controllable water adhesion [J]. Surface and Coatings Technology，2013，235 (0)：290-296.

[111] Wang Z，Zhu L，Li W，et al. Bioinspired in situ growth of conversion films with underwater superoleophobicity and excellent self-cleaning performance [J]. ACS Applied Materials Interfaces，2013，5 (21)：10904-10911.

[112] Lee S，Kim K，Pippel E，et al. Facile route toward mechanically stable superhydrophobic copper using oxidation-reduction induced morphology changes [J]. The Journal of Physical Chemistry C，2012，116 (4)：2781-2790.

[113] Zhang Q B，Xu D G，Hung T F，et al. Facile synthesis，growth mechanism and reversible superhydrophobic and superhydrophilic properties of non-flaking CuO nanowires grown from porous copper substrates [J]. Nanotechnology，2013，24 (6)：65602.

[114] Yin S，Wu D，Yang J，et al. Fabrication and surface characterization of biomimic superhydrophobic copper surface by solution-immersion and self-assembly [J]. Applied Surface Science，2011，257 (20)：8481-8485.

[115] 钱柏太. 金属基体上超疏水表面的制备研究 [D]. 大连：大连理工大学，2005.

[116] Wang H J, Yu J, Wu Y Z, et al. A facile two-step approach to prepare superhydrophobic surfaces on copper substrates [J]. Journal of Materials Chemistry A, 2014, 2: 5010-5017.

[117] Wang S, Feng L, Jiang L. One-step solution-immersion process for the fabrication of stable bionic superhydrophobic surfaces [J]. Advanced Materials. 2006, 18 (6): 767-770.

[118] Li M, Xu J, Lu Q. Creating superhydrophobic surfaces with flowery structures on nickel substrates through a wet-chemical-process [J]. Journal of Materials Chemistry, 2007, 17 (45): 4772-4776.

[119] Wang J, Li D, Gao R, et al. Construction of superhydrophobic hydromagnesite films on the Mg alloy [J]. Materials Chemistry and Physics, 2011, 129 (1-2): 154-160.

[120] Ishizaki T, Cho S P, Saito N. Morphological control of vertically self-aligned nanosheets formed on magnesium alloy by surfactant-free hydrothermal synthesis [J]. CrystEngComm, 2009, 11 (11): 2338-2343.

[121] Wang S J, Gong J H, Ma J H, et al. In situ growth of hierarchical boehmite on 2024 aluminum alloy surface as superhydrophobic materials [J]. RSC Advances, 2014, 4 (28): 14708-14714.

[122] Li J, Jing Z J, Yang Y X, et al. From Cassie state to Gecko state: a facile hydrothermal process for the fabrication of superhydrophobic surfaces with controlled sliding angles on zinc substrates [J]. Surface & Coatings Technology, 2014, 258: 973-978.

[123] Caldarelli A, Raimondo M, Veronesi F, et al. Sol-gel route for the building up of superhydrophobic nanostructured hybrid-coatings on copper surfaces [J]. Surface & Coatings Technology, 2015, 276: 408-415.

[124] Lu S X, Chen Y L, Xu W G, et al. Controlled growth of superhydrophobic films by sol-gel method on aluminum substrate [J]. Applied Surface Science, 2010, 256 (20): 6072-6075.

[125] Wang N, Xiong D S. Superhydrophobic membranes on metal substrate and their corrosion protection in different corrosive media [J]. Applied Surface Science, 2014, 305: 603-608.

[126] Barthwal S, Kim Y S, Lim S H. Fabrication of amphiphobic surface by using titanium anodization for large-area three-dimensional substrates [J]. Journal of Colloid and Interface Science, 2013, 400: 123-129.

[127] Han J T, Jang Y, Lee D Y, et al. Fabrication of a bionic superhydrophobicw metal surface by sulfur-induced morphological development [J]. Journal of Materials Chemistry, 2005, 15: 3089-3092.

[128] Liang J S, Li D, Wang D Z, et al. Preparation of stable superhydrophobic film on stainless steel substrate by a combined approach using electrodeposition and fluorinated modification [J]. Applied Surface Science, 2014, 293: 265-270.

[129] Li H, Yu S R, Han X X. Preparation of a biomimetic superhydrophobic ZnO coating on an X90 pipeline steel surface [J]. New Journal of Chemistry, 2015, 39: 4860-4868.

[130] Chen L J, Chen M, Hui H D, et al. Preparation of super-hydrophobic surface on stainless steel [J]. Applied Surface Science, 2008, 255: 3459-3462.

[131] Nimittrakoolchai O U, Supothina S. Deposition of organic-based superhydrophobic films for anti-adhesion and self-cleaning applications [J]. Journal of the European Ceramic Society, 2008, 28 (5): 947-952.

[132] Nosonovsky M, Bhushan S. Superhydrophobic surfaces and emerging applications: Non-adhesion, energy, green engineering [J]. Current Opinion in Colloid and Interface Science, 2009, 14 (4): 270-280.

[133] Lomga J, Varshney P, Nanda D, et al. Fabrication of durable and regenerable superhydrophobic coat-

ings with excellent self-cleaning and anti-fogging properties for aluminium surfaces [J]. Journal of Alloys and Compound, 2017, 702 (25): 161-170.

[134] Fürstner R, Barthlott W, Neinhuis C, et al. Wetting and self-cleaning properties of artificial superhydrophobic surfaces [J]. Langmuir, 2005, 21 (3): 956-961.

[135] Zhang Y L, Xia H, Kim E, et al. Recent developments in superhydrophobic surfaces with unique structural and functional properties [J]. Soft Matter, 2012, 8 (44): 11217-11231.

[136] Ishizaki T, Saito N. Rapid formation of a superhydrophobic surface on a magnesium alloy coated with a cerium oxide film by a simple immersion process at room temperature and its chemical stability [J]. Langmuir, 2010, 26: 9749-9755.

[137] Gnedenkov S V, Egorkin V S, Sinebryukhov S L, et al. Formation and electrochemical properties of the superhydrophobic nanocomposite coating on PEO pretreated Mg-Mn-Ce magnesium alloy [J]. Surface and Coatings Technology, 2013, 232: 240-246.

[138] Wang S H, Guo X W, Xie Y J, et al. Preparation of superhydrophobic silica film on Mg-Nd-Zn-Zr magnesium alloy with enhanced corrosion resistance by combining micro-arc oxidation and sol-gel method [J]. Surface and Coatings Technology, 2012, 213: 192-201.

[139] She Z X, Li Q, Wang Z W, et al. Researching the fabrication of anticorrosion superhydrophobic surface on magnesium alloy and its mechanical stability and durability [J]. Chemical Engineering Journal, 2013, 228: 415-424.

[140] Liu Q, Kang Z K. One-step electrodeposition process to fabricate superhydrophobic surface with improved anticorrosion property on magnesium alloy [J]. Materials Letters, 2014, 137: 210-213.

[141] Liu Y, Yin X M, Zhang J J, et al. A electro-deposition process for fabrication of biomimetic super-hydrophobic surface and its corrosion resistance on magnesium alloy [J]. Electrochimica Acta, 2014, 125: 395-403.

[142] Wang P, Zhang D, Qiu R, et al. Super-hydrophobic metal-complex film fabricated electrochemically on copper as a barrier to corrosive medium [J]. Corrosion Science, 2014, 83: 317-326.

[143] Wang P, Wu J Y, Tan L L, et al. Research on super-hydrophobic surface of biodegradable magnesium alloys used for vascular stents [J]. Materials Science and Engineering C, 2013, 33: 2885-2890.

[144] Wang P, Zhang D, Qiu R, et al. Green approach to fabrication of a super-hydrophobic film on copper and the consequent corrosion resistance [J]. Corrosion Science, 2014, 80: 366-373.

[145] He G, Lu S X, Xu W G, et al. Controllable growth of durable superhydrophobic coatings on a copper substrate via electrodeposition [J]. Physical Chemical Chemical Physical, 2015, 17: 10871-10880.

[146] Feng L B, Che Y H, Liu Y H, et al. Fabrication of superhydrophobic aluminium alloy surface with excellent corrosion resistance by a facile and environment-friendly method [J]. Applied Surface Science, 2013, 283: 367-374.

[147] Ou J, Liu M, Li W, et al. Corrosion behavior of superhydrophobic surfaces of Ti alloys in NaCl solutions [J]. Applied Surface Science, 2012, 258: 4724-4728.

[148] 葛圣松, 李娟, 邵谦, 等. 钢铁表面超疏水膜的制备与表征 [J]. 功能材料, 2012, 43: 645-649.

[149] Watanabe K, Udagawa Y H. Drag reduction of newtonian fluid in a circular pipe with a highly water-repellent wall [J]. Journal of Fluid Mechanics, 1999, 381: 225-238.

[150] Shirtcliffe N J, McHale G, Newton M I, et al. Superhydrophobic copper tubes with possible flow enhancement and drag reduction [J]. ACS Applied Materials & Interfaces, 2009, 1: 1316-1323.

[151] Shi F, Niu J, Liu J L, et al. Towards understanding why a superhydrophobic coating is needed by wa-

ter striders [J]. Advanced Materials, 2007, 19 (17): 2257-2261.

[152] Wang Y, Liu X W, Zhang H F, et al. Superhydrophobic surfaces created by a one-step solution-immersion process and their drag-reduction effect on water [J]. RSC Advances, 2015, 5: 18909-18914.

[153] Feng L, Zhang Z, Mai Z, et al. A super-hydrophobic and super-oleophilic coated mesh film for the separation of oil and water [J]. Angewandte Chemie International Edition, 2004, 43: 2012-2014.

[154] Yu Y L, Chen H, Liu Y, et al. Superhydrophobic and superoleophilic boron nitride nanotube-coated stainless steel meshes for oil and water separation [J]. Advanced Materials Interfaces, 2014, 1: 1300002.

[155] Wang Z X, Yao T J, Wu J, et al. Facile approach in fabricating superhydrophobic and superoleophilic surface for water and oil mixture separation [J]. ACS Applied Materials Interfaces, 2009, 1: 2613-2617.

[156] Crick C R, Gibbins J A, Parkin I P. Superhydrophobic polymer-coated copper-mesh: membranes for highly efficient oil-water separation [J]. Journal of Materials Chemistry A, 2013, 1: 5943-5948.

[157] Wang B, Guo Z G. Superhydrophobic copper mesh films with rapid oil/water separation properties by electrochemical deposition inspired from butterfly wing [J]. Applied Physics Letters, 2013, 103: 63704.

[158] Dai C A, Liu N, Cao Y Z, et al. Fast formation of superhydrophobic octadecylphosphonic acid (ODPA) coating for self-cleaning and oil/water separation [J]. Soft Matter, 2014, 10: 8116-8121.

[159] Guo W, Zhang Q, Xiao H B, et al. Cu mesh's super-hydrophobic and oleophobic properties with variations in gravitational pressure and surface components for oil/water separation applications [J]. Applied Surface Science, 2014, 314: 408-414.

[160] Wang F J, Lei S, Xue M S, et al. Superhydrophobic and superoleophilic miniature sevice for the collection of oils from water surfaces [J]. Journal of Physical Chemistry C, 2014, 118: 6344-6351.

[161] Zhang W, Zhu Y, Liu X, et al. Salt-induced fabrication of superhydrophilic and underwater superoleophobic PAA-g-PVDF membranes for effective separation of oil-in-water emulsions [J]. Angewandte Chemie International Edition, 2014, 53: 856-860.

[162] Tao M, Xue L, Liu F, et al. An intelligent superwetting PVDF membrane showing switchable transport performance for oil/water separation [J]. Advanced Materials, 2014, 26: 2943-2948.

[163] 毛昆朋, 潘帅锋, 陈枫, 等. 金属表面抗结冰研究进展 [J]. 科技通报, 2013, 29: 1-6.

[164] Tourkine P, Merrer L M, Quere D. Delayed freezing on water repellent materials [J]. Langmuir, 2009, 25: 7214-7216.

[165] Meuler A J, Smith J D, Varanasi K K, et al. Relationships between water wettability and ice adhesion [J]. ACS Appllied Materials Interfaces, 2010, 2: 3100-3110.

[166] Cao L, Jones A K, Sikka V K, et al. Anti-icing superhydrophobic coatings [J]. Langmuir, 2009, 25: 12444-12448.

[167] Jung S, Dorrestijn M, Raps D, et al. Are superhydrophobic surfaces best for icephobicity? [J]. Langmuir, 2011, 27: 3059-3066.

[168] Mumm F, Van Helvoort A T G, Sikorski P. Easy route to superhydrophobic copper-based wire-guided droplet microfluidic systems [J]. ACS Nano, 2009, 3: 2647-2652.

[169] Zhang E S, Cheng Z J, Lv T, et al. The design of underwater superoleophobic Ni/NiO microstructures with tunable oil adhesion [J]. Nanoscale, 2015, 7: 19293-19299.

第 3 章

金属超亲水表面

超亲水表面作为一种新型的功能表面，指的是水的接触角小于 5° 的表面，能使水瞬间铺展、迅速蒸发，防止水滴在表面上黏结停留，具有自清洁[1]、抗雾性[2,3]、抗反射[4]、水收集[5]、油水分离[6]等功能。此外，超亲水表面在热传递[7]、生物医药[8]等方面也表现出潜在的应用价值。目前，超亲水表面大多构建在硅片和玻璃基底上[9-14]。金属作为应用最广泛的工程材料，应用于国民经济的各个方面，如果在金属材料上构筑超亲水表面必将拓展金属材料的应用范围。

自从日本科学家 Fujishima 利用光诱导亲水效应构筑了超亲水表面以来，超亲水表面已经得到很大的发展。然而，这种途径对光致亲水材料（如 TiO_2、ZnO、SnO_2、WO_3、V_2O_5 等）和紫外线的依赖性很强[15-18]，这些表面只有经过光照射后才表现出超亲水性能，因而研究和制备无须光照的超亲水表面成为研究热点。研究表明，构筑具有一定粗糙度的亲水性组分微纳米结构也是一种制备超亲水表面的有效途径[9,10]。常用的构筑微纳米结构的方法有刻蚀法、层层自组装、水热法等[11,12]。然而，这些方法由于多步骤、设备昂贵、操作复杂、大量昂贵或者有毒的化学物质的使用等使得实际应用受到限制。此外，这些方法通常运用于特定的基底材料上，很少能够适用于一系列材料。因此，发展操作简易、绿色经济、具有普适性的可在金属基底上直接制备超亲水表面的方法成为了挑战。

为了克服上述缺点，本章采用了一种经济环保、简易、具有普适性的方法在金属基底表面（2024 铝合金、AZ61 镁合金和铜）制备具有仿生结构的超亲水表面。在我们报道的水热方法中仅仅使用了超纯水。为了区别于传统的水热方法，我们将它命名为"纯水水热法（water-only hydrothermal method）"。本章将分别围绕这三种金属超亲水表面展开介绍。

3.1　2024 铝合金超亲水表面

3.1.1　样品制备

采用纯水水热法来制备 2024 铝合金超亲水表面，具体过程如下。

（1）材料前处理

将上述 2024 铝合金材料依次经 200 号、400 号、800 号金相砂纸打磨至表面光亮无明显划痕，之后用去离子水冲洗，用无水乙醇超声清洗 5 min，最后超纯水冲洗。

（2）水热实验

将经过前处理的金属材料放在一个体积为 45 mL 的高温反应釜里，迅速装入 15 mL 超纯水，密封放在温度为 120 ℃烘箱中反应 6 h，釜内压强约 2.6 MPa。待反应结束后将反应釜取出，空气中冷却至室温，将样品取出用冷风吹干以备后续使用。

3.1.2　润湿性能表征

样品的表面润湿性采用水的接触角来表征。图 3.1 显示了未处理的 2024 铝合金和经过水热处理的 2024 铝合金表面水滴形状的数码照片。图 3.1(a) 为未处理的 2024 铝合金的润湿性结果，由于 2024 铝合金本身表面能较高因此显示亲水性，水的接触角为 67°。图 3.1(b) 为经过水热处理的 2024 铝合金的润湿性结果，水滴在其表面上迅速完全铺展开，水的接触角为 3°，表明在 2024 铝合金表面制备了超亲水表面。

(a) 未处理的2024铝合金表面　　　　　　(b) 经过水热处理的2024铝合金表面

图 3.1　水滴（2 μL）在样品表面形状的数码照片

3.1.3　表面形貌表征

图 3.2 为 2024 铝合金在 120℃水热 6 h 后不同放大倍数下的扫描电镜图像。低倍的扫描电镜图像可以观察到水热后 2024 铝合金表面的全貌，可以清楚地看到水热后的 2024 铝合金表面随机分布着一些类似于荷叶乳突结构的微米尺寸突起，直径约 8～12 μm，如图 3.2(a) 所示。将单个突起放大到 20000 倍，如图 3.2(b) 所示，可以看到该突起显示为类似于菊花的微米仿生结构。该菊花状微米仿生结构由排列紧密、取向随机的花瓣状纳米须组成。图 3.2(c) 显示了水热后的 2024 铝合金表面平坦区域的形貌，可以清楚地看到该区域由花瓣状纳米须随机堆叠而成，这些纳米须的长约为 30～50 nm，间隙的尺寸约为 20～50 nm。可见水热处理在 2024 铝合金表面制备了适宜的仿生层级微纳米结构，这个结构对于构筑特殊润湿性表面是非常重要的[19]。

3.1.4　表面组分表征

为了确定水热处理前后 2024 铝合金样品的表面成分和晶相结构，对水热处理

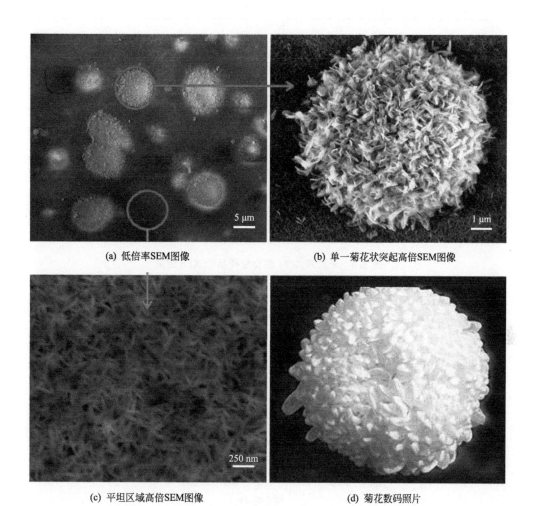

(a) 低倍率SEM图像　　　　　　　　　　(b) 单一菊花状突起高倍SEM图像

(c) 平坦区域高倍SEM图像　　　　　　　(d) 菊花数码照片

图 3.2　2024 铝合金水热处理后 SEM 图像及菊花数码照片

前后的 2024 铝合金样品进行 X 射线光电子能谱（XPS）和 X 射线衍射（XRD）测试，结果如图 3.3～图 3.5 所示。图 3.3 为未处理 2024 铝合金样品的 XPS 结果。图 3.3(a) 是 Al 2p 的高分辨图谱。从图中可以看出 Al 的光电子峰由两个峰组成，位于 74.4 eV 和 75.5 eV，分别对应于本体氧化物（Al_2O_3）中的 Al 和金属 Al[20]。图 3.3(b) 给出的是 O 1s 的高分辨图谱，从图中可以看出该部分由两个峰组成，分别位于 532.2 eV 和 529.9 eV，分别对应于空气中吸附的 O 和 Al_2O_3 中的 O[21,22]。以上结果表明，未经水热处理后的铝合金表面主要由本体氧化物 Al_2O_3 和金属 Al 组成，并且这一结果也得到 XRD 测试结果的验证。

水热处理后 2024 铝合金样品的 XPS 测试结果如图 3.4 所示。图 3.4(a) 显示了 XPS 全谱测试结果，表明了 Al、O、C 元素的存在，C 元素可能来自测试环境或仪器本身。该结果表明水热反应没有引入新的元素。图 3.4(b) 是 Al 2p 的高分辨图谱。从图中可以看出 Al 的光电子峰由两个峰组成，在 74.0 eV 出现的 Al 峰归

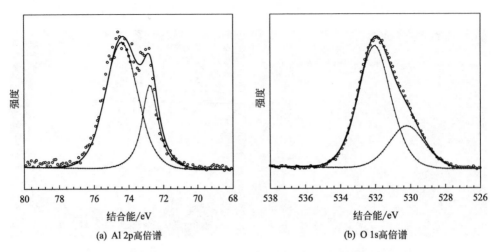

(a) Al 2p高倍谱   (b) O 1s高倍谱

图 3.3 未处理 2024 铝合金样品的 XPS 结果

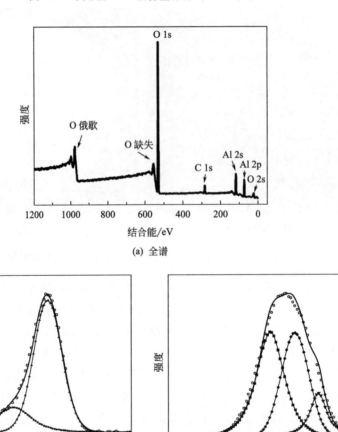

(a) 全谱

(b) Al 2p高倍谱   (c) O 1s高倍谱

图 3.4 水热处理后 2024 铝合金样品的 XPS 结果

属于勃姆石（AlOOH），75.5 eV 归属于 Al_2O_3[23,24]。图 3.4(c) 给出的是 O 1s 的高分辨图谱，从图中可以看出该部分由 3 个峰组成，分别位于 532.2 eV、530.9 eV 和 529.9 eV，其中前两个峰对应于 AlOOH 中的 O，最后一个峰归属于 Al_2O_3 中的 O[25,26]。以上结果表明，经水热处理后的铝合金表面生成的物质为 AlOOH 和 Al_2O_3，并且这一结果也得到 XRD 测试结果的验证。

图 3.5 显示了水热处理前后 2024 铝合金样品的 XRD 结果。从中可以看出，未经处理的 2024 铝合金样品除了强的基底峰外还有一层薄的本体氧化物覆盖。这与前面的 XPS 结果相一致。水热处理后 2024 铝合金样品的 XRD 结果显示，除了强的基底峰外，还可以观察到 AlOOH 和 Al_2O_3 的衍射峰[25]。这与 XPS 测试结果吻合，即水热处理后的 2024 铝合金表面由 AlOOH 和 Al_2O_3 组成。

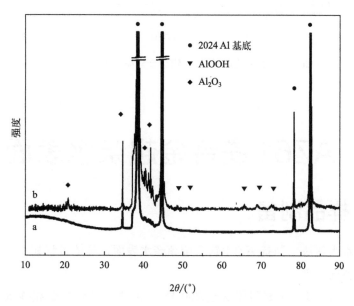

图 3.5　2024 铝合金样品的 XRD 结果

a—未处理样品；b—水热处理后样品

为了进一步探究水热处理后 2024 铝合金表面的超亲水性，采用傅里叶变换红外（FTIR）光谱对样品表面进行了测试，结果如图 3.6 所示。在高频区 3352 cm^{-1} 和 3140 cm^{-1} 处出现两个特征吸收峰，这分别是由 ν_{as}(Al)O—H 和 ν_s(Al)O—H 伸缩振动引起的[27]。低频区 1160 cm^{-1} 和 1062 cm^{-1} 处出现的特征吸收峰对应于 δ_s Al—O—H 和 δ_{as} Al—O—H 的变形振动[28,29]。在 2090 cm^{-1} 和 1965 cm^{-1} 处的弱峰对应于组合成键。1630 cm^{-1} 对应于吸附水的拉伸和弯曲振动。而 2361 cm^{-1} 对应的吸收峰是由空气中 CO_2 的伸缩振动引起的[30]。以上结果表明，水热后的 2024 铝合金表面含有大量的亲水基团——羟基。

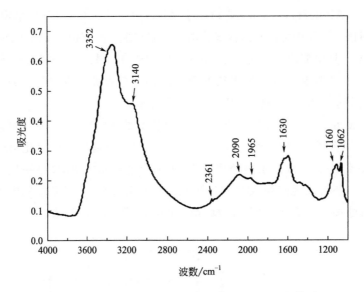

图 3.6　水热处理后 2024 铝合金样品的 FTIR 光谱图

3.2　AZ61 镁合金超亲水表面

3.2.1　样品制备

采用纯水水热法来制备 AZ61 镁合金超亲水表面，具体过程如下。

（1）材料前处理

将上述 AZ61 镁合金材料依次经 200 号、400 号、800 号金相砂纸打磨至表面光亮无明显划痕，之后用去离子水冲洗，用无水乙醇超声清洗 5 min，最后用超纯水冲洗。

（2）水热实验

将经过前处理的金属材料放在一个体积为 45 mL 的高温反应釜里，迅速装入 15 mL 超纯水，密封放在温度为 120 ℃烘箱中反应 6 h，釜内压强约 2.6 MPa。待反应结束后将反应釜取出，空气中冷却至室温，将样品取出用冷风吹干以备后续使用。

3.2.2　润湿性能表征

样品的表面润湿性采用水的接触角来表征。图 3.7 显示了未处理的 AZ61 镁合金和经过水热处理的 AZ61 镁合金表面水滴形状的数码照片。图 3.7(a) 为未处理的 AZ61 镁合金的润湿性结果，由于 AZ61 镁合金本身表面能较高因此显示亲水性，水的接触角为 83°。图 3.7(b) 为经过水热处理的 AZ61 镁合金的润湿性结果，水滴在其表面基本上完全铺展开，水的接触角为 5°，表明在 AZ61 镁合金表面制备了超亲水表面。

(a) 未处理的AZ61镁合金表面   (b) 水热处理后的AZ61镁合金表面

图 3.7　水滴（2 μL）在样品表面形状的数码照片

3.2.3　表面形貌表征

经过水热处理后的 AZ61 镁合金表面也获得了仿生结构的微观形貌，其扫描电镜结果见图 3.8。从图 3.8(a) 可以清楚地看到水热处理之后表面随机分布着的微米尺寸的花朵状突起，这些突起直径约 5~16 μm。将单个突起放大到 20000 倍，可以看到该突起显示为类似于牡丹花的微米仿生结构，如图 3.8(b) 所示。该牡丹花状微米仿生结构由排列紧密、取向随机的花瓣状纳米片组成。图 3.8(c) 显示了水热处理后的 AZ61 镁合金表面平坦区域的形貌，可以清楚地看到该区域由花瓣状纳米片随机堆叠而成，这些纳米片的长度在 30~50 nm 之间，纳米片的间隙约为 20~50 nm。上述结果表明，在 AZ61 镁合金表面发生的水热反应使得样品表面获得了微纳米仿生结构，这些仿生结构对于表面最终表现出超亲水性起着非常重要的作用。

3.2.4　表面组分表征

为了确定水热处理前后 AZ61 镁合金表面的化学组分和晶相结构，对水热处理前后的 AZ61 镁合金样品进行 XPS 和 XRD 测试。图 3.9 为水热前 AZ61 镁合金的 Mg 2p 和 O 1s 的高分辨图谱。从图 3.9(a) 可以看出 Mg 2p 高分辨谱由两个峰组成，位于 51.5 eV 和 49.2 eV，分别对应于本体氧化物（MgO）中的 Mg 和金属 Mg[31]。图 3.9(b) 给出的是 O 1s 的高分辨图谱，从图中可以看出位于 531.6 eV 的峰对应于 MgO 中的 O[31,32]。以上结果表明，未经水热处理的铝合金表面主要由金属 Mg 和本体氧化物 MgO 组成，并且这一结果也得到 XRD 测试结果的验证。

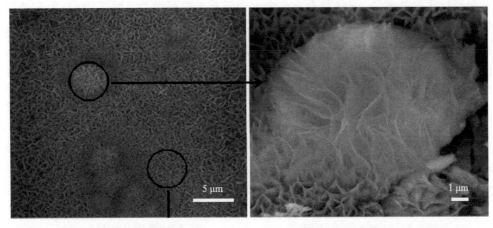

(a) 低倍率SEM图像　　　　　　　　　　　　(b) 单一牡丹花状突起高倍SEM图像

(c) 平坦区域高倍SEM图像　　　　　　　　　　(d) 牡丹花数码照片

图 3.8　AZ61 镁合金水热处理后 SEM 图像及牡丹花数码照片

水热处理后 AZ61 镁合金样品的 XPS 测试结果如图 3.10 所示。图 3.10(a)显示了 XPS 全谱测试结果，该结果表明了 Mg、Al、O、C 四种元素的存在，而 C 元素可能来自测试环境或仪器本身。该结果表明水热反应没有引入新的元素。图 3.10(b) 显示了 Mg 2p 的 XPS 高分辨率图，可以从图中清楚地看到 Mg 2p 谱由两个峰组成，分别位于 51.9 eV 和 49.6 eV，与文献中 Mg(OH)$_2$ 和 MgO 的峰相对应[31]。图 3.10(c) 为 O 1s 的 XPS 高分辨率图，经过分峰拟合 O 1s 谱由两个峰组成，分别位于 531.6 eV 和 532.7 eV，对应于 Mg(OH)$_2$ 和 MgO 中的 O[32]。以上结果表明水热处理后 AZ61 镁合金表面膜层主要由 Mg(OH)$_2$ 和 MgO 组成。

图 3.11 显示了水热处理前后 AZ61 镁合金样品的 XRD 结果。从图 3.11 中可以看出，未经处理的 AZ61 镁合金样品除了强的基底峰外还有一层薄的本体氧化物覆盖。这与前面的 XPS 结果相一致。水热处理后 AZ61 镁合金样品的 XRD 结果显

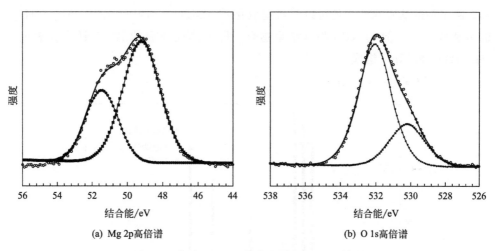

(a) Mg 2p高倍谱

(b) O 1s高倍谱

图 3.9　未处理 AZ61 镁合金样品的 XPS 结果

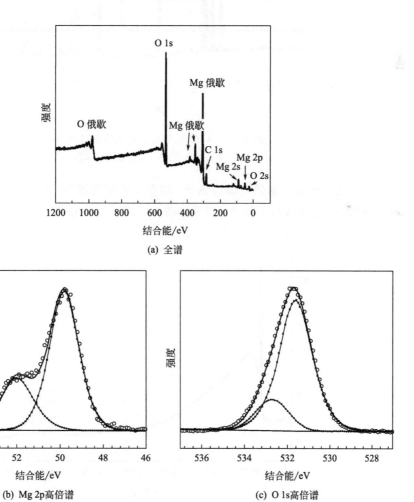

(a) 全谱

(b) Mg 2p高倍谱

(c) O 1s高倍谱

图 3.10　水热处理后 AZ61 镁合金样品的 XPS 结果

示，除了强的基底峰外，还可以观察到氧化镁（MgO）和氢氧化铝［Mg（OH）$_2$］的衍射峰[33,34]。这与 XPS 测试结果吻合，即水热处理后的 AZ61 镁合金表面由 Mg（OH）$_2$ 和 MgO 组成。

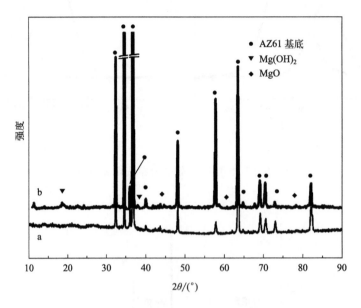

图 3.11　AZ61 镁铝合金样品的 XRD 结果

a—未处理样品；b—水热处理后样品

为了进一步探究水热处理后 AZ61 镁合金表面的超亲水性，采用傅立叶变换红外光谱对样品表面进行了测试，结果如图 3.12 所示。出现在 3692 cm^{-1} 和 3562 cm^{-1}

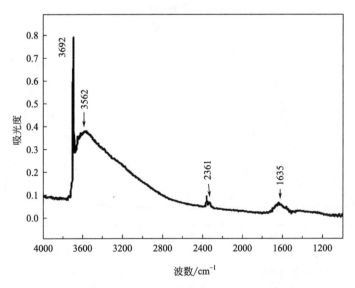

图 3.12　水热处理后 AZ61 镁合金样品的 FTIR 光谱图

处的两个特征吸收峰，这分别是由（Mg）O—H 和 O—H 伸缩振动引起的[35]。1635 cm^{-1} 对应于吸附水的拉伸和弯曲振动。而 2361 cm^{-1} 对应的吸收峰是由空气中 CO_2 的伸缩振动引起的[31]。以上结果表明，水热处理后的 AZ61 镁合金表面含有大量的亲水基团——羟基。

3.3　铜超亲水表面

3.3.1　样品制备

采用纯水水热法来制备铜超亲水表面，具体过程如下。

（1）材料前处理

将上述铜依次经 200 号、400 号、800 号金相砂纸打磨至表面光亮无明显划痕，之后用去离子水冲洗，用无水乙醇超声清洗 5 min，最后用超纯水冲洗。

（2）水热实验

将经过前处理的金属材料放在一个体积为 45 mL 的高温反应釜里，迅速装入 15 mL 超纯水，密封放在温度为 120 ℃烘箱中反应 6 h，釜内压强约 2.6 MPa。待反应结束后将反应釜取出，空气中冷却至室温，将样品取出用冷风吹干以备后续使用。

3.3.2　润湿性能表征

图 3.13 显示了未处理的铜和经过水热处理的铜表面水滴形状的数码照片。图 3.13（a）为未处理的铜的润湿性结果，水的接触角为 62°，表明了铜本身是亲水性的。图 3.13（b）为经过水热处理的铜的润湿性结果，水滴在其表面基本上完全铺展开，水的接触角为 4°，表明在铜表面制备了超亲水表面。

3.3.3　表面形貌表征

采用场发射扫描电镜对样品的表面形貌进行了表征。图 3.14 给出了铜水热处理后的不同放大倍数的 SEM 图像和茶叶数码照片。图 3.14（a）为低倍率下的 SEM 图像，可以看到纳米结构整齐均匀地覆盖在纯铜表面。从图 3.14（b）和图 3.14（c）的高放大倍率的 SEM 图像，可以清楚地看到表面这些纳米结构倾斜于基底生长，由具有类似新鲜茶叶状的纳米片构成。这些叶片状纳米片的长度范围约 400～600 nm，厚约 60～100 nm。

(a) 未处理的铜表面　　　　　　　　　　(b) 经过水热处理的铜表面

图 3.13　水滴（2 μL）在样品表面形状的数码照片

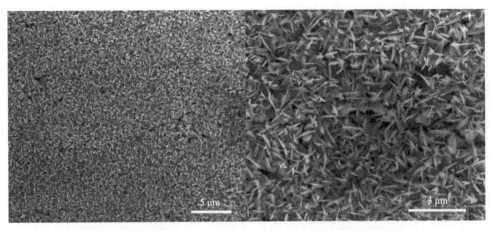

(a) 低倍率SEM图像　　　　　　　　　　(b) 高倍率SEM图像

(c) 高倍率SEM图像　　　　　　　　　　(d) 茶叶数码照片

图 3.14　铜水热处理后 SEM 图像和茶叶数码照片

3.3.4　表面组分表征

本实验采用了 XPS 和 XRD 对样品的表面组分进行了分析。为了对比水热处理前后样品化学组分的变化，对未处理的铜样品进行了测试，结果如图 3.15 所示。图 3.15(a) 为未处理的铜样品的 Cu 2p 高倍谱，从图中可以看出，通过分峰拟合 Cu 2p3/2 峰位于结合能 931.8 eV 和 933.7 eV 处，Cu 2p1/2 峰位于结合能 951.8 eV 和 953.6 eV 处，相应的特征卫星峰位于结合能 943.5 eV 和 962.5 eV 处，这表明铜元素以 Cu(0 价) 和 Cu(+2 价) 两种形式存在[36]。图 3.15(b) 为未处理的铜样品的 O 1s 高倍谱，从图中可以看出，O 1s 谱由两个峰组成，分别位于结合能 532.2 eV 和 530.6 eV 处，对应于空气中的 O 和 CuO 中的 O[36]。以上结果表明，未处理的铜表面覆盖有一层薄的本体氧化物。

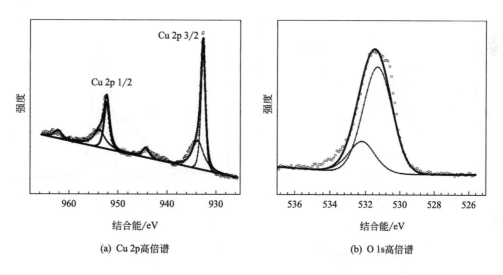

(a) Cu 2p高倍谱　　　　　　　　　　(b) O 1s高倍谱

图 3.15　未处理的铜样品的 XPS 结果

水热处理后铜样品的 XPS 测试结果如图 3.16 所示。图 3.16(a) 显示了 XPS 全谱测试结果，该结果表明了 Cu、O、C 三种元素的存在，而 C 元素可能来自测试环境或仪器本身。该结果表明水热反应没有引入新的元素。图 3.16(b) 显示了 Cu 2p 的 XPS 高分辨谱，结合能分别位于 933.7 eV 和 953.6 eV 的一组峰对应于 CuO 的 Cu 2p3/2 和 Cu 2p1/2。位于 943.5 eV 和 962.5 eV 的特征卫星峰分别对应于 Cu(OH)$_2$ 和 CuO 中的 Cu(+2 价) 态形式[37]。图 3.16(c) 中位于 531.3 eV 和 529.6 eV 的峰分别对应于 Cu(OH)$_2$ 和 CuO 中的氧[37]。以上结果表明，经水热处理后的铜表面生成的物质为 Cu(OH)$_2$ 和 CuO，并且这一结果也得到 XRD 测试结果的验证。

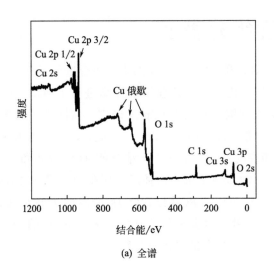

(a) 全谱

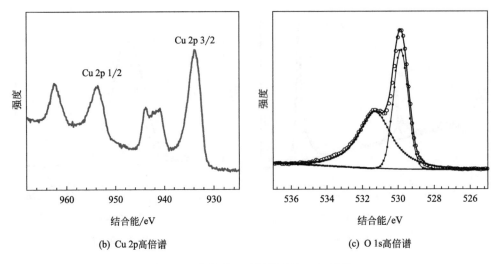

(b) Cu 2p高倍谱　　　　　　(c) O 1s高倍谱

图 3.16　水热处理后铜样品的 XPS 结果

图 3.17 给出了铜水热处理前后样品的 XRD 结果。图 3.17 中 a 为未处理铜样品的 XRD 结果，从图中可以看到除了强的铜基底衍射峰外，还有弱的 CuO 的峰出现，表明样品表面有薄的本体氧化物存在。图 3.17 中 b 为水热处理后的样品结果，可以清楚地看到除了强的基底衍射峰外，还有 Cu(OH)$_2$ 和 CuO 的衍射峰出现。这表明水热处理后铜表面制备了一层氧化铜和氢氧化铜纳米结构。

为了进一步探究水热处理后铜表面的超亲水性，采用傅里叶变换红外光谱对样品表面进行了测试，结果如图 3.18 所示。出现在 3753 cm^{-1} 和 3440 cm^{-1} 处的两个特征吸收峰，这分别是由 （Cu)O—H 和 O—H 伸缩振动引起的[37,38]。1630 cm^{-1} 对应于吸附水的拉伸和弯曲振动[37]。而 2361 cm^{-1} 对应的吸收峰是由空

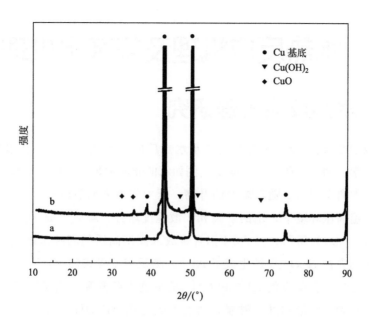

图 3.17　铜样品的 XRD 结果

a—未处理的铜样品；b—水热处理后铜样品

气中 CO_2 的伸缩振动引起的[32]。以上结果表明，水热后的铜表面含有大量的亲水基团——羟基。

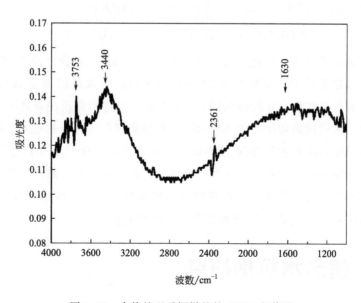

图 3.18　水热处理后铜样品的 FTIR 光谱图

3.4 水热反应机理及超亲水机理研究

3.4.1 水热反应机理研究

下面以 2024 铝合金为例对金属纯水水热反应机理展开讨论。在水热条件下，超纯水的化学、物理性质发生了变化。例如水的介电常数、黏度会下降，而电离常数增大，水的离子积 K_w 随着温度的升高、压力的增大而急剧增大[39]。在水热过程产生的高温高压环境下，水的解离和扩散程度增强，解离生成 H_3O^+ 和 OH^-，如反应方程式（3.1）所示。当 2024 铝合金放入高温高压的超纯水溶液中后，合金表面的金属铝先被 H_3O^+ 侵蚀生成了 Al^{3+}，如反应方程式（3.2）所示，而单质 Al 作为反应主体进一步反应使 Al^{3+} 和 OH^- 的浓度不断升高，当 Al^{3+} 和 OH^- 的浓度不断升高直到达到饱和度的时候，两者反应生成 AlOOH，如反应方程式（3.3）所示。之后晶体开始生长，同时，部分 AlOOH 脱水转化成 Al_2O_3，如反应方程式（3.4）所示。整个反应过程可以简单描述如下：

$$H_2O(l) \rightleftharpoons H_3O^+(aq) + OH^-(aq) \tag{3.1}$$

$$2Al(s) + 6H_3O^+(aq) \rightleftharpoons 2Al^{3+}(aq) + 3H_2(g) + 3H_2O(l) \tag{3.2}$$

$$Al^{3+}(aq) + 3OH^-(aq) \rightleftharpoons AlOOH(s) + H_2O(l) \tag{3.3}$$

$$2AlOOH(s) \rightleftharpoons Al_2O_3(s) + H_2O(l) \tag{3.4}$$

铝合金表面膜层的生长过程是一个发生在水与 2024 铝合金固-液界面的溶解-结晶过程。水热条件下，起初在 2024 铝合金表面产生大量的细小 AlOOH 晶粒。由于高的表面自由能和自生的极化特性，这些细小的晶粒逐渐团聚并覆盖在基底表面上。接着，水透过最初生成的 AlOOH 晶粒的间隙和孔洞与基底的金属反应，不断产生新的 AlOOH 并聚集在固-液界面上。在这个过程中，起初产生的晶粒由于水的作用而发生溶解，而在结晶过程，晶体生长趋向于完美，最终产生了大量的纳米须。由于铝合金的异质性在含铝基质部分容易产生高浓度的 Al^{3+}，从而导致大量的 AlOOH 和 Al_2O_3 在此区域聚集产生菊花状突起。

3.4.2 超亲水机理研究

经过水热处理之后，2024 铝合金、AZ61 镁合金和铜表面都生成了由氢氧化物和氧化物组成的复杂仿生微纳米结构，同时在样品表面产生了丰富的亲水基团——

羟基，这对构建超亲水表面是十分重要的。复杂的仿生微纳米结构不仅增加了样品表面的粗糙度，而且由此产生的毛细效应在很大程度上增强了亲水性[40,41]。此外，表面丰富的羟基还能够通过氢键与水滴成键，极大提高了亲水性[42]。因而使得经过水热处理的金属表面呈现超亲水性。

3.5　小结

采用纯水水热法在 2024 铝合金基底上构筑了超亲水表面，表面接触角为 3°。水热反应使得 2024 铝合金表面生长出了具有仿生结构的微米尺度的突起，该突起表现为类似菊花的形状，平坦区域由纳米须组成。该微纳米结构由 AlOOH 和 Al_2O_3 组成，同时表面有大量的羟基存在。

采用纯水水热法在 AZ61 镁合金基底上构筑了超亲水表面，表面接触角为 5°。水热反应使得 AZ61 镁合金表面生长了具有仿生结构的微米尺度的突起，该突起表现为类似牡丹花的形状，平坦区域由花瓣状纳米片组成。该微纳米结构由 $Mg(OH)_2$ 和 MgO 组成，同时表面有大量的羟基存在。

采用纯水水热法在铜基底上构筑了超亲水表面，表面接触角为 4°。通过扫描电镜观察发现样品表面整齐均匀地分布着茶叶状纳米片。该微纳米结构由 $Cu(OH)_2$ 和 CuO 组成，同时表面有大量的羟基存在。

金属材料在纯水水热过程中构筑的微纳米结构和亲水组分是成功制备超亲水表面的关键。纯水水热法不仅绿色环保、简易经济而且适用于多种金属和合金，是一种在金属表面制备具有一定粗糙度微纳米结构的普适性方法。

参 考 文 献

[1] Son J, Kundu S, Verma L K, et al. A practical superhydrophilic self cleaning and antireflective surface for outdoor photovoltaic applications [J]. Solar Energy Materials Solar Cells, 2012, 98：46-51.

[2] Chen Y, Zhang Y B, Shi L, et al. Transparent superhydrophobic/superhydrophilic coatings for self-cleaning and anti-fogging [J]. Applied Physics Letters, 2012, 101：033701.

[3] Park J T, Kim J H, Lee D. Excellent anti-fogging dye-sensitized solar cells based on superhydrophilic nanoparticle coatings [J]. Nanoscale, 2014, 6：7362-7368.

[4] Infante D, Koch K W, Mazumder P, et al. Durable. superhydrophobic, antireflection, and low haze glass surfaces using scalable metal dewetting nanostructuring [J]. Nano Researcher, 2013, 6：429-440.

[5] Lee A, Moon M W, Lim H, et al. Water harvest via dewing [J]. Langmuir, 2012, 28：10183-10191.

[6] Zang D M, Wu C X, Zhu R W, et al. Porous copper surfaces with improved superhydrophobicity under oil and their application in oil separation and capture from water [J]. Chemical Communications, 2013, 49：8410-8412.

[7] Chen R，Lu M C，Srinivasan V，et al. Nanowires for enhanced boiling heat transfer [J]. Nano Letters，2009，9：548-553.

[8] Shimizu. T，Goda. T，Minoura. N，et al. Super-hydrophilic silicone hydrogels with interpenetrating poly (2-methacryloyloxyethyl phosphorylcholine) networks [J]. Biomaterials，2010，31：3274-3280.

[9] Gao S Y，Li Z D，Jia X X，et al. Superhydrophilicity of highly textured carbon films in range of pH values from 0 through 14 [J]. The Journal of Physical Chemistry C，2010，114：19239-19243.

[10] Liu W Y，Sun L Y，Luo Y T，et al. Facile transition from hydrophilicity to superhydrophilicity and superhydrophobicity on aluminum alloy surface by simple acid etching and polymer coating [J]. Applied Surface Science，2013，280：193-200.

[11] Lee K K，Ahn C H. Superhydrophilic multilayer silica nanoparticle networks on a polymer microchannel using a spray layer-by-layer nano assembly method [J]. ACS Applied Materials Interfaces，2013，5：8523-8530.

[12] Jiang Y G，Wang Z Q，Yu X，et al. One-step hydrothermal creation of hierarchical microstructures toward superhydrophilic and superhydrophobic surfaces [J]. Langmuir，2005，21：1986-1990.

[13] Wang R C，Chao C Y，Su W S. Electrochemically controlled fabrication of lightly doped porous Si nanowire arrays with excellent antireflective and self-cleaning properties [J]. Acta Materialia，2012，60：2097-2103.

[14] Yoon S S，Khang D Y. Switchable wettability of vertical Si nanowire array surface by simple contact-printing of siloxane oligomers and chemical washing [J]. Journal of Materials Chemistry，2012，22：10625-10630.

[15] Yin S H，Wu D X，Yang J，et al. Fabrication and surface characterization of biomimic superhydrophobic copper surface by solution-immersion and self-assembly [J]. Applied Surface Science，2011，257：8481-8485.

[16] 斯芳芳，张靓，赵宁，等．超亲水表面制备方法及其应用 [J]. 化学进展，2011，23：1832-1840.

[17] Horiuchi Y，Ura H，Kamegawa T，et al. Design of superhydrophilic surfaces on metallic substrates by the fabrication of Ti-containing mesoporous silica thin film [J]. Applied Catalysis A，2010，387：95-99.

[18] Anandan S，Rao T N，Sathish M，et al. Superhydrophilic graphene-loaded TiO_2 thin film for self-cleaning applications [J]. ACS Applied Materials Interfaces，2013，5：207-212.

[19] Saleema N，Sarkar D K，Gallant D，et al. Chemical nature of superhydrophobic aluminum alloy surfaces produced via a one-step process using fluoroalkyl-silane in a base medium [J]. ACS Applied Materials Interfaces，2011，3：4775-4781.

[20] Wagner C D，Moulder J F，Davis J E，et al. Handbook of X-ray Photoelectron Spectroscopy [M]. Eden Prairie，MN，USA：Perkin-Elmer Corp，1992.

[21] Huang Y S，Shih S T，Wu C E. Electrochemical behavior of anodized AA6063-T6 alloys affected by matrix structures [J]. Applied Surface Science，2013，264：410-418.

[22] Vignal V，Krawiec H，Heintz O，et al. Influence of the grain orientation spread on the pitting corrosion resistance of duplex stainless steels using electron backscatter diffraction and critical pitting temperature test at the microscale [J]. Corrosion Science，2013，67：109-117.

[23] Shen S C，Chen Q，Chow P S，et al. Steam-assisted solid wet-gel synthesis of high-quality nanorods of boehmite and alumina [J]. The Journal of Physical Chemistry C，2007，111：700-707.

[24] Yoganandan G, Yoganandan J N, Grips V K W. The surface and electrochemical analysis of permanganate based conversion coating on alclad and unclad 2024 alloy [J]. Applied Surface Science, 2012, 258: 8880-8888.

[25] Alexander M R, Payan S, Duc T M. Interfacial interactions of Plasma-polymerized acrylic acid and an oxidized aluminium surface investigated using and Poly (acrylic XPS, FTIR acid) as a model compound [J]. Surface Interface Analysis, 1998, 26: 961-973.

[26] Vignal V, Krawiec H, Heintz O, et al. Passive properties of lean duplex stainless steels after long-term ageing in air studied using EBSD, AES, XPS and local electrochemical impedance spectroscopy [J]. Corrosion Science, 2013, 67: 109-117.

[27] Zhang L M, Lu W C, Cui R R, et al. One-pot template-free synthesis of mesoporous boehmite core-shell and hollow spheres by a simple solvothermal route [J]. Materials Research Bulletin, 2010, 45: 429-436.

[28] Ji G J, Li M M, Li G H, et al. Hydrothermal synthesis of hierarchical micron flower-like γ-AlOOH and γ-Al$_2$O$_3$ superstructures from oil shale ash [J]. Powder Technology, 2012, 215-216: 54-58.

[29] Hou H W, Xie Y, Yang Q, et al. Preparation and characterization of γ-AlOOH nanotubes and nanorods [J]. Nanotechnology, 2005, 16: 741-745.

[30] Zukal A, Arean C O, Delgado M. R, et al. Combined volumetric, infrared spectroscopic and theoretical investigation of CO$_2$ adsorption on Na-A zeolite [J]. Microporous and Mesoporous Materials, 2011, 146: 97-105.

[31] Liu M, Schmutz P, Zanna S, et al. A first quantitative XPS study of the surface films formed, by exposure to water, on Mg and on the Mg-Al intermetallics: Al$_3$Mg$_2$ and Mg$_{17}$Al$_{12}$ [J]. Corrosion Science, 2010, 52: 562-578.

[32] Liu M, Zanna S, Ardelean H, et al. Electrochemical reactivity, surface composition and corrosion mechanisms of the complex metallic alloy Al$_3$Mg$_2$ [J]. Corrosion Science, 2009, 51: 1115-1127.

[33] Scholz J, Walter A, Hahn A H P, et al. Molybdenum oxide supported on nanostructured MgO: Influence of the alkaline support properties on MoO$_x$ structure and catalytic behavior in selective oxidation [J]. Microporous Mesoporous Materials, 2013, 180: 130-140.

[34] Ishizaki T, Chiba S, Watanabe K, et al. Corrosion resistance of Mg-Al layered double hydroxide container-containing magnesium hydroxide films formed directly on magnesium alloy by chemical-free steam coating [J]. Journal of Materials Chemistry A, 2013, 1: 8968-8977.

[35] Basu M, Sinha A K, Pradhan M, et al. Fabrication and functionalization of CuO for tuning superhydrophobic thin film and cotton wool [J]. The Journal of Physical Chemistry C, 2011, 115: 20953-20963.

[36] Chaudhary A, Barshilia H C. Nanometric multiscale rough CuO/Cu (OH)$_2$ superhydrophobic surfaces prepared by a facile one-step solution-immersion process: transition to superhydrophilicity with oxygen plasma treatment [J]. The Journal of Physical Chemistry C, 2011, 115: 18213-18220.

[37] Li C F, Yin Y D, Hou H G, et al. Preparation and characterization of Cu (OH)$_2$ and CuO nanowires by the coupling route of microemulsion with homogenous precipitation [J]. Solid State Communications, 2010, 150: 585-589.

[38] Sun Z, Sun Y, Yang Q H, et al. IR spectral investigation of the pyrolysis of polymer precursor to diamond-like carbon [J]. Surface and Coatings Technology, 1996, 79: 108-112.

[39] 施尔畏, 陈之战, 元如林, 等. 水热结晶学 [M]. 北京: 科学出版社, 2004.

［40］ Wang J X，Wen Y Q，Hu J P，et al. Fine control of the wettability transition temperature of colloidal-crystal films：from superhydrophilic to superhydrophobic ［J］. Advanced Function Material，2007，17：219-225.

［41］ Yu X，Wang Z Q，Jiang Y G，et al. Reversible pH-responsive surface：From superhydrophobic to superhydrophilic ［J］. Advanced Materials，2005，17：1289-1293.

［42］ Yu J G，Zhao X J，Zhao Q N，et al. Preparation and characterization of super-hydrophilic porous TiO_2 coating films ［J］. Materials Chemistry and Physics，2001，68：253-259.

第 4 章

金属超疏水表面

超疏水处理的金属表面具有综合优势和卓越的性能（例如自清洁、防污染、防冰、防磨、防腐蚀等），引起了研究者的极大兴趣和关注，因此超疏水处理被认为是金属材料最有前景的表面处理方法之一。

4.1　AZ61镁合金超疏水表面

镁合金具有相对较高的比强度、良好的铸造性、出色的阻尼能力和其他吸引人的性能，因此已广泛应用于许多领域[1,2]。然而，镁合金具有很高的化学反应性，因此很容易遭受严重的腐蚀，会导致巨大的经济损失，并限制了其进一步的潜在应用[3-10]。为了改善镁合金的防腐性能，已经开发了许多表面处理方法，其中产生超疏水表面的方法被认为是最有前途的方法之一[11-22]。

超疏水性表面是具有超疏水性的表面，其水接触角大于 $150°$[11]。这种表面具有许多吸引人的特性，例如防污、防黏、防磨、防腐蚀等，因此对于基础研究和工业应用都非常重要[23,24]。通常，可以使用两步路线在镁合金上制备超疏水表面，第一步是在镁合金表面上形成微结构和纳米结构；第二步是用低表面能化合物改性表面，以降低表面能[12,14-16,18-22]。与通过低表面能化合物的自组装方法轻松实现的第二步相比，第一步对于获得超疏水表面更为关键。已经采取了一些方法来完成第一步，例如微弧氧化[14,15]、化学刻蚀[19]、电沉积[18]和水热处理[16,20-22]。在这些方法中，水热处理是一种有吸引力的方法，因为其操作过程简便且不需要复杂的仪器[25,26]。据报道，通过在尿素溶液[20]或 $Mg(NO_3)_3 \cdot 6H_2O$ 和 H_3BO_3 的混合溶液[22]或 $Mg(NO_3)_3 \cdot 6H_2O$、$Al(NO_3)_3 \cdot 9H_2O$、Na_2CO_3 和 NH_3 等[21]的混合溶液中对合金进行水热处理，可以制备具有微结构和纳米结构的镁合金粗糙表面。显然，水热处理涉及化学试剂，这带来了高成本，并可能对环境造成严重影响。

考虑到其丰富和无毒的性质，超纯水是化学试剂的理想替代品。尽管超纯水几乎没有活性，在通常的条件下很少用作反应物，但它具有很高的活性，在水热条件下可以与金属或其粉末反应形成微结构和纳米结构的氧化物[27-29]。因此，笔者课题组开发了一种简便、对环境无害且具有成本效益的纯水水热法（仅超纯水参与水热过程）[27]。在此，采用这种简便的纯绿色水热法在AZ61镁合金上构建具有微结构和纳米结构的表面，然后对该表面进行进一步修饰。采用十二氟庚基丙基三甲氧基硅烷（Actyflon-G502），一种低表面能化合物进行修饰，以实现超疏水性。

4.1.1　样品制备

AZ61镁合金表面疏水膜制备采用简单的水热法，制备过程如下。

（1）材料前处理

AZ61 镁合金经线切割加工成面积为 1 cm² 的圆片，依次用 200 号、400 号、800 号砂纸打磨至镜面后用去离子水冲洗，接着在无水乙醇中超声清洗 5 min 除油，最后用超纯水冲干净。

（2）水热实验

将刚冲洗干净的材料迅速放入体积为 45 mL 的聚四氟乙烯高压反应釜中，加入 15 mL 纯水，将高压反应釜封闭放入已恒温（120 ℃）的鼓风干燥箱中水热 6 h、9 h 后取出冷却至室温，取出样品以备后续表征用。

（3）低表面能物质修饰表面

量取一定量的无水乙醇，在其中加入适量的十二氟庚基丙基三甲氧基硅（Actyflon-G502），配制成 Actyflon-G502 和无水乙醇体积比为 1∶100 的溶液，磁力搅拌 2 h 至均匀。将水热预处理后的金属试样放入配置好的溶液中，恒温水浴 25 ℃条件浸泡 10 h，然后放入烘箱中，80 ℃下固化 1 h。

4.1.2 润湿性能表征

图 4.1 显示了不同 AZ61 镁合金表面上的水滴形状（2 µL）。

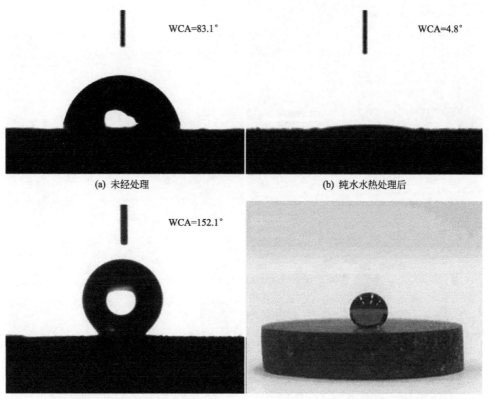

图 4.1 不同的 AZ61 镁合金表面上的水滴形状（2 µL）的数码照片

对于干净的未经处理的 AZ61 镁合金表面，静态水接触角（WCA）为 83.1°［图 4.1(a)］，表明未处理表面的亲水性。用纯水水热法处理后，表面变得超亲水，静态 WCA 降低至约 4.8°［图 4.1(b)］。用 Actyflon-G502 进一步修饰后，表面表现出超疏水特性，静态 WCA 为 152.1°［图 4.1(c)］。在该超疏水表面上，水滴（用刚果红染色）保留为球形［图 4.1(d)］。这些结果表明超疏水 AZ61 镁合金表面制备成功。

4.1.3　表面形貌表征

图 4.2 显示了不同 AZ61 镁合金表面的典型场发射扫描电镜（FE-SEM）图像及牡丹花数码照片。纯水水热后的 AZ61 镁合金表面呈现出花瓣状的纳米切片［图 4.2(a)］，一些纳米切片堆积成类似牡丹的仿生结构的微型突起［图 4.2(b)，

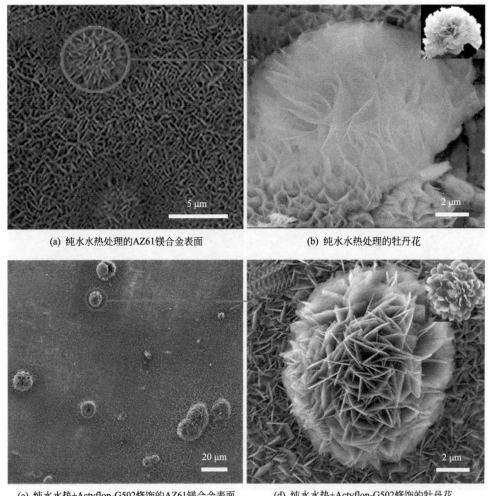

(a) 纯水水热处理的AZ61镁合金表面　　　　　(b) 纯水水热处理的牡丹花

(c) 纯水水热+Actyflon-G502修饰的AZ61镁合金表面　　(d) 纯水水热+Actyflon-G502修饰的牡丹花

图 4.2　不同 AZ61 镁合金表面 FE-SEM 图像及牡丹花数码照片

插图为牡丹的数码照片]。用 Actyflon-G502 进一步修饰后，制备的超疏水表面显示出轻微的形态变化 [图 4.2(c)]，并且仍然可以看到类似牡丹的微结构 [图 4.2(d)，插图为牡丹的数码照片]。该结果证实了修饰过程对表面形态几乎没有影响。

根据上述结果，可以推断简单的纯水水热法可应用于 AZ61 镁合金表面牡丹花样微结构构建，从而为超疏水表面提供必要的粗糙度。用 Actyflon-G502（一种低表面能化合物）进一步修饰表面，可以获得超疏水性的 AZ61 镁合金表面。

4.1.4 表面组分表征

用 X 射线光电子能谱（XPS）研究了不同 AZ61 镁合金样品的表面成分。图 4.3 显示了纯水水热处理后的 AZ61 镁合金表面的 XPS 结果。图 4.3(a) 为水热处理后 AZ61 镁合金的宽程扫描谱，从图中可以看出，水热处理后样品表面主要存在 Mg、Al、O、C 等元素，其中 C 元素来自仪器本身和环境的干扰。图 4.3(b) 为 Mg 2p 轨道的能谱图，从图中可以看出 Mg 的光电子峰由两个肩峰组成，51.9 eV 处的峰和文献中 $Mg(OH)_2$ 和 MgO 的峰相对应[27]，49.6 eV 和基底镁的峰相对

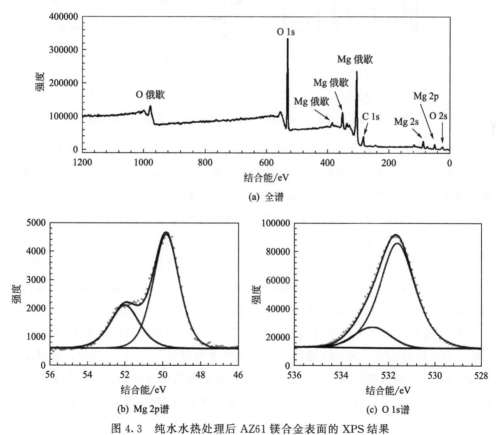

图 4.3 纯水水热处理后 AZ61 镁合金表面的 XPS 结果

应[30]。图 4.3(c) 为 O 1s 轨道的能谱图，图中有两个比较接近的峰，位于 531.7 eV 和 532.7 eV，分别归因于水热生成的氧化物和氢氧化物中的氧[31]。这说明 AZ61 镁合金水热处理后膜层的主要组成是 $Mg(OH)_2$ 和 MgO，还有少量的 $Al(OH)_3$ 和 $Mg_{17}Al_{12}$。因此，可以推断出纯水水热处理后的表面基本上由 MgO 和 $Mg(OH)_2$ 构成。X 射线衍射（XRD）结果可以进一步证实这一结论［图 4.4(a)］。

在图 4.4(a) 中，除了 AZ61 Mg 基底的强衍射峰外，还存在 MgO 和 $Mg(OH)_2$ 的特征衍射峰[32,33]。另外，该表面还具有丰富的羟基和少量的吸附水，这可以从图 4.4(b) 所示的 FTIR 光谱推论得出。3692 cm^{-1} 和 3562 cm^{-1} 处的峰分对应于 (Mg)O—H 和 O—H 拉伸振动[33]。1635 cm^{-1} 处的峰归属于吸附水的拉伸和弯曲振动[34]。2361 cm^{-1} 处的谱带对应于 CO_2[35]。

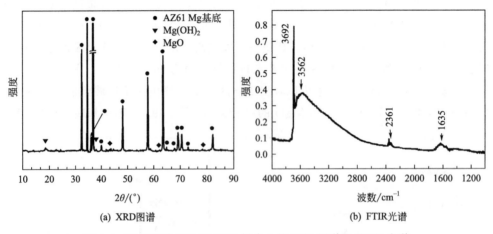

(a) XRD图谱　　　　　　　　　　(b) FTIR光谱

图 4.4　纯水热液处理后 AZ61 镁合金的 XRD 图谱和 FTIR 光谱

超疏水性 AZ61 镁合金表面 XPS 测试结果如图 4.5 所示。从全谱［图 4.5(a)］发现，在 Actyflon-G502 改性过程中引入了元素 F、C、Si、和 O。F 1s 的高分辨率光谱峰位于 689.2 eV［图 4.5(b)］，与 C—F 键相关[36]。图 4.5(c) 为 C 1s 峰的拟合结果，可以看到 C 1s 可以拟合为结合能为 293.8 eV、289.9 eV、289.0 eV、286.4 eV、284.9 eV 和 284.6 eV 的六个峰，这六个峰分别对应于—CF_3、—CF_2、—CH_2—CF_2、—C—C、—C—O（或者空气储存过程中的 C）和—C—Si 中的 C[37-39]。图 4.5(d) 为 Si 2p 峰的拟合结果，可以看到 Si 2p 可以拟合成两个结合能为 102.9 eV 和 102.1 eV 的峰，分别对应于 Si—O 和 Si—C 中的 Si[40,41]。O 1s 峰［图 4.5(e)］可以拟合为三个结合能为 531.7 eV、532.6 eV 和 532.8 eV 的峰，这可以归因于—Si—O 键和（氢）氧化物的存在[26,28,42]。因此，可以推断 Actyflon-G502 的硅烷醇基团可以在改性过程中与水热处理的 AZ61 镁合金表面的羟基反应形成 $C_{10}F_{12}H_9Si$（O—表面）$_3$，该表面覆盖样品表面并赋予表面超疏水性[26,28,43]。

金属特殊润湿性表面制备
及性能研究

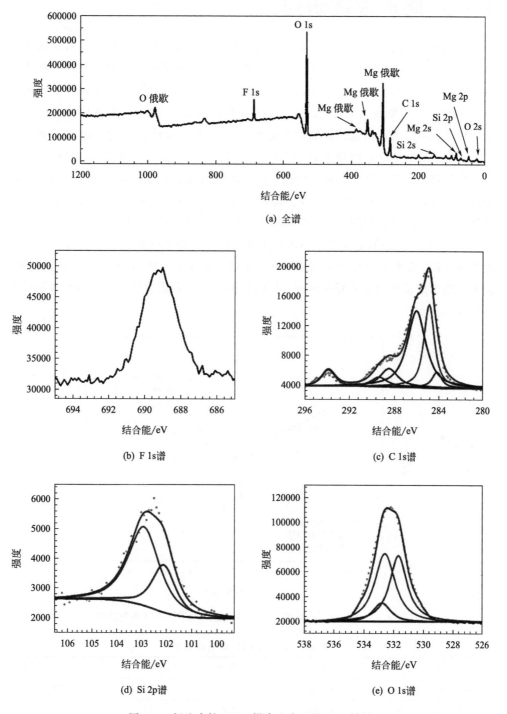

(a) 全谱

(b) F 1s谱

(c) C 1s谱

(d) Si 2p谱

(e) O 1s谱

图 4.5　超疏水性 AZ61 镁合金表面的 XPS 结果

4.1.5　防护性能研究

图 4.6 显示出了在 3.5%（质量分数）NaCl 腐蚀介质中未处理、水热处理和超疏水 AZ61 镁合金的极化曲线。根据结果，可以通过塔菲尔外推法获得一些重要参数，包括腐蚀电位（E_{corr}，vs. SCE），塔菲尔斜率（b_a 和 b_c）和腐蚀电流密度（i_{corr}）[28,44,45]，如表 4.1 所列。通常而言，较高的 E_{corr} 表示较低的腐蚀热力学趋势，较低的 i_{corr} 表示较低的腐蚀动态速率[46]，因此可以认为，较高的 E_{corr} 和较低的 i_{corr} 表示材料的耐腐蚀性更好[28,45,46]。如图 4.6 和表 4.1 所示，与未经处理和经水热处理的 AZ61 镁合金样品相比，超疏水性 AZ61 镁合金样品的 E_{corr} 值分别在正方向上移动了 76 mV 和 30 mV。超疏水性 AZ61 镁合金样品的 i_{corr} 值降低到未经处理的 AZ61 镁合金的 1/8，而水热处理后的 AZ61 镁合金样品的 i_{corr} 值降低到 1/4，这证明了制备的超疏水性 AZ61 镁合金的卓越耐腐蚀性表面。另外，通过比较不同 AZ61 镁合金样品的 b_c 和 b_a 值，可以发现这三个样品的 b_a 值差异更明显，表明水热形成层和制备的超疏水表面同时抑制了阴极和阳极镁合金阳极溶解过程的进行（$Mg - 2e^- \longrightarrow Mg^{2+}$）。

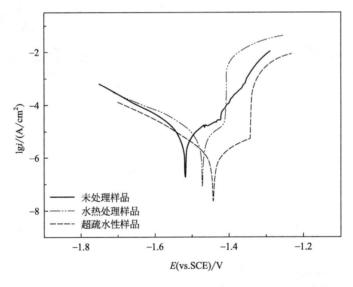

图 4.6　未处理、水热处理和制备的超疏水性样品的极化曲线

表 4.1　极化曲线拟合所得参数

样品	E_{corr}(vs. SCE)/V	b_c/(mV/dec)	b_a/(mV/dec)	i_{corr}/(A/cm²)
未处理 AZ61 镁合金	-1.518	-122	187	1.28×10^{-5}
水热处理 AZ61 镁合金	-1.472	-120	171	6.79×10^{-6}
超疏水性 AZ61 镁合金	-1.442	-116	157	1.679×10^{-6}

电化学阻抗谱技术是评价膜层耐蚀性能的有力工具，并能够根据阻抗谱的形状获得发生腐蚀时膜层表面及膜层下面基体所对应的腐蚀电化学信息。图 4.7 显示了在 3.5%（质量分数）NaCl 腐蚀性介质中未经处理、经水热处理和超疏水性 AZ61 镁合金样品的 Nyquist 图，其中插图显示了未经处理的 AZ61 镁合金样品的阻抗谱放大图。未经处理的样品的 Nyquist 图仅具有一个阻抗回路，而经水热处理和制备的超疏水性样品的 Nyquist 图具有两个回路。较高频率下的回路可归因于腐蚀过程的电荷转移，另一个回路可能与水热处理过程或超疏水层上的扩散过程有关[17]。因此，基于以上电化学阻抗（EIS）特性，图 4.8（a）中所示的等效电路用于描述未处理的 AZ61 镁合金样品的阻抗行为，图 4.8（b）中所示的等效电路用于描述水热处理和制备的超疏水性 AZ61 镁合金样品的阻抗行为。其中，R_s 表示溶液电阻；R_t 和 CPE_{dl} 分别表示电荷转移电阻、双电层界面电容；R_c 和 CPE_c 分别表示表面膜层的电阻或电容，反映了膜层阻挡电解质溶液穿透该膜层的能力。考虑到实际电化学测量过程中，电极表面不可能完全光滑，存在粗糙度的影响，电极表面存在一定的弥散效应，其反应特性与"纯电容"不一致，采用常相位角元件 CPE 来代表其电容。CPE 的阻抗表达式为：$Z_{CPE} = \dfrac{1}{Y(j\omega)^n}$。其中，$Y$ 是 CPE 的幅度；ω 是 Z 达到最大值时的角频率；n 是 CPE 的偏差参数，范围为 $-1 \leqslant n \leqslant 1$。双层电容 CPE_{dl} 和涂层赝电容 CPE_c 的值可以使用表达式 $CPE = \dfrac{Y\omega^{n-1}}{\sin\left(\dfrac{n\pi}{2}\right)}$ 由 CPE 参数值 Y 和 n 计算获得。拟合结果如表 4.2 所列。

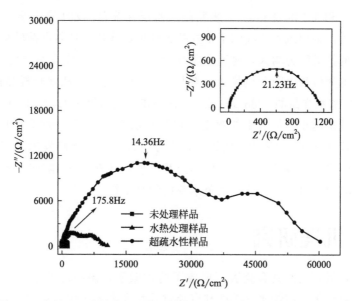

图 4.7　未处理、水热处理和超疏水性 AZ61 镁合金样品的 Nyquist 图

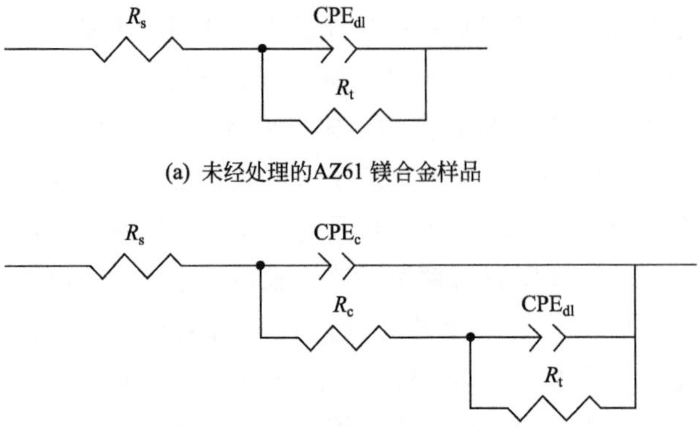

(a) 未经处理的AZ61 镁合金样品

(b) 经水热处理和制备的超疏水性AZ61 镁合金样品

图 4.8　EIS 实验的等效电路

表 4.2　EIS 实验数据的拟合结果

样品	R_s /($\Omega \cdot cm^2$)	Y_c /[$10^6 \Omega$/($cm^2 \cdot s^n$)]	CPE_c /($\mu F/cm^2$)	n_c	R_c /($\Omega \cdot cm^2$)	Y_{dl} /[$10^6 \Omega$/($cm^2 \cdot s^n$)]	CPE_{dl} /($\mu F/cm^2$)	n_{dl}	R_t /($\Omega \cdot cm^2$)
未处理 AZ61 镁合金	9.40	—	—	—	—	11.47	336.81	0.89	1140
水热 AZ61 镁合金	9.50	0.50	5.30	0.79	4435	20.60	138.71	0.71	3497
超疏水性 AZ61 镁合金	9.60	0.064	0.86	0.70	35149	5.49	65.65	0.66	22.047

从表 4.2 中可以看出，水热处理和制备的超疏水层的涂层电阻（R_c）分别为 4435 $\Omega \cdot cm^2$ 和 35149 $\Omega \cdot cm^2$，表明超疏水层在改善 AZ61 镁合金的耐蚀性方面起着重要作用，说明疏水膜起到了很好的物理屏障作用，使得电荷转移和电解质在膜层孔隙中的扩散阻力增大，腐蚀介质穿透疏水膜到达基体表面将变得非常困难。膜层电阻和电荷转移电阻急剧增大，膜层电容越来越小，从水热样品的 5.30 $\mu F/cm^2$ 下降到超疏水样品的 0.86 $\mu F/cm^2$，进一步说明溶液中 O_2、H_2O、Cl^- 等对基底的侵蚀性越来越小。从表中的数据还得知疏水样品的缓蚀效率达到 99.7%，有效抑制了纯镁在 NaCl 溶液中的腐蚀。以上分析都说明疏水膜发挥了有效的保护作用，极大地阻碍了镁腐蚀的电极反应的过程，使基体在 NaCl 溶液中不容易发生溶解，这主要归因于改性后样品表面疏水膜的细微结构。

4.1.6　机理研究

水热处理后，镁及其合金表面形成了防护膜层，该膜层的生长是一个结晶的过程。水热条件下，超纯水的扩散和电离过程均发生了变化。水的离子积 K_w 会随着温度的升高、压力的增加而急剧增大。在高压和高温下，水的扩散和电离作用很强[47,48]，并且发生了反应式（4.1），产生了大量的 H^+ 和 OH^-。然后，H^+ 与 Mg 基质发生反应，形成 Mg^{2+} [反应式（4.2）]。Mg^{2+} 进一步与 OH^- 反应生成 $Mg(OH)_2$ 和 MgO，并具有如反应式（4.3）和反应式（4.4）所示的牡丹样微结构。同时，在上述水热过程中，在 Mg 基底的表面上也诱导出大量的羟基。然后在随后的 Actyflon-G502 改性过程中，这些羟基与 Actyflon-G502 分子的水解反应产生的 $C_{10}F_{12}H_9Si(OCH_3)_3$ [反应式（4.5）] 和自组装的 $C_{10}F_{12}H_9Si$（O—表面）$_3$ 膜反应 [反应式（4.6）]。最后，发生垂直聚合在表面上形成接枝聚硅氧烷。在该改性表面上，有许多低表面能基团，例如—CH_2、—CF_2 和—CF_3，它们会诱导表面超疏水性[26,28]。

$$H_2O(l) \longrightarrow H^+(aq) + OH^-(aq) \tag{4.1}$$

$$Mg(s) + 2H^+(aq) \longrightarrow Mg^{2+}(aq) + H_2(g) \tag{4.2}$$

$$Mg^{2+}(aq) + 2OH^-(aq) \longrightarrow Mg(OH)_2(s) \tag{4.3}$$

$$Mg(OH)_2(s) \longrightarrow MgO(s) + H_2O(l) \tag{4.4}$$

$$C_{10}F_{12}H_9Si(OCH_3)_3 + 3H_2O \longrightarrow C_{10}F_{12}H_9Si(OH)_3 + 3CH_3OH \tag{4.5}$$

$$C_{10}F_{12}H_9Si(OH)_3 + 3\ 表面—OH \longrightarrow C_{10}F_{12}H_9Si(O—表面)_3 + H_2O \tag{4.6}$$

根据以上分析，可以推断出制备的超疏水 AZ61 镁合金表面形成了像牡丹一样的仿生微缩突起低表面能化合物覆盖的结构 Actyflon-G502。突起显示为"山丘"，它们的间隙像"山谷"。山谷很容易捕获空气，因此腐蚀性介质很难穿透表面膜并到达镁由于"空气谷"的阻塞作用而产生的基材[28,49]。此外，超疏水性引起的"毛细作用"效应层将腐蚀性介质从容器的"空气谷"中推出，拉普拉斯压力[28,49]进一步降低腐蚀性介质与 Mg 基质的接触面积以及导致低腐蚀速率。因此，由于表面超疏水性引起的阻塞作用和毛细作用，所制备的超疏水性 AZ61 镁合金样品同时抑制了阴极和阳极溶解过程，降低了腐蚀速率，并提供了有效的腐蚀防护。

4.1.7 小结

通过简单的水热法在 AZ61 镁合金表面构筑了粗糙结构，这种粗糙结构为微纳米花瓣状，表面零星分布着微米尺寸牡丹花状突起，这种双重粗糙结构的存在是表面疏水性形成的根本原因。通过控制水热时间，可在 AZ61 镁合金表面获得浅褐色、浅橘黄色和绿色等装饰性色。

采用 XPS 对 AZ61 镁合金表面氧化层的成分进行分析，证实表面主要是 $Mg(OH)_2$ 和 MgO，还有少量的 $Al(OH)_3$ 和 $Mg_{17}Al_{12}$。

采用 Actyflon-G502 修饰降低了 AZ61 镁合金的表面能，从而改善了 AZ61 镁合金表面的润湿性，制备出了镁合金的超疏水表面。考察了水热时间对镁合金表面润湿性能的影响，水热 12 h 时 AZ61 镁合金表面达到超疏水状态，接触角为

150.1°。利用 Cassie 理论对镁合金超疏水涂层的超疏水现象进行了分析，结果表明：水与 AZ61 镁合金表面形成了非均匀接触，约 16% 的面积是水滴和基体接触，而有约 84% 的面积是水滴和空气接触。另外，实验中还发现未经表面修饰只经水热处理可以使 AZ61 镁合金表面达到超亲水状态。

采用极化曲线和电化学阻抗谱表征了 AZ61 镁合金的耐蚀性能，极化曲线结果表明 AZ61 镁合金表面疏水膜的存在使得其自腐蚀电位正移，自腐蚀电流密度降低了 1 个数量级，疏水膜主要是抑制了 AZ61 镁合金的阳极溶解过程。电化学阻抗谱结果表明疏水膜的存在使侵蚀性离子到达基底表面的过程受阻，腐蚀的发生受到抑制，缓蚀效率达到 99.5%。

4.2　锌超疏水表面

金属作为应用最广泛的工程材料，以其优异的导电性、导热性、良好的机械强度和加工特性被应用于国民经济的各个领域。然而，由于其热力学上的不稳定性，金属单质很容易发生化学或电化学反应而向化合物转化，即发生腐蚀，特别是在潮湿或者腐蚀环境中[50,51]。金属腐蚀不仅造成巨大的经济损失和社会危害，还会导致环境污染、资源浪费等问题。

针对这一情况，各种各样减缓金属腐蚀的有效方法已经被开发出来，目前，牺牲阴极法、有机层镀膜法、电镀镀铬法等[52-54]方法已经被广泛用于金属材料的腐蚀防护。虽然上述方法应用十分广泛，但必须指出它们仍存在缺陷和问题。例如，常常采用牺牲阴极法来保护阳极材料，这就不可避免地造成了阴极材料的浪费而且在一些环境下可能失效；有机层镀膜法的有效性局限于有机层完整的情况下；电镀法耗能较大，需要不间断地提供电能才可以进行加工，电镀镀铬法由于六价铬对环境和人体具有很强的毒害作用，随着人们环保意识的增强，六价铬的使用受到严格限制[55]。自江雷团队[56-65]研究报道了超疏水表面的耐腐蚀性能以来，超疏水表面在防护领域的应用引起了人们的广泛关注，更是成为了研究重点。

金属基底超疏水表面的制备通常分为两步：首先在金属表面构筑微纳米粗糙结构，然后用低表面能物质进行修饰[54-62]。由于第二步使用含氟的低表面能物质能够有效地实现人工超疏水表面，那么第一步在金属基底上构筑微纳米结构就变得十分关键。为构筑微纳米结构发展了许多方法，包括化学刻蚀、电化学光刻蚀、电化学沉积、溶胶-凝胶、自组装和水热法等。如前文所述，这些方法总是涉及复杂的操作和使用大量的化学试剂，因此发展一个简易绿色的制备微纳米结构的方法就变得十分必要。

锌应用十分广泛，其中一个重要的用途是作为钢铁的腐蚀保护层。锌超疏水表面在腐蚀防护和其他应用领域都具有十分重要的作用[66-71]。之前的研究表明纯水水热法是一种在金属表面构筑微纳米结构的简易绿色的方法（见第 3 章）。本节采用纯水水热法在锌表面生长了氧化锌纳米棒并制备了超亲水表面，接着用低表面能物质 Actyflon-G502 进行修饰制备了超疏水表面。对制备样品的形貌、成分、润湿性等进行了表征，并通过电化学测试研究了样品在 3.5% NaCl 溶液中的腐蚀行为，讨论了超疏水表面的形成机制和防护机理。

4.2.1　样品制备

本实验选用锌片为基底材料，切割加工为上表面面积为 1 cm² 、高 7 mm 的圆柱体。

锌超疏水表面采用两步法来制备，制备过程如下。

（1）材料前处理

将上表面面积为 1 cm² 的锌材料依次经 200 号、400 号、800 号金相砂纸打磨至表面光亮无明显划痕，之后用去离子水冲洗，用无水乙醇超声清洗 5 min，最后用超纯水冲洗。

（2）纯水水热反应

处理后的锌材料放在一个体积为 45 mL 的高温反应釜里，迅速装入 15 mL 超纯水，密封放在温度为 120 ℃的烘箱中反应 6 h。待反应一定时间后取出，空气中冷却至室温，将样品取出用冷风吹干，获得超亲水表面。

（3）锌超疏水表面的制备

将适量的十二氟庚基丙基三甲氧基硅烷（Actyflon-G502）加入一定量的无水乙醇中，配制成体积比为 1∶100 的 Actyflon-G502 乙醇溶液。上述溶液在经过 2 h 磁力搅拌后，将水热后的超亲水锌片放入上述 Actyflon-G502 乙醇溶液，在 25 ℃下浸泡 10 h，之后在 80 ℃下固化 1 h，便制得超疏水表面。

4.2.2　润湿性能表征

图 4.9 显示了水滴在不同锌表面的润湿情况。未处理干净的锌表面水接触角为 49°［图 4.9(a)］，表明了金属锌亲水的本性。未处理的锌经过 Actyflon-G502 修饰后，接触角为 86°［图 4.9(b)］。该结果表明仅仅通过低表面能物质修饰无法在锌基底上制备超疏水表面。从图 4.9(c) 可以清楚地看到，经过水热处理 6 h、9 h、12 h 和 15 h 的锌表面接触角分别为 4°、5°、3°和 3°，表明经过水热处理制备了超亲水表面。对超亲水表面进行 Actyflon-G502 修饰，相应的接触角分别为 148°、150°、156°和 145°，如图 4.9(d) 所示。以上结果表明，联合水热处理和低表面能

物质修饰是一种有效的制备（超）疏水表面的方法，并使表面润湿性由亲水向超疏水转化。由于水热 12 h 后修饰的样品表现出了最好的超疏水性，下面对该样品展开表征和研究。

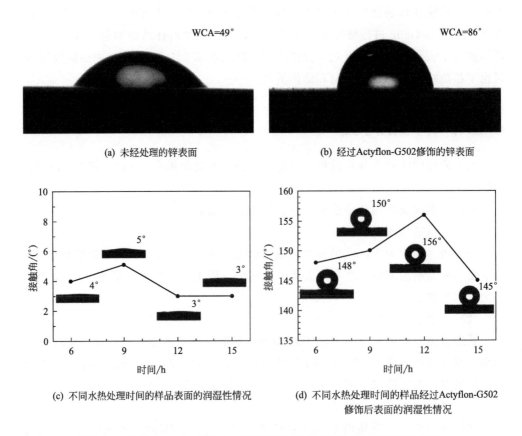

图 4.9　水滴（2 μL）在样品表面形状的数码照片及样品的润湿性情况

4.2.3　表面形貌表征

图 4.10 为经过水热处理和 Actyflon-G502 修饰后的不同放大倍数的 Zn 表面 SEM 图像。经过水热处理的 Zn 表面覆盖着须状结构 ［图 4.10(a)］。从高倍的 SEM 图 ［图 4.10(b)］ 中可以看到具有六个面的棒状结构疏松堆积在 Zn 表面。这些棒状结构倾斜生长在 Zn 基底上，直径范围为 $50\sim500$ nm，长度为 $0.5\sim5$ μm。显然，这些突起的棒状结构增加了表面的粗糙度，提高了表面的亲水性，对实现表面超亲水具有重要作用。图 4.10(c) 的 SEM 图表明修饰过程对表面的形貌没有大的影响。

(a) 水热处理后样品

(b) 水热处理后样品

(c) 进一步修饰后样品

图 4.10　不同放大倍数下的 Zn 表面 SEM 图像

4.2.4　表面组分表征

为了确定纯水水热处理后 Zn 样品表面的化学组分，对水热处理后的 Zn 样品进行 XPS 测试，结果如图 4.11 所示。采用 XPS 宽程扫描谱测试了水热处理后锌样品的表面元素组成，其结果见图 4.11(a)。测试结果表明了 Zn、O、C 三种元素的存在。C 元素可能来自测试环境或仪器本身。图 4.11(b) 是 Zn 2p 的高分辨图谱，Zn 2p3/2 和 2p1/2 峰分别位于 1022.1 eV 和 1045.3 eV，对应于 Zn^{2+}[72]。$ZnL_3M_{45}M_{45}$ 俄歇峰位于动能 987.6 eV 处［图 4.11(c)］，表明 Zn 元素以氧化态形式存在[73]。图 4.11(d) 给出的是 O 1s 的高分辨图谱，从图中可以看出该部分由一个弱峰和一个强峰组成，分别位于 532.2 eV 和 531.0 eV。位于 532.2 eV 的峰归属于 Zn 表面弱成键的吸附氧[74]，位于 531.0 eV 的峰归属于 ZnO 中的 $O^{2-[75]}$。对 XPS 结果进行了定量分析，水热处理后 Zn 表面由 42.81% Zn^{2+} 和 42.07% O^{2-} 组成，Zn^{2+} 和 O^{2-} 原子分数大约相同，进一步表明 Zn 基底表面生成的纳米棒为 ZnO。

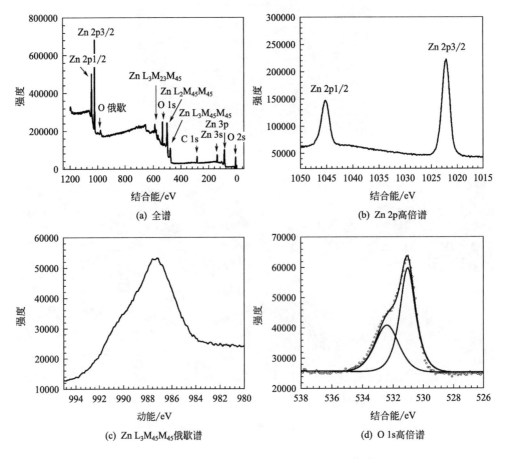

图 4.11　水热处理后超亲水锌样品的 XPS 结果

采用 XRD 对超亲水样品的相组分进行了测试。图 4.12 显示了相应的 XRD 结果。除了 Zn 基底的强衍射峰外，可以看到纤锌矿 ZnO 的特征衍射峰[76]，这与 XPS 的结果相一致。

图 4.13 显示了超疏水锌样品的 XPS 结果。图 4.13(a) 为锌样品的宽程扫描谱。从图中可以看出，经 Actyflon-G502 修饰后，超疏水锌表面出现了 F、C、Si 和 O 元素。F 1s 的峰位于结合能 688.7 eV 处，对应于 C—F 键 [图 4.13(b)]。C 1s 高倍谱可以拟合出六个峰，分别位于 293.8 eV、289.4 eV、288.8 eV、286.4 eV、284.6 eV 和 283.9 eV。这些峰对应于—CF_3、—CF_2、—CH_2—CF_2、—C—C、—C—O 或者储存中吸附的 C 和—C—Si[38,39]。Si 2p 高倍谱可分为两个峰，分别位于结合能 102.9 eV 和 102.1 eV，归属于 Si—O 和 Si—C 键[40,41]。O 1s 高倍谱

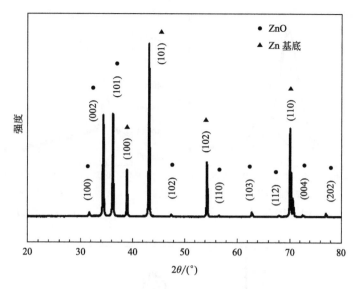

图 4.12 超亲水锌样品 XRD 结果

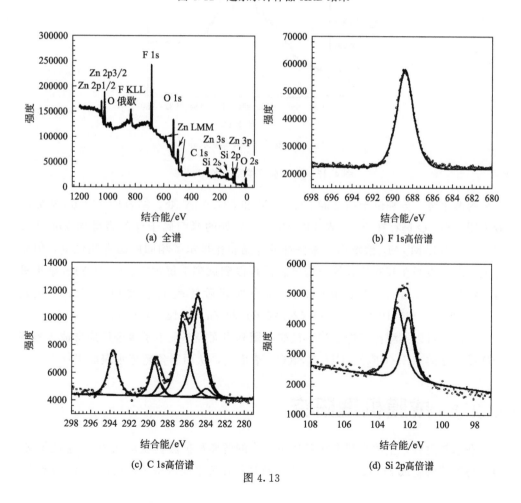

图 4.13

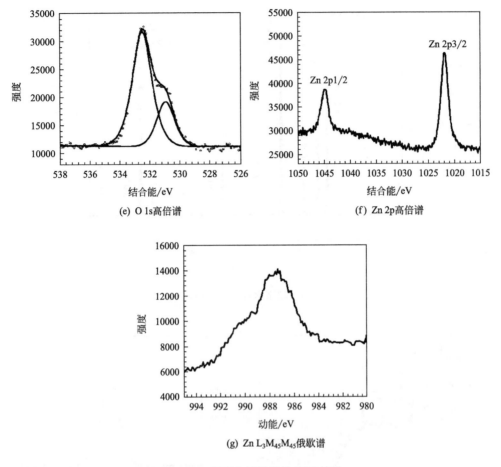

(e) O 1s高倍谱

(f) Zn 2p高倍谱

(g) Zn L$_3$M$_{45}$M$_{45}$俄歇谱

图 4.13　超疏水锌样品的 XPS 结果

可分为两个峰，分别位于结合能 532.6 eV 和 531.0 eV 处。结合能 532.6 eV 处的峰表明—Si—O 键存在[42]，结合能 531.0 eV 处的峰归属于样品表面的 ZnO[75]。Zn 2p 和 ZnL$_3$M$_{45}$M$_{45}$俄歇谱与未修饰的样品相比显示了相同的结合能位置，但是强度变弱，表明在某些位置的修饰层较薄可以测试到下层的 ZnO。对 XPS 结果进行了定量分析，经过 Actyflon-G502 修饰处理后锌表面主要由 F（26.49%）、C（23.73%）、Si（19.08%）、O（24.26%）和 Zn（6.44%）组成。

　　因而，可以推测在修饰过程中硅烷基团和表面羟基发生了聚合反应形成了覆盖于样品表面的 CH$_3$(CF$_2$)$_6$(CH$_2$)$_3$Si(O—表面)$_3$，从而制备超疏水表面[43]。

4.2.5　成膜机理研究

　　在水热过程产生的高温高压环境下，水的解离和扩散程度增强[77]，这使得 Zn 很容易被溶解生成 ZnO。因而，纯水水热过程在锌表面制备了六棱的 ZnO 纳米棒。

现将纯水水热反应的过程简要描述如下：

$$H_2O(l) \Longrightarrow H^+(aq) + OH^-(aq) \qquad (4.7)$$

$$Zn(s) + 2H^+(aq) \Longrightarrow Zn^{2+}(aq) + H_2(g) \qquad (4.8)$$

$$Zn^{2+}(aq) + 2OH^-(aq) \Longrightarrow ZnO(s) + H_2O(l) \qquad (4.9)$$

低表面能物质 Actyflon-G502 修饰过程的反应如下：

$$CH_3(CF_2)_6(CH_2)_3Si(OCH_3)_3 + 3H_2O \longrightarrow$$
$$CH_3(CF_2)_6(CH_2)_3Si(OH)_3 + 3CH_3OH \qquad (4.10)$$

$$CH_3(CF_2)_6(CH_2)_3Si(OH)_3 + 3\text{ 表面}—OH \longrightarrow$$
$$CH_3(CF_2)_6(CH_2)_3Si(O—\text{表面})_3 + H_2O \qquad (4.11)$$

首先，Actyflon-G502 分子经历了一个水解过程。Actyflon-G502 易发生水解反应，在存在少量水分子的情况下生成硅醇键（—Si—OH），从而开启了整个修饰过程的反应[78]，水解反应如反应式(4.10)所示。之后在界面处发生硅烷醇基团和表面羟基之间聚合反应生成了 $CH_3(CF_2)_6(CH_2)_3Si(O—$表面$)_3$，反应过程如反应式(4.11)所示，该膜层有效地降低了样品的表面能，成功制备了锌超疏水表面。由此可见，水热过程构筑的棒状结构氧化物和低表面能修饰过程表面能的降低对制备超疏水表面都起着重要作用。

4.2.6　防护性能研究

本实验用极化曲线考察了未处理锌（空白样品）、超亲水锌（水热后样品）和超疏水锌（水热并修饰后的样品）在 3.5% NaCl 溶液中的耐蚀性能，实验结果如图 4.14 所示。由极化曲线拟合所得不同制备条件下样品的电化学参数：腐蚀电位（E_{corr}，vs. SCE），塔菲尔斜率（b_a 和 b_c）和腐蚀电流密度（i_{corr}），列于表 4.3 中。从图 4.14 和表 4.3 中可以看出，超疏水锌的 b_c 值小于未处理的锌和超亲水锌，然而 b_a 值变化较小，表明超疏水处理主要影响阴极过程，对阳极过程影响不大。超疏水锌的腐蚀电位 E_{corr} 与未处理的锌和超亲水锌相比，正移大约 100 mV，表明了超疏水表面在阴极过程的抑制效应。与超亲水锌相比，超疏水锌的腐蚀电流密度 i_{corr} 明显下降，约为 1/5；与未处理锌相比，超疏水锌的腐蚀电流密度 i_{corr} 约为其 1/8。电流密度越低，腐蚀防护效果越好[79]。由此可见，超疏水锌表面能够有效提高腐蚀防护能力。

表 4.3　极化曲线拟合所得各参数

样品	E_{corr}(vs. SCE)/V	b_c/(V/dec)	b_a/(V/dec)	i_{corr}/(A/cm²)
未处理锌	−1.061	−0.234	0.032	8.810×10^{-5}
超亲水锌	−1.069	−0.541	0.044	6.281×10^{-5}
超疏水锌	−0.942	−2.037	0.029	1.164×10^{-5}

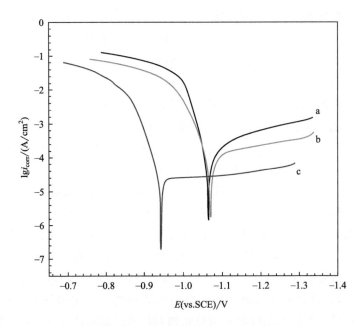

图 4.14　样品模拟海水中的极化曲线

a—未处理锌；b—超亲水锌；c—超疏水锌

　　对极化测试腐蚀后的超疏水锌的润湿性、表面形貌和化学组分也进行了测试。图 4.15 显示了极化测试腐蚀后锌表面水滴润湿结果，接触角略有下降，为 144°，表明在极化过程中超疏水锌表面的修饰层有所退化。图 4.16 显示了极化测试腐蚀后的锌表面形貌。与没有极化测试的样品相比，能够观察到表面疏松堆积的 ZnO 纳米棒有轻微的腐蚀。图 4.17 显示了极化测试后腐蚀的锌表面 XPS 结果。从图 4.17(a) 可以观察到，宽程扫描谱中有元素 F、C、Si、O、Zn、Na 和 Cl 存在，Na 和 Cl 元素在极化过程中产生。F 1s、C 1s、Si 2p、O1s、Zn 2p 和 Zn $L_3M_{45}M_{45}$ 俄歇峰［图 4.17(b)~(g)］显示了与未腐蚀样品相似的结合能，但强度有所下降。

图 4.15　水滴（2 μL）在极化测试腐蚀后锌表面的数码照片

金属特殊润湿性表面制备
及性能研究

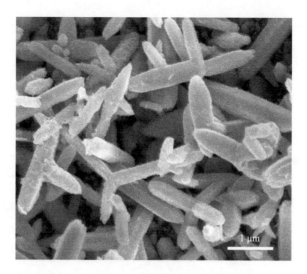

图 4.16　极化测试腐蚀后锌的 SEM 图像

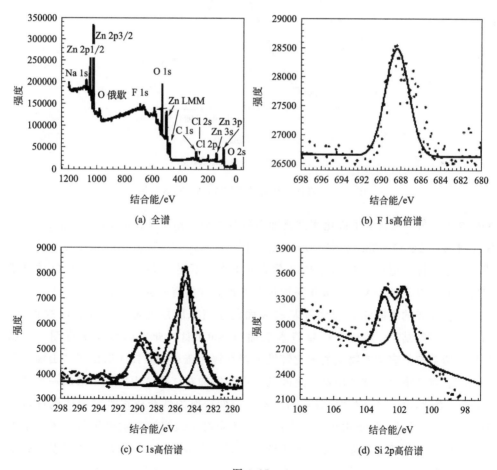

(a) 全谱

(b) F 1s高倍谱

(c) C 1s高倍谱

(d) Si 2p高倍谱

图 4.17

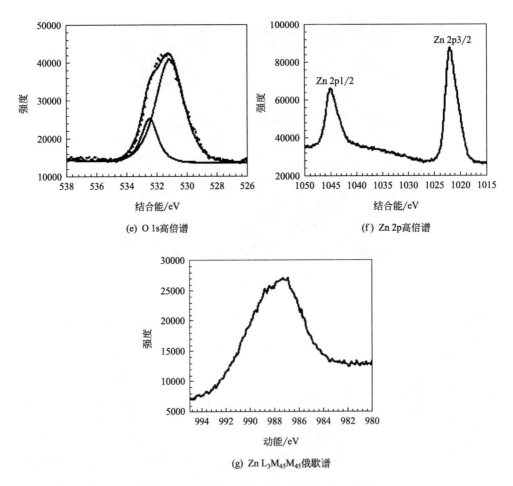

(e) O 1s高倍谱 (f) Zn 2p高倍谱

(g) Zn L₃M₄₅M₄₅俄歇谱

图 4.17　极化测试腐蚀后锌表面的 XPS 结果

XPS 结果定量分析显示了极化测试腐蚀后的锌表面的由 F（5.43%）、C（16.21%）、Si（13.65%）、O（33.11%）、Zn（20.51%）、Na（6.21%）和 Cl（4.87%）组成。由于修饰层退化而 F、C、Si 含量有所下降，下层 ZnO 暴露而 Zn 和 O 的含量有所上升。以上结果表明，极化腐蚀过程使得修饰层有所退化。

　　极化曲线的实验结果表明锌基底表面的超疏水膜层能显著提高其耐蚀性能。基于上述实验结果，绘制了锌超疏水表面与 NaCl 腐蚀介质的界面示意图，见图 4.18。覆盖有低表面能物质的氧化锌纳米棒在锌超疏水表面自然形成了"山峰"和"山谷"。空气很容易被"山峰"之间的"山谷"捕获，在"山谷"中形成一个"气垫层"。因此，由于空气"山谷"的阻塞效应使得腐蚀性介质很难穿透达到锌基底表面[49,80]。同时，超疏水表面产生的毛细效应对腐蚀防护起重要作用。超疏水表面的毛细效应能够有效促进腐蚀介质移动，同时产生的拉普拉斯压力使得腐蚀介质被空气层挤出。此外，锌基底表面修饰的 Actyflon-G502 膜层也能够阻挡腐蚀介质与金属基底直接接触。综上，超疏水样品能够有效地减缓腐蚀速率，有效地保护金属基底材料。

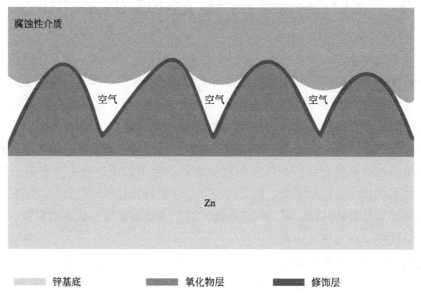

图 4.18　锌超疏水表面与腐蚀介质的界面示意

4.2.7　小结

采用纯水水热法探究了锌水热反应机理和超疏水成膜机理。首先，在锌基底构筑了堆积松散的氧化锌六棱纳米棒，该表面表现为超亲水表面；之后，经过低表面能物质 Actyflon-G502 修饰，成功地在锌基底上制备了超疏水表面；同时考察了水热时间对锌表面润湿性的影响，结果表明 12 h 为水热最佳时间。

极化曲线测试结果表明，与未处理的锌相比超疏水锌使得锌的自腐蚀电位正移，电流密度大幅下降，超疏水锌的腐蚀防护能力大幅提高。同时对腐蚀后样品的形貌、组分和润湿性进行了表征，结果表明腐蚀过程使得修饰层有所退化，但对氧化锌棒状结构影响不大，样品仍保持了较高的疏水性能，接触角可达到 144°。

对锌超疏水表面的防护机理做了一些简单的探讨。覆盖有低表面能化合物的氧化锌纳米棒在锌超疏水表面自然形成了"山峰"和"山谷"。空气很容易被"山峰"之间的"山谷"捕获，在"山谷"中形成一个"气垫层"。因此，由于空气"山谷"的阻塞效应使得腐蚀性介质很难穿透达到锌基底表面。同时，超疏水表面产生的毛细效应对腐蚀防护起重要作用。毛细效应能够有效促进腐蚀介质移动，同时超疏水表面产生的拉普拉斯压力使得腐蚀介质被空气层挤出。以上两个方面的综合作用使得锌超疏水表面具有良好的防护效果。

4.3 2024铝合金超疏水表面

铝及其合金作为一种日益重要的工程材料，因其高比强度，优异的耐热性，相对低的密度而被广泛用于包括造船、海洋工程、潜水设备、建筑和机械制造在内的各个工业领域[81-83]。高强铝合金（2024Al、7075Al）有着优异的性能而被应用于包括航空航天在内的很多领域，但其因合金相引起的晶间腐蚀会导致其使用寿命缩短，所以提高高强铝合金的防护性能非常重要。采用防护膜或涂层的表面处理技术被认为是提高高强铝合金防护性能的有效途径，常用的防护膜主要有铬酸盐转化膜、阳极氧化膜、有机涂层等，然而这些方法存在着如处理过程复杂、能耗高、对环境污染严重等种种问题。其中超疏水防护膜因其自清洁性、抗霜冻能力、防护性能等优异性能而成为研究热点[64,84-88]。

超疏水膜层的制备通常采用两步法，首先在基底上构筑微纳米结构，接着用低表面能物质进行修饰。相较于构筑微纳米结构步骤而言，修饰步骤一般比较简单，所以研究者重点关注如何在高强铝合金表面构筑微纳米结构。目前高强铝合金表面微纳米结构的制备方法主要有水热法、化学刻蚀法、阳极氧化法、溶胶-凝胶、浸泡法、电化学氧化或电化学沉积等方法。其中水热法因设备简单、操作方便、条件可控而逐渐成为研究热点。据报道，水热法的反应介质有纯水、酸、碱等。然而这些方法所制备的超疏水膜层容易在腐蚀介质、光照、高温等恶劣环境下失去超疏水性[89-93]，所以提高超疏水膜的耐久性能对其实际应用有着重要的意义。在本节中，首先利用水热法在高强2024铝合金表面上构筑了含有（氢）氧化镧的纳米结构，通过进一步自组装修饰得到了超疏水防护膜，并对其润湿性能、表面形貌、膜层组成、耐久性能进行了表征和研究。该方法是首次利用稀土盐溶液作为反应介质在高强铝合金表面利用水热法构筑纳米结构，并且这种方法能显著提高超疏水膜层的防护性能和耐久性。

4.3.1 样品制备

（1）实验样品

① 样品前处理。将2024铝合金经线切割加工成直径为11.28 mm、高度为3.5 mm的圆片状，首先依次用200号、400号、800号的无锡金相砂纸打磨至镜片后用去离子水冲洗干净，然后在无水乙醇中超声清洗5 min，接着取出样品用超纯水冲洗干净后备用。

② 水热实验。将经过前处理的 2024 铝合金电极迅速放入体积为 45 mL 的聚四氟乙烯高压反应釜中，加入 15 mL 浓度为 0.001 mol/L 的硝酸镧溶液，将高压反应釜密封放入已恒温（120 ℃）的鼓风干燥箱中水热 3 h 后取出，冷却至室温，取出样品后用超纯水冲洗干净并用冷风吹干备用。

③ 自组装修饰。用 0.2 mL 的十二氟庚基丙基三甲氧基硅（Actyflon-G502）和 14.8 mL 的无水乙醇混合，常温下磁力搅拌 2 h 至均匀。将经过水热处理后的样品放入配置好的溶液中，恒温水浴 25 ℃下浸泡修饰 24 h，接着取出样品放入 160 ℃ 烘箱中固化 1 h 后取出自然冷却至室温。

（2）对照样品

为了考察稀土元素 La 对形成超疏水膜及其耐久性的作用，用纯水水热后的样品和空白样品作为对照样品。

空白样品为只经过预处理的 2024 铝合金，预处理方法同上。

纯水水热样品制备方法如下：将前处理后的 2024 铝合金迅速放入体积为 45 mL 的聚四氟乙烯高压反应釜中，加入 15 mL 超纯水，将高压反应釜密封放入已恒温（120 ℃）的鼓风干燥箱中水热 3 h 后取出，冷却至室温，取出样品后用超纯水冲洗干净并用冷风吹干备用，接着用上述的修饰方法进行自组装修饰。

4.3.2　润湿性能表征

图 4.19(a)～(e) 分别为不同样品的静态接触角测量结果。从图 4.19(a) 中可以看到空白样品的接触角为 36°，这说明 2024 铝合金材料本身为亲水性质。图 4.19(b) 和 (c) 分别为经过纯水和硝酸镧溶液水热后的样品的润湿性测量结果，其静态接触角分别为 3° 和 0°，表明无论反应介质为纯水或者是硝酸镧溶液，2024 铝合金都能达到超亲水状态。于是根据 Wenzel 模型[94]对这一现象进行解释：

$$\cos\theta_r = r\cos\theta \qquad (4.12)$$

式中　r——固体表面粗糙度程度，r 值越大表面越粗糙；

　　　θ_r——粗糙表面的接触角；

　　　θ——相应的光滑表面的接触角，又叫本征接触角或固有接触角。

由式(4.12) 可知，当光滑表面的接触角 $\theta > 90°$ 时，材料表面粗糙程度增加会使表面的接触角越大；为当 $\theta < 90°$ 时，材料表面的粗糙度增加则会使表面接触角变小。而本实验的结果中经过两种不同水热溶剂处理的表面静态接触角都 <5°，小于空白样品表面，这也与 Wenzel 模型提出的粗糙结构能让亲水的固体表面更亲水这一观点相符合。

进一步用低表面能物质 Actyflon-G502 对两种经过不同反应介质水热后的样品进行修饰，可以看到两种样品的接触角都显著增大。图 4.19(d)、(e) 分别为纯水水热和硝酸镧水热样品修饰后的润湿性测量结果，其静态接触角分别为 142° 和

160°。这个结果表明用纯水水热后的样品经过修饰可以达到近超疏水，而水热溶液为硝酸镧的样品经过修饰可以达到超疏水，液滴在这样的表面上可以完全呈球状，如图 4.19(f) 所示。

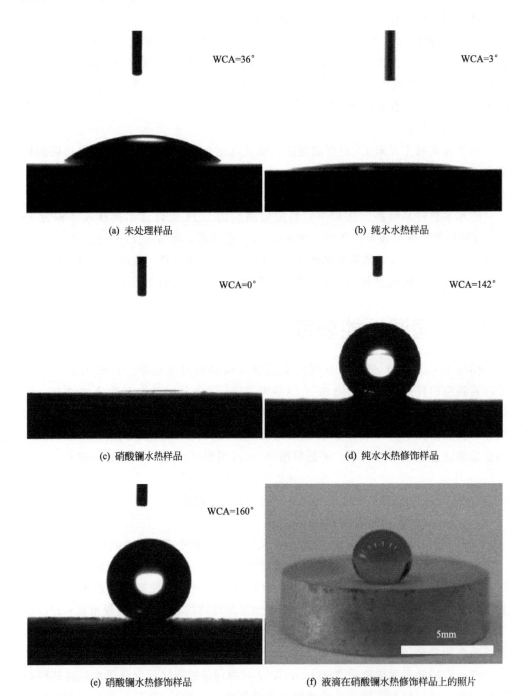

(a) 未处理样品   (b) 纯水水热样品

(c) 硝酸镧水热样品   (d) 纯水水热修饰样品

(e) 硝酸镧水热修饰样品   (f) 液滴在硝酸镧水热修饰样品上的照片

图 4.19　不同样品的静态接触角测量结果及液滴在硝酸镧水热修饰样品上的照片

4.3.3 表面形貌表征

图 4.20 为不同样品的 SEM 图像。图 4.20(a) 为空白 2024 铝合金的微观结构图，从图中可以看到只经过前处理的样品表面非常平坦，没有任何微纳米结构。而经过纯水水热 3 h 后的样品表面覆盖了一些不规则的纳米晶须结构 [图 4.20(b)]。图 4.20(c) 为经过硝酸镧水热 3 h 后的样品微观结构图，可以看到与纯水水热后微观结构不同，该表面有均匀生长的类似银杏叶的结构，"叶片"厚度约为 10～30 nm，直径约为 100～300 nm。由图 4.20(d) 可见，硝酸镧水热后的 2024 铝合金经过 Actyflon-G502 修饰后其微观形貌并没有发生变化，说明修饰过程不会造成样品微观形貌的改变。上述结果表明硝酸镧溶液水热法能在 2024 铝合金表面上生成仿生纳米结构，这对后续超疏水膜层的形成非常重要。

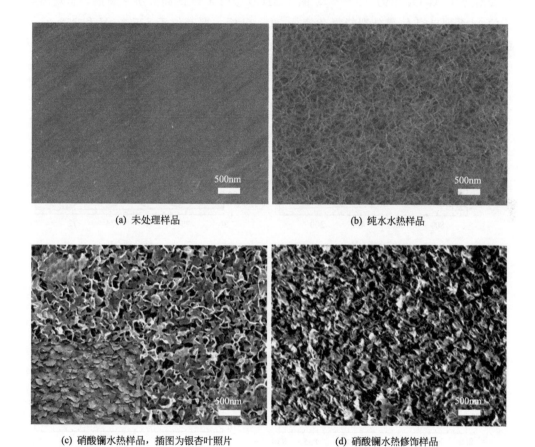

(a) 未处理样品

(b) 纯水水热样品

(c) 硝酸镧水热样品，插图为银杏叶照片

(d) 硝酸镧水热修饰样品

图 4.20　不同样品的 SEM 图像

4.3.4　表面组分表征

众所周知，微观形貌和化学组成是影响固体表面润湿性的两个关键因素，因此采用 XPS 对空白、纯水水热及硝酸镧水热后样品进行了元素组成测试。图 4.21(a)为三种样品的 XPS 全谱，从图谱中可以看到空白样品和经过纯水水热后的样品表面主要有 Al、O、C 三种元素，其中 C 是在储存过程来源于空气中的污染。以上结果说明空白 2024 铝合金表面上有一层天然的氧化膜层[95]，而经过纯水水热后的样品表面形成了（氢）氧化铝。经过硝酸镧溶液水热后的样品表面主要元素有 Al、La、O 和 C。图 4.21(b)～(d) 分别为 Al 2p、La 3d 和 O 1s 的高分辨率图。图 4.21(b) 为 Al 2p 峰的拟合结果，可以看到该峰可以拟合成 73.7 eV 和 75.7 eV 两个峰，位于 73.7 eV 处较强的峰对应于 AlOOH 中的 Al，位于 75.7 eV 处较弱的峰对应于 Al_2O_3 中的 Al[96,97]。图 4.21(c) 为 La 3d 的高分辨率图谱，呈现出典型的 3d 系列自旋-轨道分裂峰复杂特征。La 3d 峰主要有位于 835.4 eV 和 852.2 eV 的两个峰，分别对应于 La 3d5/2 和 La 3d3/2，并且伴随着 839.1 eV 和 855.7 eV

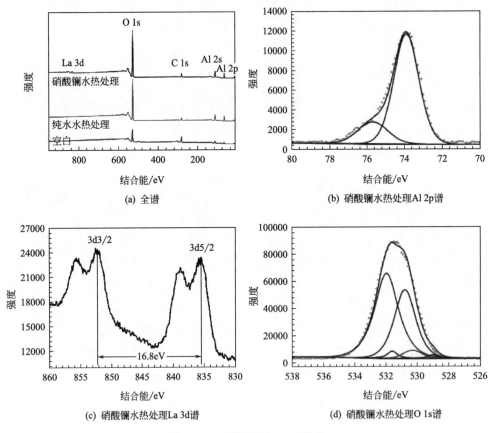

(a) 全谱

(b) 硝酸镧水热处理Al 2p谱

(c) 硝酸镧水热处理La 3d谱

(d) 硝酸镧水热处理O 1s谱

图 4.21　不同样品的 XPS 谱图

两个卫星峰。根据报道过的文献可以得出结论，膜层中的 La 元素为三价[98]。图 4.21(d) 为 O 1s 峰的拟合结果，可以拟合成 5 个峰，分别位于 532.0 eV、531.6 eV、530.9 eV、530.3 eV 和 529.0 eV。其中位于 532.0 和 530.9 eV 的两个峰为 AlOOH 中的 O，530.3 eV 对应于 Al_2O_3 中的 O[99,100]。而 531.6 eV 和 529.0 eV 的两个峰分别对应于 $La(OH)_3$ 中和 La_2O_3 中的 O[101]。进一步对 XPS 结果进行量化分析，得到 Al、La 和 O 三种元素的含量分别为 32.50%、0.58% 和 66.92%。从以上分析讨论中可以得到结论，经过硝酸镧水热后的 2024 铝合金表面主要由铝和镧的（氢）氧化物组成。

为了更好地研究表面组成，对经过硝酸镧水热处理的 2024 铝合金表面进行了 FTIR 测试，图 4.22 为测试结果。位于 3317 cm^{-1}、3104 cm^{-1} 和 1076 cm^{-1} 对应于镧和铝的（氢）氧化物中羟基的伸缩振动峰[95,102,103]。位于 2360 cm^{-1} 的弱峰对应于表面吸附的水分子[34,95]，位于 1646 cm^{-1} 的峰对应于吸附的 CO_2[35]。结合上述 XPS 的分析得出结论，经过硝酸镧溶液水热后，样品表面有大量的羟基存在。

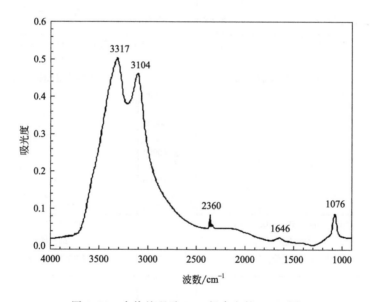

图 4.22　水热处理后 2024 铝合金的 FTIR 图

图 4.23(a) 为纯水水热修饰和硝酸镧水热修饰的 XPS 全谱，从图谱中可以看出经过两种不同反应介质水热并修饰后的样品表面都有 F、C、Si、Al 和 O 这五种元素。与纯水水热相比，经过硝酸镧水热的样品多了 La 元素。图 4.23(b)~(g) 分别为 F 1s、C 1s、Si 2p、O 1s、Al 2s 和 La 3d 的高分辨率图。图 4.23(b) 为 F 1s 的高分辨率图，其结合能为 688.9 eV，根据文献报道，这个峰对应于 C—F 中的 F[86]。图 4.23(c) 为 C 1s 峰的拟合结果，可以看到 C 1s 峰可以拟合为结合能为 293.8 eV、289.9 eV、289.0 eV、286.4 eV、284.9 eV 和 284.6 eV 的六个峰，

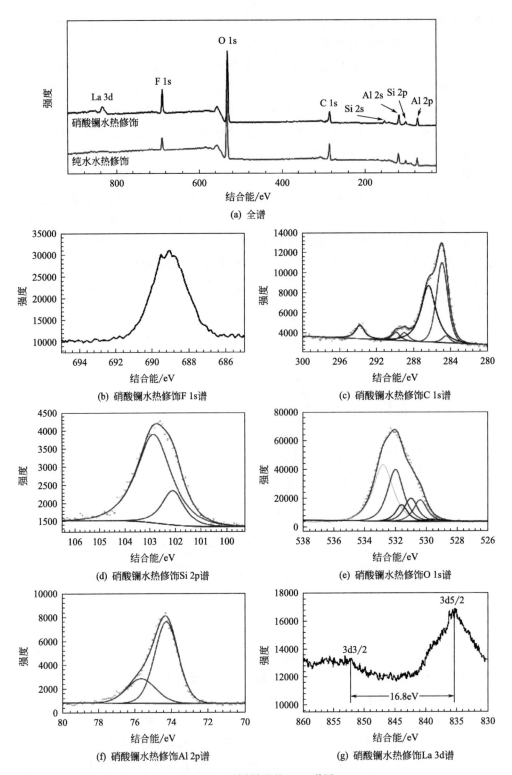

图 4.23 不同样品的 XPS 谱图

(a) 全谱

(b) 硝酸镧水热修饰F 1s谱

(c) 硝酸镧水热修饰C 1s谱

(d) 硝酸镧水热修饰Si 2p谱

(e) 硝酸镧水热修饰O 1s谱

(f) 硝酸镧水热修饰Al 2p谱

(g) 硝酸镧水热修饰La 3d谱

金属特殊润湿性表面制备
及性能研究

这六个峰分别对应于—CF₃、—CF₂、—CH₂—CF₂、—C—C、—C—O（或者空气储存过程中的 C）和—C—Si 中的 C[104,105]。图 4.23(d) 为 Si 2p 峰的拟合结果，可以看到 Si 2p 峰可以拟合成两个结合能为 102.9 eV 和 102.1 eV 的峰，分别对应于 Si—O 和 Si—C 中的 Si[99]。图 4.23(e) 为 O 1s 峰的拟合结果，O 1s 峰可以拟合成结合能分别为 532.8e V、532.0eV、531.6 eV、530.9 eV、530.3 eV 和 529.0 eV 的六个峰。其中位于 532.8 eV 的峰一般对应于—Si—O 中的 O[42]，而其他五个峰分别对应于 La 和 Al 的（氢）氧化物中的 O[99-101]。图 4.23(f) 和（g）分别为 Al 2p 和 La 3d 两个峰的拟合结果，与修饰前的样品相比 [图 4.21(b) 和（c）]，Al 和 La 的含量有所减少，这说明修饰层的厚度非常薄，以至于在修饰之后样品表面依然能检测到 La 和 Al 的（氢）氧化物。进一步进行元素含量分析得到结果，F、C、Si、O、Al 和 La 的含量分别为 8.49%、22.07%、5.79%、43.37%、20.1%和 0.18%。从以上结果分析可以得出结论，在修饰过程中样品表面的聚合反应发生在氟硅烷官能团和硝酸镧水热后表面生成的羟基官能团之间，这两者相互作用生成了 $C_{10}F_{12}H_9Si(O—表面)_3$，从而使样品表面有了超疏水性质[43]。

前面已经提到了超疏水膜存在防护性能和耐久性能较差等问题，所以本节对所制备的稀土超疏水防护膜进行了防护性能、耐久性能以及黏附性能测试。其中耐久性包括了耐长时间放置、耐高温环境、耐化学环境、耐紫外光照以及耐磨损能力。

4.3.5 防护性能研究

防护性能对包括高强铝合金在内的金属都有着重要的意义，所以我们首先对所制备的超疏水膜层进行了防护性能测试，具体测试方法为：将样品浸泡在 3.5%（质量分数）的 NaCl 溶液中，观察样品静态接触角及样品表面随着浸泡时间的变化。同样地，将空白样品和纯水水热并修饰后的样品作为对照样品进行相同的测试。图 4.24 为三种样品的防护性能测试结果。由图 4.24(a) 可以看到在腐蚀介质中浸泡 48 h 后，空白样品的静态接触角由 36°减小到 11°，经过纯水水热并修饰后的样品与水的静态接触角由 142°降至 26°，而经过硝酸镧水热并修饰后的样品接触角变化则不大，在 NaCl 腐蚀溶液中浸泡 1 h 后，样品接触角由 160°降低至 155°，随着浸泡时间的延长，接触角有略微降低，但直至浸泡 48 h 后也保持在 150°以上，即保持了超疏水性质。进一步对三种样品浸泡 48 h 后表面进行拍照，如图 4.24(b)~(d) 所示。从图中可以清楚地看到空白样品经过腐蚀介质浸泡 48 h 后有严重的腐蚀，样品完全失去了金属光泽而完全呈黑色。纯水水热并修饰后的样品在经过相同条件的浸泡后，表面密集地分布了一些小的腐蚀点，而所制备的超疏水样品表面在经过浸泡 48 h 后几乎没有任何变化。由以上结果的对比分析可以看出，在水热过程中加入的 $La(NO_3)_3$ 溶液对超疏水样品的防护性能有着至关重要的作用。由于空白样品和纯水水热处理后的样品防护性较差，没有实用价值，下面只对具有实用价值的超疏水样品进行其他稳定性测试，另外两种样品不做进一步讨论。

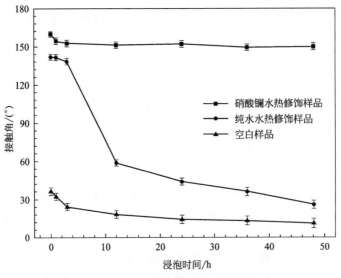

(a) 三种样品的接触角随浸泡时间的变化

(b) 空白样品浸泡48 h

(c) 纯水水热修饰样品浸泡48 h

(d) 硝酸镧水热修饰样品浸泡48 h

图 4.24　三种样品接触角随浸泡时间的变化及在浸泡 48 h 后的照片

4.3.6　耐久性能研究

　　除了对稀土超疏水防护膜进行防护性研究，笔者及团队还对样品的耐久性进行了测试，其中包括耐长时间放置、耐高温环境、耐化学环境、耐紫外光照以及耐磨损性能。

　　图 4.25 为所制备的稀土超疏水防护膜在空气中长时间储存放置结果，我们考察了样品在空气中储存过程中静态接触角随时间的变化情况。从结果可以看到，接触角随着时间变化几乎呈一条直线，甚至在储存时间长达 80 d 以后依然能保持约

160°，这表明用这种方法制备的超疏水膜有耐长时间在空气中放置的能力。

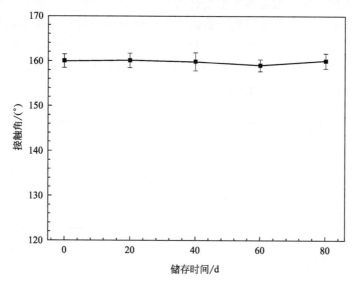

图 4.25　硝酸镧水热修饰样品的接触角随储存时间的变化

前面考察了样品在空气中的储存稳定性，测试温度为常温，而温度也是影响超疏水膜层稳定性的一个重要因素，许多超疏水膜层在高温下不能稳定存在，因为高温可能会导致表面有机物的分解，所以通过测试样品在高温下静态接触角随暴露时间的变化来测试其是否有耐高温的能力。图 4.26 为测试结果，可以看到将样品暴露在 250 ℃ 的高温下长达 24 h，其静态接触角也几乎没有变化，说明样品具有耐高温环境的能力。这对所制备的稀土超疏水防护膜对于不同环境的适用性有着重要的作用。

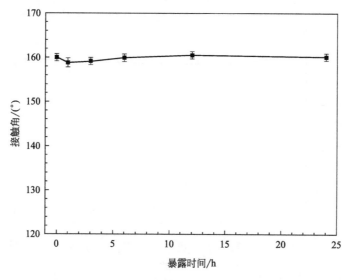

图 4.26　硝酸镧水热修饰样品的接触角在 250 ℃ 条件下随暴露时间的变化

图 4.27 为样品的耐化学环境测试结果，通过将不同 pH 值的溶液滴在稀土超疏水防护膜表面上来观察接触角的变化情况。从结果中看到，当 pH 值为 1 和 14 的时候，样品的静态接触角相比于最初的 160° 都有所下降，分别降低至约 144° 和 146°。而且超疏水膜在对于整个 pH 值为 1~14 范围内的溶液，其接触角保持 144°~146°。以上结果表明 pH 值对样品接触角的影响很小，即样品具有抗酸抗碱能力，能够抵抗各种极其恶劣的化学环境。

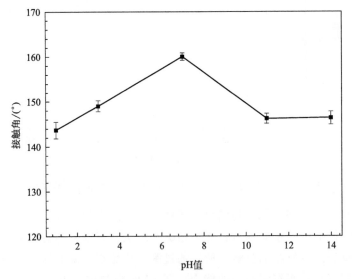

图 4.27　硝酸镧水热修饰的接触角与 pH 值的关系

图 4.28 为样品接触角随紫外光照时间的变化，将样品用波长为 254 nm 的紫外光照射，样品位于距离光源 4~5 cm 处。从结果中可以看到样品在经过紫外光照

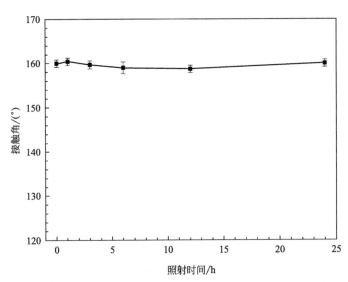

图 4.28　硝酸镧水热修饰样品的接触角随 254 nm 紫外光照时间的变化

金属特殊润湿性表面制备及性能研究

24 h 后依然能保持约 160°，即样品具有抗紫外光能力，在紫外光照下超疏水性质也不会改变。

除了上述讨论到的各项性能，对于金属的实际应用，耐磨损能力也是非常重要的一点，所以通过在所制备的稀土超疏水防护膜表面施加压强来观察其耐磨损能力[90]，图 4.29 为测试结果。图 4.29(a) 为在固定压强 0.98 kPa 下，在 800 目的砂纸上拖动 1000 mm 接触角的变化，拖动速度为 5 mm/s。从图中可以看出在拖动 1000 mm 后，接触角由 160°降至约 154°，说明样品在此压强下有很好的耐磨能力。图 4.29(b) 为固定拖动距离 1000 mm，施加不同压强在铝合金上的接触角变化图。从图中可以看到随着施加压强的增大，接触角逐渐减小。当施加压力大至 4.90 kPa 时，接触角减少至最低点约为 147°，虽然未达到超疏水，但是也还能保持近超疏水的性质。以上结果说明所制备的稀土超疏水防护膜样品具有优异的耐磨损能力，而且优于报道过的结果[90]，这对超疏水铝合金的实际应用有更重要的意义。

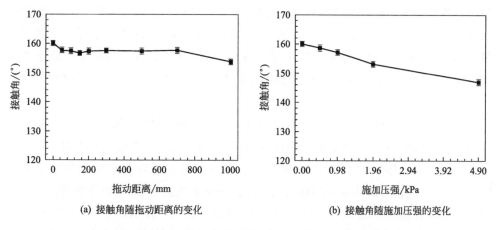

(a) 接触角随拖动距离的变化　　　　　　(b) 接触角随施加压强的变化

图 4.29　硝酸镧水热修饰的样品接触角随拖动距离的变化及随施加压强的变化

从上述讨论可以得出结论，通过硝酸镧溶液水热处理并用 Actyflon-G502 修饰所制备的稀土超疏水 2024 铝合金不仅具有防护性能，还具有耐长时间放置、耐高温环境、耐化学环境、耐紫外光照以及耐磨损的能力，其耐久性也超过了以前报道的超疏水膜层，也使得这种稀土超疏水防护膜具有优良的环境适应能力和更广阔的应用空间。

4.3.7　成膜机理研究

前文已经详细对超疏水膜的润湿性能、微观形貌、化学组成以及其他的性能进行了测试及分析讨论。下面主要结合前文的表征结果详细地对反应机理进行分析讨论。

从硝酸镧水热后的 XPS 图谱（图 4.23）分析，可以推测出主要反应过程如下所示：

$$H_2O(l) \longrightarrow H^+(aq) + OH^-(aq) \tag{4.13}$$

$$2Al(s) + 6H^+(aq) \longrightarrow 2Al^{3+}(aq) + 3H_2(g) \tag{4.14}$$

$$Al^{3+}(aq) + 3OH^-(aq) \longrightarrow AlOOH(s) + H_2O(l) \tag{4.15}$$

$$2AlOOH(s) \longrightarrow Al_2O_3(s) + H_2O(l) \tag{4.16}$$

$$La^{3+}(aq) + 3OH^-(aq) \longrightarrow La(OH)_3(s) \tag{4.17}$$

$$2La(OH)_3(s) \longrightarrow La_2O_3(s) + 3H_2O(l) \tag{4.18}$$

水热反应为高温高压，在这种反应环境中，水离子积 K_w 会随着温度的升高以及压力的增大而急剧增大。由于水的电离会变得更加容易，所以容易产生大量的 H^+ 和 OH^-[28,86,95]。2024 铝合金中的 Al 因大量 H^+ 的存在而溶解形成 Al^{3+}，Al^{3+} 进一步与 OH^- 反应形成 AlOOH 和 Al_2O_3。与此同时，La^{3+} 也与溶液中的 OH^- 反应形成 $La(OH)_3$ 和 La_2O_3，这与笔者最初预期的水热后表面组成充满羟基也是符合的。因此，就是依靠 2024 铝合金金属基底与高压反应釜中溶液的反应，表面才生长了由（氢）氧化镧和（氢）氧化铝组成的纳米结构膜层。通过水热过程得到的仿生纳米结构和表面上的大量羟基导致了 2024 铝合金表面呈现超亲水性能[95]。进一步利用 Actyflon-G502 修饰这样的超亲水表面，通过 XPS 分析得到其反应式如下[28]：

$$C_{10}F_{12}H_9Si(OCH_3)_3 + 3H_2O \longrightarrow C_{10}F_{12}H_9Si(OH)_3 + 3CH_3O \tag{4.19}$$

$$C_{10}F_{12}H_9Si(OH)_3 + 3\text{ 表面—OH} \longrightarrow C_{10}F_{12}H_9Si(O\text{—表面})_3 + H_2O \tag{4.20}$$

首先，Actyflon-G502 发生水解反应，其三个硅氧基团在水的参与下水解为 Si—OH。这些水解后的硅烷醇随后就与经过硝酸镧水热后 2024 铝合金表面形成的羟基官能团自组装生成 $C_{10}F_{12}H_9Si(OH)_3$ 薄膜。同时，Actyflon-G502 在 2024 铝合金表面上也发生了聚硅氧烷的纵向聚合形成接枝聚硅氧烷。因此在修饰后的样品表面就有—CH_2、—CF_2、—CF_3 基团，这些基团都有很低的表面能，从而使得样品表面由超亲水转变为超疏水。以上分析详细地解释了修饰过程的反应机理，图 4.30 为修饰机理示意，更加清楚直观地表述了修饰过程。

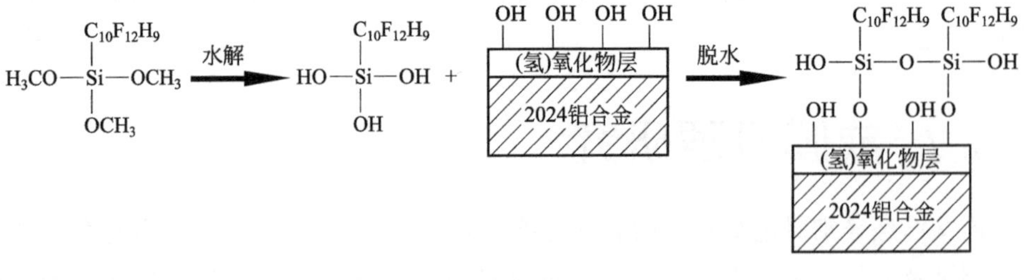

图 4.30　修饰机理示意

图 4.31 为超疏水膜层形成过程的示意，从图中可以得出结论：硝酸镧溶液水热过程能在 2024 铝合金表面形成仿生的纳米结构和大量的羟基，Actyflon-G502 修饰过程中能形成 $C_{10}F_{12}H_9Si（O—表面）_3$ 薄膜，从而降低样品的表面能。这两个步骤控制着影响固体表面润湿性的两大因素，即微观形貌和表面组成，它们对超疏水膜的形成都有着重要的意义。

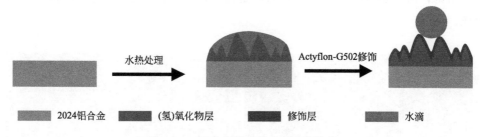

图 4.31 超疏水膜层形成过程的示意

从以上结果可以得知，所制备的超疏水膜表面存在着均匀的纳米尺寸结构，这些结构之间存在着大量能捕捉空气的间隙，从而使 2024 铝合金基底被空气覆盖。这层气膜的物理屏蔽作用能够减小电极表面与腐蚀性介质的接触面积从而达到对金属的防护作用。为了从理论基础方面了解所制备的超疏水膜的性质，采用能得到电极表面被气膜覆盖的面积比例的 Cassie-Baxter 方程进行分析，Cassie-Baxter 方程如下[106-108]：

$$\cos\theta_c = f(\cos\theta_e + 1) - 1 \tag{4.21}$$

式中　　f——水滴与表面的接触面占复合界面的面积分数；

　　　　θ_c——粗糙表面的接触角；

　　　　θ_e——光滑表面的接触角。

为了得到公式中的 f，测试了空白 2024 铝合金经过 Actyflon-G502 在同样条件下修饰后的水接触角，约为 92°，即上述公式中的 $\theta_e = 92°$。而所制备的有粗糙结构的超疏水表面的水接触角约为 160°，即上述公式中的 $\theta_c = 160°$。代入式(4.21)，计算得到 $f = 0.0625$，这一数据说明，当水滴静置于所制备的超疏水表面后，只有约 6% 的面积是水滴和固体表面接触，而约有 94% 的面积是水滴和空气接触。从以上结果可以看出，所制备的稀土超疏水防护膜表面有非常强的疏水性能。

4.3.8　耐久机理研究

为了更深层次地了解所制备的超疏水膜层的稳定性的原因，对经过不同稳定性测试后的超疏水样品进行了形貌和成分表征，图 4.32 为测试结果。图 4.32(a) 和 (b) 分别为在 250 ℃条件下暴露 24 h 后的聚焦离子束扫描电镜（FIB-SEM）结果和经过 254 nm 紫外光照射 24 h 后的 FIB-SEM 结果，与超疏水基础样品［图 4.32

(d)〕相比，两者的微观形貌并无变化，这说明经过硝酸镧溶液水热处理所制备的仿生纳米结构在测试环境下有优异的稳定性。图 4.32(c) 和 （d） 分别为在 250 ℃条件下测试 24 h 后的 XPS 结果和经过 254 nm 紫外光照 24 h 后的 XPS 结果，与超疏水基础样品的表面组成相比，两者表面的元素及含量几乎没有变化。这说明具有仿生结构的超疏水表面的化学组成在恶劣环境中也具有稳定性。因此，可以得出结论，所制备的超疏水膜优异的稳定性是由于它拥有稳定的微观结构和化学组成。

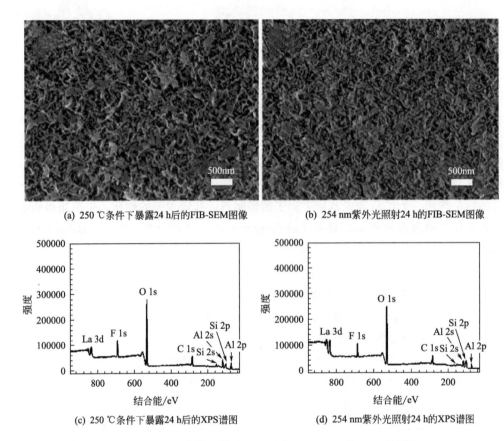

(a) 250 ℃条件下暴露24 h后的FIB-SEM图像　　(b) 254 nm紫外光照射24 h的FIB-SEM图像

(c) 250 ℃条件下暴露24 h后的XPS谱图　　(d) 254 nm紫外光照射24 h的XPS谱图

图 4.32　250 ℃条件下暴露 24 h 后的 FIB-SEM 和 XPS 结果及
经过紫外光照射 24 h 的 FIB-SEM 和 XPS 结果

此外，稀土元素本身具有防护性能和疏水性质，所以镧的（氢）氧化物的存在也对样品结构和组成的稳定性起了重要作用。关于这一点，可以从以下两个方面来解释。样品表面结构和组成的稳定性主要由水热物所产生的大量羟基和低表面能物质（Actyflon-G502）之间的反应来决定[38]。图 4.33 为 La(OH)$_3$ 和 AlOOH 与 Actyflon-G502 分子之间的结合关系示意。从图中可以看到 La(OH)$_3$ 中的羟基数量为 AlOOH 的 3 倍，这意味着一个 La(OH)$_3$ 分子可以同三个 Actyflon-G502

分子反应从而形成十分稳定坚固的化学键［图 4.33（a）］。而与之对比，一个 AlOOH 分子只能与一个 Actyflon-G502 分子在界面反应形成相对弱一些的化学键 ［图 4.33（b）］。因此，镧的氢氧化物与 Actyflon-G502 分子之间稳定坚固的结合能 力对保持所制备的超疏水样品微观结构和表面组成的稳定性有着重要的影响。而且，根据文献报道[109]，稀土元素的氧化物如 CeO_2、Ho_2O_3 等本身就具有疏水性 质，所制备的超疏水表面具有氧化镧，这也使得样品的稳定性进一步提高。图 4.34 为水分子在 La_2O_3 表面和 Al_2O_3 表面的取向示意。从图 4.34（a）中可以看到 La_2O_3 中的稀土元素 La 原子有一种独特的电子结构，它的最外层电子 $5s^2p^6$ 为饱 和电子结构，因此很难与表面的水分子交换电子而形成氢键，所以 La 的氧化物自 身为疏水结构[109,110]。从图 4.34（b）中可以看到 Al_2O_3 中的 Al 原子在最外层的 sp^2 杂化轨道只有 6 个电子，未达到八电子饱和结构。因此它更容易与表面的水分 子之间形成氢键从而达到八电子饱和结构，所以 Al_2O_3 自身为亲水结构[109,111]。 从以上讨论分析可以看出，La 的氢氧化物与 Actyflon-G502 显著的结合能力和稀 土氧化物自身的疏水结构是所制备的超疏水膜层能保持优异耐久性能的两个重要 原因。

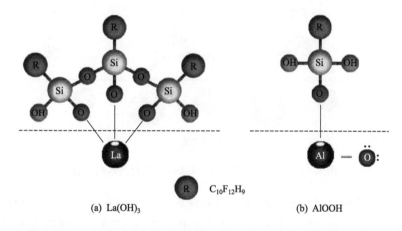

(a) La(OH)₃ R：C₁₀F₁₂H₉   (b) AlOOH

图 4.33 Actyflon-G502 与 $La(OH)_3$ 和 AlOOH 之间的结合关系示意

4.3.9 小结

利用硝酸镧溶液为水热溶液，采用简单的水热法在 2024 铝合金表面制备了超 亲水膜层，经过 Actyflon-G502 修饰后，样品由超亲水转变为超疏水，其静态接触 角高达 160°。

FIB-SEM 结果表明在经过硝酸镧溶液水热处理后，样品表面构筑了具有"银 杏叶"状的纳米结构，并且通过与纯水水热处理后的样品结构对比，证明这种仿生 结构的存在对超疏水表面的形成具有重要作用。

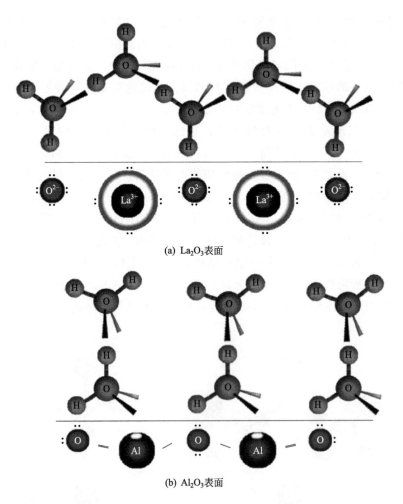

(a) La$_2$O$_3$表面

(b) Al$_2$O$_3$表面

图 4.34　水分子在 La$_2$O$_3$ 和 Al$_2$O$_3$ 表面的取向示意

XPS 结果表明经过硝酸镧溶液水热处理后，2024 铝合金表面膜层主要成分为 La 和 Al 的（氢）氧化物。进一步经过 Actyflon-G502 修饰后，样品表面的羟基与有机物反应生成了 C$_{10}$F$_{12}$H$_9$Si（O—表面）$_3$，这使得样品表面呈现了超疏水性质。

所制备的稀土超疏水防护膜层不仅具有优异的防护性能，耐长时间放置、耐高温环境、耐化学环境、耐紫外光照以及耐磨损的能力，还有很高的黏附性能。

稀土超疏水防护膜在经过不同稳定性测试后其微观形貌和表面化学组成都几乎没有变化，这样可靠的稳定性可以通过 La（OH）$_3$ 与 Actyflon-G502 很强的结合能力以及 La$_2$O$_3$ 中 La 特有的电子结构所形成的本身的疏水性能两方面来解释。

参 考 文 献

[1]　Gupta M，Wong W L E. Magnesium-based nanocomposites：lightweight materials of the future [J]. Materials Characterization，2015，105：30-46.

[2] Gu X N, Li S S, Li X M, et al. Magnesium based degradable biomaterials: a review [J]. Front Materials Science, 2014, 8: 200-218.

[3] Song G, Atrens A. Corrosion mechanisms of magnesium alloys [J]. Advanced Engineering Materials, 1999, 1: 11-33.

[4] Song G, Atrens A, StJohn D. An hydrogen evolution method for the estimation of the corrosion rate of magnesium alloys [J]. Magnetic Technology, 2001, 1: 255-262.

[5] Song G, Atrens A. Understanding magnesium corrosion mechanism: a framework for improved alloy performance [J]. Advanced Engineering Materials 2003, 5: 837-858.

[6] Atrens A, Liu M, Abidin N I Z, Corrosion mechanism applicable to biodegradable magnesium implants [J]. Materials Science Engineering B, 2011, 176: 1609-1636.

[7] Shi Z, Atrens A. An innovative specimen configuration for the study of Mg corrosion [J]. Corrosion Science 2011, 53: 226-246.

[8] Atrens A, Song G, Cao F, Shi. Z, Bowen. P. K, Advances in Mg corrosion and research suggestions [J]. Journal of Magnesium and Alloys 2013, 1: 177-200.

[9] Atrens A, Song G L, Liu M, et al. Review of recent developments in the field of magnesium corrosion [J]. Advanced Engineering Materials, 2015, 17: 400-453.

[10] Thomas S, Medhekar N V, Frankel G S, et al. Corrosion mechanism and hydrogen evolution on Mg [J]. Solid State Materials Science 2015, 19: 85-94.

[11] Liu Q, Chen D, Kang Z. One-step electrodeposition process to fabricate corrosion-resistant superhydrophobic surface on magnesium alloy [J]. ACS Applied Materials & Interfaces 2015, 7: 1859-1867.

[12] Jia J, Fan J, Xu B, et al. Microstructure and properties of the super-hydrophobic films fabricated on magnesium alloys [J]. Journal of Alloys and Compounds 2013, 554: 142-146.

[13] Ishizaki T, Hieda J, Saito N, et al. Corrosion resistance and chemical stability of super-hydrophobic film deposited on magnesium alloy AZ31 by microwave plasma-enhanced chemical vapor deposition [J]. Electrochimica Acta, 2010, 55: 7094-7101.

[14] Wang S H, Guo X W, Xie Y J, et al. Preparation of superhydrophobic silica film on Mg-Nd-Zn-Zr magnesium alloy with enhanced corrosion resistance by combining micro-arc oxidation and sol-gel method [J]. Surface Coatings Technology, 2012, 213: 192-201.

[15] Zhang J, Kang Z. Effect of different liquid-solid contact models on the corrosion resistance of superhydrophobic magnesium surfaces [J]. Corrosion Science, 2014, 87: 452-459.

[16] Zhou M, Pang X, Wei L, et al. In situ grown superhydrophobic Zn-Al layered double hydroxides films on magnesium alloy to improve corrosion properties [J]. Applied Surface Science, 2015, 337: 172-177.

[17] Liu Q, Kang. Z X. One-step electrodeposition process to fabricate superhydrophobic surface with improved anticorrosion property on magnesium alloy [J]. Materials Letters, 2014, 137: 210-213.

[18] She Z, Li Q, Wang Z, et al. Researching the fabrication of anticorrosion superhydrophobic surface on magnesium alloy and its mechanical stability and durability [J]. Chemical Engineering Journal, 2013, 228: 415-424.

[19] Yin B, Fang L, Hu J, et al. Preparation and properties of super-hydrophobic coating on magnesium alloy [J]. Applied Surface Science, 2010, 257: 1666-1671.

[20] Wang J, Lia D D, Gao R, et al. Construction of superhydrophobic hydro magnesite films on the Mg alloy [J]. Materials Chemistry and Physics, 2011, 129: 154-160.

[21] Wang J, Li D, Liu Q, et al. Fabrication of hydrophobic surface with hierarchical structure on Mg alloy

and its corrosion resistance [J]. Electrochimica Acta, 2010, 55: 6897-6906.

[22] Gao R, Liu Q, Wang J, et al. Fabrication of fibrous szaibelyite with hierarchical structure superhydrophobic coating on AZ31 magnesium alloy for corrosion protection [J]. Chemical Engineering Journal 2014, 241: 352-359.

[23] Gnedenkov S V, Sinebryukhov S L, Egorkin V S, et al. Electrochemical properties of the superhydrophobic coatings on metals and alloy [J]. Journal of the Taiwan Institute of Chemical Engineers 2014, 45: 3075-3080.

[24] Li H, Yu S R. A stable superamphiphobic Zn coating with self-cleaning property on steel surface fabricated via a deposition method [J]. Journal of the Taiwan Institute of Chemical Engineers, 2016, 63: 411-420.

[25] Li L J, Xu J, Lei J L, et al. A one-step, cost-effective green method to in situ fabricate Ni (OH)$_2$ hexagonal platelets on Ni foam as binder-free supercapacitor electrode materials [J]. Journal of Materials Chemistry A, 2015, 3: 1953-1960.

[26] Li L J, Huang T, Lei J L, et al. Robust biomimetic-structural superhydrophobic surface on aluminum alloy [J]. ACS Applied Materials Interfaces, 2015, 7: 1449-1457.

[27] Li L J, Zhang Y Z, Lei J L, et al. Water-only hydrothermal method: a generalized route for environmentally-benign and cost-effective construction of superhydrophilic surfaces with biomimetic micronanostructures on metals and alloys [J]. Chemical Communications, 2014, 50: 7416-7419.

[28] Li L J, Zhang Y Z, Lei J L, et al. A facile approach to fabricate superhydrophobic Zn surface and its effect on corrosion resistance [J]. Corrosion Science, 2014, 85: 174-182.

[29] Li L J, Zhang J, Lei J L, et al. Metal powder-pure water system for rational synthesis of metal oxide functional nanomaterials: a general, facile and green synthetic approach [J]. RSC Advances 2016, 6: 34507-34513.

[30] Liu M, Schmutz P, Zanna S, et al. Electrochemical reactivity, surface composition and corrosion mechanisms of the complex metallic alloy Al$_3$Mg$_2$ [J]. Corrosion Science 2010, 52: 562-578.

[31] Liu M, Zanna S, Ardelean H, et al. A first quantitative XPS study of the surface films formed, by exposure to water, on Mg and on the Mg-Al inter metallics: Al$_3$Mg$_2$ and Mg$_{17}$Al$_{12}$ [J]. Corrosion Science, 2009, 51: 1115-1127.

[32] Scholz J, Walter A, Hahn A H P, et al. Molybdenum oxide supported on nanostructured MgO: influence of the alkaline support properties on MoO$_x$ structure and catalytic behavior in selective oxidation [J]. Microporous and Mesoporous Materials 2013, 180: 130-140.

[33] Ishizaki T, Chiba S, Watanabe K, et al. Corrosion resistance of Mg-Al layered double hydroxide container-containing magnesium hydroxide films formed directly on magnesium alloy by chemical-free steam coating [J]. Journal of Materials Chemistry A, 2013, 1: 8968-8977.

[34] Hou H W, Xie Y, Yang Q, et al. Preparation and characterization of gamma-AlOOH nanotubes and nanorods [J]. Nanotechnology, 2005, 16: 741-745.

[35] Zukal A, Arean C O, Delgado M R, et al. Combined volumetric, infrared spectroscopic and theoretical investigation of CO$_2$ adsorption on Na-A zeolite [J]. Microporous and Mesoporous Materials, 2011, 146: 97-105.

[36] Liu K S, Zhang M L, Zhai J, et al. Bioinspired construction of Mg-Li alloys surfaces with stable superhydrophobicity and improved corrosion resistance [J]. Applied Physics Letters, 2008, 92: 183103.

[37] Yuan S J, Pehkonen S O, Liang B, et al. Superhydrophobic fluoropolymer-modified copper surface via

surface graft polymerisation for corrosion protection [J]. Corrosion Science, 2011, 53: 2738-2747.

[38] Saleema N, Sarkar D K, Gallant D, et al. Chemical nature of superhydrophobic aluminum alloy surfaces produced via a one-step process using fluoroalkyl-silane in a base medium [J]. ACS Applied Materials Interfaces, 2011, 3: 4775-4781.

[39] Saleema N, Sarkar D K, Paynter R W, et al. Superhydrophobic aluminum alloy surfaces by a novel one-step process [J]. ACS Applied Materials Interfaces, 2010, 2: 2500-2510.

[40] Lu X Y, Zuo Y, Zhao X H, et al. The improved performance of a Mg-rich epoxy coating on AZ91D magnesium alloy by silane pretreatment [J]. Corrosion Science, 2012, 60: 165-172.

[41] Palmieri R, Radtke C, Boudinov H, et al. Improvement of $SiO_2/4H\text{-}SiC$ interface properties by oxidation using hydrogen peroxide [J]. Applied Physics Letters, 2009, 93: 113504.

[42] Castanho S M, Moreno R, Fierro J L G. Influence of process conditions on the surface oxidation of silicon nitride green compacts [J]. Journal of Materials Science, 1997, 32: 157-162.

[43] Xu W G, Liu H Q, Lu S X, et al. Fabrication of superhydrophobic surfaces with hierarchical structure through a solution-immersion process on copper and galvanized iron substrates [J]. Langmuir, 2008, 24 (10): 895-900.

[44] Li L J, Zhang X P, Lei J L, et al. Adsorption and corrosion inhibition of osmanthusfragran leaves extract on carbon steel [J]. Corrosion Science, 2012, 63: 82-90.

[45] Li L J, He J X, Lei J L, et al. A sol-bath-gel approach to prepare hybrid coating for corrosion protection of aluminum alloy [J]. Surface Coatings Technology, 2015, 279: 72-80.

[46] Xu W, Song J, Sun J, et al. Rapid fabrication of large-area, corrosion-resistant superhydrophobic Mg alloy surfaces [J]. ACS Applied Materials Interfaces, 2011, 3: 4404-4414.

[47] Mertens S F, Xhoffer C, De Cooman B C, et al. Short-term deterioration of polymer-coated 55% Al-Zn—Part 1: Behavior of thin polymer films [J]. Corrosion, 1997, 53: 381-389.

[48] Kim J, Kwon S, Cho D H, et al. Direct exfoliation and dispersion of two-dimensional materials in pure water via temperature control [J]. Nature Communications, 2015, 6: 8563-8569.

[49] Liu T, Chen S G, Cheng S, et al. Corrosion behavior of super-hydrophobic surface on copper in seawater [J]. Electrochimica Acta, 2007, 52: 8003-8007.

[50] 曹楚南. 悄悄进行的破坏——金属腐蚀 [M]. 北京: 清华大学出版社, 2000.

[51] Nakai K, Hinsihara K, Aramaki K. Inhibition of iron corrosion in sulfuric acid at elevated temperatures by bismuth (Ⅲ) compounds [J]. Corrosion, 1997, 539: 679-687.

[52] Holness G, Holness R J, Worsley D A, et al. Inhibition of corrosion-driven organic coating delamination on zinc by polyaniline [J]. Electrochemistry Communications, 2004, 6: 549-555.

[53] Niranatlumpong P, Koiprasert H. Improved corrosion resistance of thermally sprayed coating via surface grinding and electroplating techniques [J]. Surface and Coatings Technology, 2006, 201: 737-743.

[54] Scully J R, Presuel-Moreno F, Goldman M, et al. User-selectable barrier, sacrificial anode, and active corrosion inhibiting properties of Al-Co-Ce alloys for coating applications [J]. Corrosion, 2008, 64: 210-229.

[55] Chidambaram D, Clayton C R, Halada G P. The role of Hexafluorozirconate in the formation of chromate conversion coatings on aluminum alloys [J]. Electrochimica Acta, 2006, 51: 2862-2871.

[56] Wang S T, Feng L, Jiang L. One-step solution-immersion process for the fabrication ofstable ionic superhydrophobic surfaces [J]. Advanced Materials, 2006, 18: 767-770.

[57] He T, Wang Y C, Zhang Y J, et al. T. Super-hydrophobic surface treatment as corrosion protection for

aluminum in seawater [J]. Corrosion Science, 2009, 51: 1757-1761.

[58] Wang P, Zhang D, Qiu R, et al. Super-hydrophobic metal-complex film fabricated electrochemically on copper as a barrier to corrosive medium [J]. Corrosion Science, 2014, 83: 317-326.

[59] Shi X M, Nguyen T A, Suo Z Y, et al. Electrochemical and mechanical properties of superhydrophobic aluminum substrates modified with nano-silica and fluorosilane [J]. Surface and Coatings Technology, 2012, 206: 3700-3713.

[60] Wu R M, Liang S Q, Pan A Q, et al. Fabrication of nano-structured super-hydrophobic film on aluminum by controllable immersing method [J]. Applied Surface Science, 2012, 258: 5933-5937.

[61] Ou J F, Hu W H, Xue M S, et al. Superhydrophobic surfaces on light alloy substrates fabricated by a versatile process and their corrosion protection [J]. ACS Applied Materials & Interfaces, 2013, 5: 3101-3107.

[62] Zhao L, Liu Q, Gao R, et al. One-step method for the fabrication of superhydrophobic surface on magnesium alloy and its corrosion protection, antifouling performance [J]. Corrosion Science, 2014, 80: 177-183.

[63] Wang P, Zhang D, Qiu R, et al. Green approach to fabrication of a super-hydrophobic film on copper and the consequent corrosion resistance [J]. Corrosion Science, 2014, 80: 366-373.

[64] Boinovich L B, Gnedenkov S V, Alpysbaeva D A, et al. Corrosion resistance of composite coatings on low-carbon steel containing hydrophobic and superhydrophobic layers in combination with oxide sublayers [J]. Corrosion Science, 2012, 55: 238-245.

[65] Barkhudarov P M, Shah P B, Watkins E B, et al. Corrosion inhibition using superhydrophobic films [J]. Corrosion Science, 2008, 50: 897-902.

[66] Ishizaki T, Sakamoto M. Facile formation of biomimetic color-tuned superhydrophobic magnesium alloy with corrosion resistance [J]. Langmuir, 2011, 27: 2375-2381.

[67] Mouanga M, Berçot P, Rauch J Y. Comparison of corrosion behaviour of zinc in NaCl and in NaOH solutions, Part I: Corrosion layer characterization [J]. Corrosion Science, 2010, 52: 3984-3992.

[68] Ning T, Xu W G, Lu S X. Fabrication of superhydrophobic surfaces on zinc substrates and their application as effective corrosion barriers [J]. Applied Surface Science, 2011, 258: 1359-1365.

[69] Qiu R, Zhang D, Wang P. Superhydrophobic-carbon fibre growth on a zinc surface for corrosion inhibition [J]. Corrosion Science, 2013, 66: 350-359.

[70] Liu H Q, Szunerits S, Xu W G, et al. Preparation of superhydrophobic coatings on zinc as effective corrosion barriers [J]. ACS Applied Materials Interfaces, 2009, 1: 1150-1153.

[71] Wang P, Zhang D, Qiu R, et al. Super-hydrophobic film prepared on zinc as corrosion barrier [J]. Corrosion Science, 2011, 53: 2080-2086.

[72] Chastain J. Handbook of X-ray Photoelectron Spectroscopy [M]. Perkin: Perkin Elmer Corporation Physical Electronics Division, 1992.

[73] Chen M, Wang X, Yu Y H, et al. X-ray photoelectron spectroscopy and auger electron spectroscopy studies of Al-doped ZnO films [J]. Applied Surface Science, 2000, 158: 134-140.

[74] Islam M N, Ghosh T B, Chopra K L, et al. XPS and X-ray diffraction studies of aluminum-doped zinc oxide transparent conducting films [J]. Thin Solid Films, 1996, 280: 20-25.

[75] Saw K G, Ibrahim K, Lim Y T, et al. Self-compensation in ZnO thin films: An insight from X-ray photoelectron spectroscopy, Raman spectroscopy and time-of-flight secondary ion mass spectroscopy analyses [J]. Thin Solid Films, 2007, 515: 2879-2884.

[76] Li L，Yang H Q，Yu J，et al. Controllable growth of ZnO nanowires with different aspect ratios and microstructures and their photoluminescence and photosensitive properties [J]. Journal of Crystal Growth，2009，311：4199-4206.

[77] Zhu Y Y，Zhao Q，Zhang Y. H，et al. Hydrothermal synthesis of protective coating on magnesium alloy using deionized water [J]. Surface and Coatings Technology，2012，206：2961-2966.

[78] Hansal W E G，Hansal S，Pflzler M，et al. Investigation of polysiloxane coatings as corrosion inhibitors of zinc surfaces [J]. Surface and Coatings Technology，2006，200：3056-3063.

[79] Zang D M，Zhu R W，Zhang W，et al. Stearic acid modified aluminum surfaces with controlled wetting properties and corrosion resistances [J]. Corrosion Science，2014，83：86-93.

[80] She Z X，Li Q，Wang Z W，et al. Novel method for controllable fabrication of a superhydrophobic CuO surface on AZ91D magnesium alloy [J]. ACS Applied Materials Interfaces，2012，4：4348-4356.

[81] Liu W，Luo Y，Sun L，et al. Fabrication of the Superhydrophobic Surface on Aluminum Alloy by Anodizing and Polymeric Coating [J]. Applied Surface Science，2013，264：872-878.

[82] Wang S C，Starink M J. Two types of S phase precipitates in Al-Cu-Mg alloys [J]. Acta Materials，2007，55：933-941.

[83] Lamaka S V，Zheludkevich M L，Yasakau K A，et al. High effective organic corrosion inhibitors for 2024 aluminium alloy [J]. Electrochim Acta，2007，52：7231-7247.

[84] Liu L，Feng X，Guo M. Eco-friendly fabrication of superhydrophobic bayerite array on Al foil via an etching and growth process [J]. The Journal of Chemical Physics，2013，117：25519-25525.

[85] Lee Y，Ju K Y，Lee J K. Stable Biomimetic superhydrophobic surfaces fabricated by polymer replication method from hierarchically structured surfaces of Al templates [J]. Langmuir，2010，26：14103-14110.

[86] Wang Y，Xue J，Wang Q，et al. Verification of Icephobic/anti-icing properties of a superhydrophobic surface [J]. ACS Applied Materials Interfaces 2013，5：3370-3381.

[87] Peng S，Tian D，Yang X，et al. Highly efficient and large scale fabrication of superhydrophobic alumina surface with strong stability based on self-congregated alumina nanowires [J]. ACS Applied Materials & Interfaces 2014，6：4831-4841.

[88] Zhang Y，Ge D，Yang S. Spray-coating of superhydrophobic aluminum alloys with enhanced mechanical robustness [J]. Journal of Colloid and Interface Science，2014，423：101-107.

[89] Ishizaki T，Masuda Y，Sakamoto M. Corrosion resistance and durability of superhydrophobic Surface Formed on magnesium alloy coated with nanostructured cerium oxide film and fluoroalkyl silane molecules in corrosive NaCl aqueous solution [J]. Langmuir 2011，27：4780-4788.

[90] Xue C H，Ma J Z. Long-lived superhydrophobic surfaces [J]. Journal of Materials Chemistry A，2013，1：4146-4161.

[91] Liu Y，Liu J，Li S，et al，Biomimetic superhydrophobic surface of high adhesion fabricated with micro nano binary structure on aluminum alloy [J]. ACS Applied Materials Interfaces，2013，5：8907-8914.

[92] Ou J，Hu W，Liu S，et al. Superoleophobic textured copper surfaces fabricated by chemical etching/oxidation and surface fluorination [J]. ACS Applied Materials Interfaces，2013，5：10035-10041.

[93] Joshi S，Kulp E A，Fahrenholtz W G，et al. Dissolution of cerium from cerium-based conversion coatings on Al 7075-T6 in 0.1 M NaCl solutions [J]. Corrosion Science，2012，60：290-295.

[94] Wenzel R N. Resistance of solid surfaces to wetting by water [J]. Industrial and Engineering Chemistry，1936，28 (8)：988-994.

［95］ Vargel C，Jacques M，Schmidt M P. Corrosion of aluminium ［M］. Amsterdam：Elsevier，2004.

［96］ Shen S C，Chen Q，Chow P S，et al. Steam-assisted solid wet-gel synthesis of high-quality nanorods of boehmite and alumina ［J］. Journal of Physical Chemistry C，2007，111：700-707.

［97］ Yoganandan G，Balaraju J N，William Grips V K. The surface and electrochemical analysis of permanganate based conversion coating on alclad and unclad 2024 alloy ［J］. Applied Surface Science，2012，258：8880-8888.

［98］ Nguyen T D，Dinh C T，Do T O. Two-phase synthesis of colloidal annular-shaped CexLa1-xCO$_3$OH nanoarchitectures assemblied from small particles and their thermal conversion to derived mixed oxides ［J］. Inorganic Chemistry，2011，50：1309-1320.

［99］ Alexander M R，Payan S，Duc T M. Interfacial interactions of plasma-polymerized acrylic acid and an oxidized aluminium surface investigated using XPS，FTIR and poly （acrylic acid） as a model compound ［J］. Surface and Interface Analysis，1998，26：961-973.

［100］ Kloprogge J T，Duong L V，Wood B J，et al. XPS study of the major minerals in bauxite：gibbsite，bayerite and （pseudo-） boehmite ［J］. Journal of Colloid and Interface Science，2006，296：572-576.

［101］ Huang X，Li N. Structural characterization and properties of lanthanum film as chromate replacement for tinplate ［J］. Applied Surface Science，2007，254：1463-1470.

［102］ Ji G J，Li M M，Li G H，et al. Hydrothermal synthesis of hierarchical micron flower-like γ-AlOOH and γ-Al$_2$O$_3$ superstructures from oil shale ash ［J］. Powder Technology，2012，215-216：54-58.

［103］ Zhang L，Lu W，Cui R，et al. One-pot template-free synthesis of mesoporous boehmite core-shell and hollow spheres by a simple solvothermal route ［J］. Materials Research Bulletin. 2010，45：429-436.

［104］ Xia Z，Zhang P，Wu Z，et al. Facile fabrication of stable superhydrophobic films on aluminum substrates ［J］. Journal of Materials Science，2012，47：2757-2762.

［105］ Jafari R，Menini R，Farzaneh M. Superhydrophobic and icephobic surfaces prepared by RF-sputtered polytetrafluoroethylene coatings ［J］. Applied Surface Science，2010，257：1540-1543.

［106］ Wu W，Chen M，Shan L，et al. Superhydrophobic surface from Cu-Zn alloy by one step O$_2$ concentration dependent etching ［J］. Journal of Colloid and Interface Science，2008，326：478-482.

［107］ Wan P，Wu J Y，Tan L L，et al. Research on super-hydrophobic surface of biodegradable magnesium alloys used for vascular stents ［J］. Materials Science and Engineering C，2013，33：2885-2890.

［108］ Han M，Go S，Ahn Y. Fabrication of superhydrophobic surface on magnesium substrate by chemical etching ［J］. Bulletin of the Korean Chemical Society，2012，33 （4）：1363-1366.

［109］ Azimi G，Dhiman R，Kwon H M，et al. Hydrophobicity of rare-earth oxide ceramics ［J］. Nature Materials，2013，12：315-320.

［110］ Zheng J Y，Bao S H，Guo Y，et al. Natural hydrophobicity and reversible wettability conversion of flat anatase TiO$_2$ thin film ［J］. ACS Applied Materials Interfaces，2014，6：1351-1355.

［111］ Argyris D，Ashby P D，Striolo A. Structure and orientation of interfacial water determine atomic force microscopy results：insights from molecular dynamics simulations ［J］. ACS Nano，2011，5：2215-2223.

第 5 章

金属润湿性转化表面

近年来，超润湿材料由于自身所具备的各种新颖及优异的性能受到越来越多的关注，在实际生活和工业生产领域中都发挥着举足轻重的作用，但是随着制备技术的不断进步和研究的逐渐深入，现有的单一型超疏水、超亲水功能材料已经不能完全满足人们的需求。随着科技的进步和发展，研究者们通过对固体表面润湿性的深入研究发现，制备润湿性可以在超疏水和超亲水之间转换的智能材料才能更好地满足需求。在此背景下，润湿性可以相互转化的表面，即智能润湿性表面应运而生。

通常而言，智能表面润湿性的调控常常通过以下两种途径来实现[1]。一种途径是表面微结构的调控，即依靠外界环境的刺激作用使固体表面的形貌发生可逆转变，从而使液滴在材料表面的状态发生响应和变化。例如韩艳春课题组[2]利用机械力拉伸使聚四氟乙烯（PTFE）膜发生轴向伸长而使晶体密度发生改变，进而引起材料表面润湿性从疏水到超疏水之间发生可逆变化。该课题组[3]还利用机械法加载/卸载轴向张力来操控表面具有微米级致密三角网状结构的弹性聚酰胺膜，成功实现了超疏水（151°）/超亲水（0°）的润湿性可控转换。Chuang 等[4]通过拉伸具有褶皱硅酸盐表层结构的聚二甲基硅氧烷（PDMS）复合膜，实现了接触角从64.3°到92.4°的转变。但是，由于当前技术手段的限制，表面微结构的调控难以实现在线控制，目前用该法调控材料表面润湿性的研究并不多。另一种途径是表面自由能调控，即在保持材料表面形貌的条件下，利用外界环境的刺激作用定向改变材料表面化学组成从而改变表面自由能，使液滴在表面的接触角相应地发生变化。通过表面自由能调控可以快速、有效地实现材料表面润湿性的在线操控，具有潜在的工业应用前景。因此该方法正受到日益广泛的关注。

润湿性可逆转换的材料主要有如 V_2O_5、TiO_2、WO_x、ZnO 等对光敏感的半导体金属氧化物，还有一些对 pH 值、温度、光照等刺激响应的聚合物、胶体晶体薄膜。然而对于在金属基底上实现可逆转换的报道却很少。因此寻找一种简便、快速的方法在高强铝合金基底上实现润湿性可逆转换非常必要，而且以前的报道没有考察过经过可逆转换后膜层性能的变化。本章通过简单的退火处理及再修饰处理使样品在超亲水和超疏水之间实现了可逆转换，并对处于不同状态样品的润湿性能、表面形貌、膜层组成，以及可逆转换后膜层的防护性能和自清洁性能进行了表征和研究，并与可逆转换前样品的性能进行了对比研究。

5.1 AZ31 镁合金润湿性转化表面

5.1.1 样品制备

（1）预处理
使用 200 号、400 号、800 号无锡金相砂纸依次打磨 AZ31 镁合金表面至光亮且无明显划痕，之后用去离子水冲洗，在无水乙醇中超声清洗 5min 除油，取出后用超纯水冲洗干净。为了活化基底，AZ31 镁合金在 6 mol/L 稀硫酸溶液中刻蚀 10 s，记为预处理镁合金（pre-Mg）。

（2）实验样品的制备

将 pre-Mg 浸入含有 $Zr(SO_4)_2 \cdot 4H_2O$(0.06 mol/L) 和 $KF \cdot H_2O$(0.3 mol/L) 的混合转化液（40 ℃）中反应 5 min。然后将化学转化后的样品在持续加热的沸水中封闭处理 15 min，结束后立即取出，冷风吹干后浸入 30 mL 硬脂酸(0.24g)-乙醇溶液中化学修饰 1 h，修饰结束后放置在 80 ℃烘箱中固化 1 h。无机氟盐/硬脂酸、盐超疏水复合涂层的制备过程如图 5.1所示（彩色版见书后）。

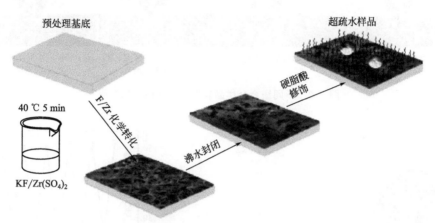

图 5.1 无机氟盐/硬脂酸盐超疏水复合涂层的制备

5.1.2 润湿性能表征

图 5.2 为不同镁合金样品表面的润湿性表征结果。由图 5.2(a) 可知，空白镁合金表面的静态水接触角为 57.0°，为亲水性表面。经过 F/Zr 化学转化后 [图 5.2(b)] 和沸水封闭处理后 [图 5.2(c)] 的表面接触角均为 0°，为超亲水性表面。接着经过硬脂酸修饰后的表面，水接触角高达 160.4° [图 5.2(d)]，且黏附性极低，滚动角约 1° [图 5.2(e)]，水滴与超疏水性表面的接触形式符合 "Cassier-Baxter" 模型。而仅去掉沸水封闭处理步骤制备的样品表面水接触角约为 158.4° [图 5.2(f)]，滚动角约为 5.0° [图 5.2(g)]，再次证实沸水封闭过程对改善表面润湿性的必要性。

同理，实验发现无机氟盐/硬脂酸盐超疏水镁合金复合涂层表面也能实现润湿性可逆转换。图 5.3(a) 为 2 μL 的水滴在超疏水镁合金涂层样品经过紫外光照和真空放置后的表面形态。新鲜制备的超疏水镁合金表面水接触角为 160.4°，当超疏水样品在紫外光（UV）下照射 24 h 后，表面才从超疏水变为超亲水。相比超疏水铝合金样品，镁合金样品所需 UV 照射时间更长，可能是微观粗糙结构差异所引起的。接着将样品在 60 ℃真空干燥箱中放置 48 h 后，表面又恢复超疏水状态。

在 5 次紫外光照-真空放置循环之后，镁合金复合涂层也能恢复超疏水性〔图 5.3(b)〕。

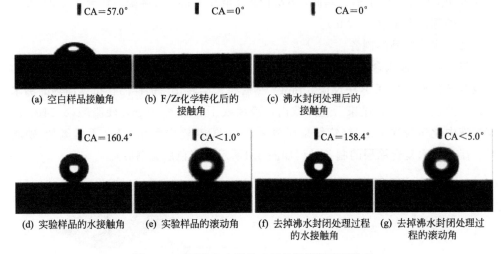

图 5.2　不同镁合金样品表面的润湿性表征结果

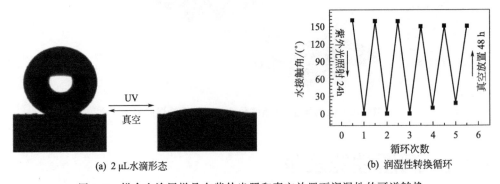

图 5.3　镁合金涂层样品在紫外光照和真空放置下润湿性的可逆转换

5.1.3　表面形貌表征

　　图 5.4 为 AZ31 镁合金经过不同步骤处理后其表面的 FE-SEM 图像。空白镁合金表面无微观特殊结构，仅存在轻微的划痕和金属缺陷孔〔图 5.4(a)〕。经过稀硫酸刻蚀后的镁合金表面产生了很多微纳米絮状物，表面粗糙度增加，这有利于后续 F/Zr 化学转化产物的沉积〔图 5.4(b)〕。经过 F/Zr 化学转化后，表面生成了均匀的纳米纤维网状结构，网状结构之间的孔径在微米级大小〔图 5.4(c)〕。紧接着进行了沸水封闭处理，其结果如图 5.4(d) 所示，纳米纤维网状结构表面可能新产生了氧化物，这些氧化物封闭了微米孔洞，使得表面粗糙度增加，这是制备低黏附性超疏水表面的关键。图 5.4(e) 为硬脂酸修饰后的超疏水镁合金表面，其与沸水封闭处理后的表面形貌几乎一致。

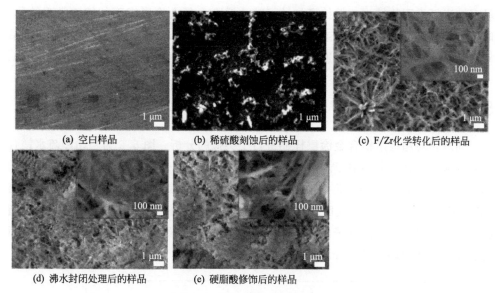

(a) 空白样品　　　　　(b) 稀硫酸刻蚀后的样品　　　　　(c) F/Zr化学转化后的样品

(d) 沸水封闭处理后的样品　　　　　(e) 硬脂酸修饰后的样品

图 5.4　AZ31 镁合金经不同步骤处理后其表面的 FE-SEM 图像

同样，考察了超疏水镁合金复合涂层样品在第 5 次循环的 UV 照射后［图 5.5（a）、（b）］和真空放置后［图 5.5(c)、(d)］的 FE-SEM 图像。结果显示表面依然

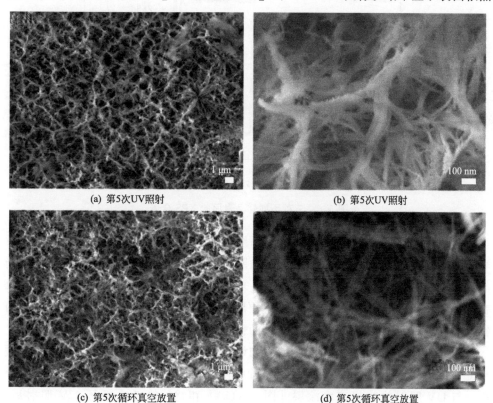

(a) 第5次UV照射　　　　　(b) 第5次UV照射

(c) 第5次循环真空放置　　　　　(d) 第5次循环真空放置

图 5.5　镁合金涂层样品的 FE-SEM 图像

呈现纳米纤维网状结构，保持了初始超疏水镁合金复合涂层表面的特殊微观结构。即不管是经过循环紫外光照或是循环真空放置后，表面仍然保持理想的微观粗糙结构，这是表面实现润湿性可逆转换的基础。

5.1.4 表面组分表征

同理，对超疏水镁合金涂层样品进行了类似的分析。图 5.6 为初始超疏水镁合金复合涂层样品、第 5 次循环 UV 照射后样品以及经过第5次真空放置后样品的 XPS 全谱。结果显示经过第 5 次循环 UV 照射后样品表面的 C 1s 峰明显减弱，第5 次循环真空放置后样品表面的 C 1s 峰相对增加。同样地，分别归因于表面硬脂酸分子层的降解和泵油分子的吸附。调控了在紫外光照-真空放置循环过程中表面能的变化，从而调控了复合涂层表面润湿性的变化。

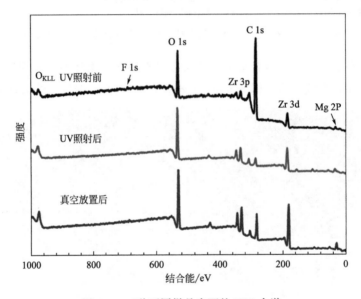

图 5.6　三种不同样品表面的 XPS 全谱

图 5.7 为超疏水镁合金复合涂层样品经过第 5 次 UV 照射和第 5 次真空放置后表面的 FTIR 光谱。同样地，经循环 UV 照射后以及真空放置后，FTIR 光谱中仍然观察到在高频区对应于亚甲基（—CH$_2$）的不对称和对称伸缩振动吸收峰；以及在 1536 cm^{-1} 和 1459 cm^{-1} 处，形成了硬脂酸盐（COO—Zr 和 COO—Mg 键）的特征峰，表明复合涂层表面硬脂酸盐中的长碳链也还存在。

同理，为了确认水吸附的增加，对初始超疏水镁合金复合涂层样品、第 5 次循环 UV 照射后样品和第 5 次循环真空放置后样品表面的 O 1s 高分辨图谱进行了分析。与 UV 照射前的超疏水涂层［图 5.8(a)］相比，第 5 次循环 UV 照射后，O 1s 峰较高结合能处肩部明显更宽，峰强度增加［图 5.8(b)］，表明了水分子的物理吸附，促进表面变为超亲水性[5]。在第 5 次循环真空放置后，O 1s 峰较高结合能处的峰强度又回到初始状态［图 5.8(c)］，即表面吸附在氧空位的羟基逐渐被氧原子取代，促使表面从超亲水性回到超疏水性[6]。

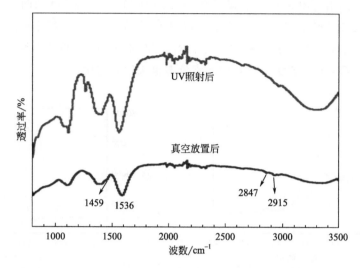

图 5.7　超疏水镁合金复合涂层样品经第 5 次 UV 照射和
第 5 次真空放置后表面的 FTIR 光谱

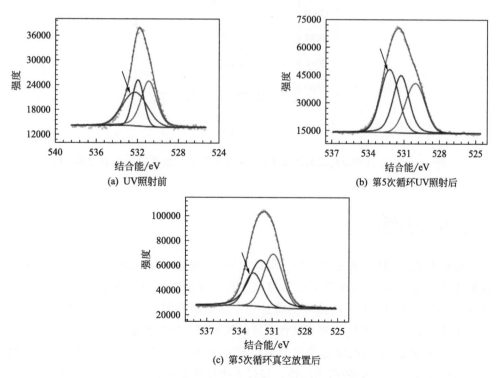

(a) UV 照射前

(b) 第5次循环UV照射后

(c) 第5次循环真空放置后

图 5.8　不同 AZ31 镁合金的 O 1s 高分辨图谱

超疏水镁合金复合涂层经过第 5 次循环紫外光照和第 5 次循环真空放置后，Mg 2p、Zr 3d 和 C 1s 等元素高分辨图谱结果也几乎未变。即 Mg 2p 的高分辨图谱在 49.8 eV 和 51.2 eV 处显示两个主要峰，归属于 MgO 和 MgF_2 ［图 5.9(a)］[7]。Zr 3d 高分辨图谱［图 5.9(b)］显示在 183.2 eV 和 185.3 eV 处的两个主峰，分别对应于 Zr 3d 5/2 和 Zr 3d 3/2，代表锆以 Zr^{4+} 态存在。C 1s 高分辨图谱［图 5.9(c)］可以拟合成三个部分，284.6 eV、284.9 eV 和 289.0 eV 的峰分别对应于 C—C、C—H 和 O—C═O。证实了这几种元素价态也未发生变化。

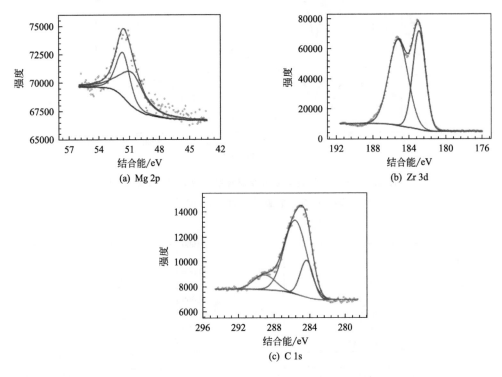

图 5.9　AZ31 镁合金超疏水涂层样品经紫外光照-真空放置后 XPS 高分辨图谱

5.1.5　小结

超疏水 AZ31 镁合金复合涂层（即无机氟盐/硬脂酸盐超疏复合水涂层）表面在紫外光照-真空放置循环下实现了超润湿性可逆转换。通过接触角（CA）、FE-SEM、XPS 和 FTIR 对 5 次循环实验过程中涂层表面润湿性、微观形貌和化学组成的表征分析结果，推测了超润湿性可逆转换机制。其主要结论如下：

① 无机氟盐/硬脂酸盐超疏水复合涂层在紫外光照-真空放置循环刺激下，能实现超疏水-超亲水之间的可逆转换；经过 5 次循环实验后，表面仍显示超疏水性。

金属特殊润湿性表面制备
及性能研究

② 紫外光照-真空放置循环过程中复合涂层表面润湿性、形貌和化学组成的分析结果表明，保持微观形貌几乎不变的情况下，在紫外光照-真空放置循环的刺激下，主要通过低表面能物质的降解和吸附来调控超疏水复合涂层的表面能，调控表面的润湿性变化。另外，紫外光照后表面可能会产生氧空位，加上无机氟化物涂层的表面强极性，更加有利于水分子吸附，促进表面向亲水性转变；真空放置后，氧吸附逐渐取代水吸附，促进表面向疏水性转变。两种协同作用下实现了无机氟盐/硬脂酸盐超疏水复合涂层表面的超润湿性可逆转换。

5.2　7075铝合金润湿性转化表面

5.2.1　样品制备

（1）预处理

使用 200 号、400 号、800 号无锡金相砂纸依次打磨 7075 铝合金表面至光亮且无明显划痕，之后用去离子水冲洗，在无水乙醇中超声清洗 5 min 除油，取出后用超纯水冲洗干净。为了活化基底，将 7075 铝合金在 6 mol/L 稀硫酸溶液中刻蚀 30 s，记为预处理铝合金（pre-Al）。

（2）实验样品的制备

将 pre-Al 浸入含有 $Zr(SO_4)_2 \cdot 4H_2O(0.06\ mol/L)$ 和 $KF \cdot H_2O(0.3\ mol/L)$ 的混合转化液（40 ℃）中反应 5 min。然后将化学转化后的样品在持续加热的沸水中封闭处理 15 min，结束后立即取出，冷风吹干后浸入 30 mL 硬脂酸 （0.24g）-乙醇溶液中化学修饰 1 h，修饰结束后放置在 80 ℃烘箱中固化 1 h。

5.2.2　润湿性能表征

由图 5.10(a) 可知，空白铝合金表面的静态水接触角为 37.0°，为亲水性表面。稀硫酸刻蚀后再经过 F/Zr 化学转化后的表面接触角为 0°，为超亲水表面 [图 5.10(b)]。经过沸水封闭处理后，其表面仍呈现超亲水状态，接触角也为 0° [图 5.10(c)]。接着经过硬脂酸修饰后的表面，水接触角高达 159.3° [图 5.10(d)]，滚动角约 1.0° [图 5.10(e)]，水滴与超疏水表面的接触形式符合 "Cassier-Baxter" 模型。实验中，我们考察了沸水封闭过程的作用：若仅去掉沸水封闭过程，所制备的样品虽然能达到超疏水性（接触角约 156.7°）[图 5.10(f)]，但黏附性稍增大（滚动角约 2.0°）[图 5.10(g)]，且涂层易脱落；而经过沸水封闭处理过的超疏水表面黏附性更小。说明沸水封闭过程改善了表面的润湿性。

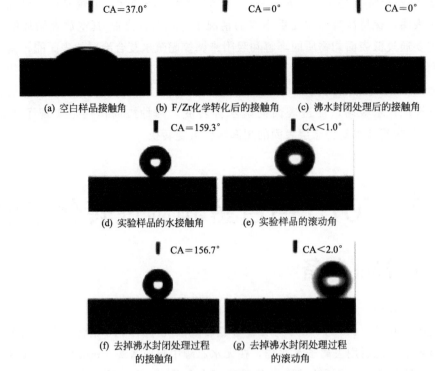

(a) 空白样品接触角　　(b) F/Zr化学转化后的接触角　　(c) 沸水封闭处理后的接触角

(d) 实验样品的水接触角　　(e) 实验样品的滚动角

(f) 去掉沸水封闭处理过程　　(g) 去掉沸水封闭处理过程
　　的接触角　　　　　　　　　的滚动角

图 5.10　7075Al 不同样品表面的润湿性表征结果

　　图 5.11(a) 为 2 μL 水滴在无机氟盐/硬脂酸盐超疏水铝合金复合涂层样品表面经过紫外光（UV）照射和真空放置后的润湿状态。新鲜制备的超疏水铝合金表面水接触角为 159.3°，当表面在紫外光（15 W，$\lambda = 254$ nm）下照射 12 h 后，从超疏水变为超亲水状态，水接触角接近 0°，接着将样品在 60 ℃真空干燥箱中放置 48 h 后，表面又恢复超疏水状态。表明通过紫外光照-真空放置循环刺激方式，实现了超疏水铝合金复合涂层表面的超润湿性转换。为了研究特殊润湿性转换过程的可逆性，进行了 5 次紫外光照-真空放置循环实验，如图 5.11(b) 所示，在 5 次紫外光照-真空放置循环之后，铝合金复合涂层能恢复超疏水性。

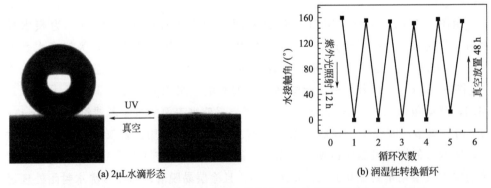

(a) 2μL水滴形态　　　　　(b) 润湿性转换循环

图 5.11　铝合金涂层样品在紫外光照射和真空放置下润湿性的可逆转换

5.2.3 表面形貌表征

图 5.12 为 7075Al 经不同步骤处理后其表面的 FE-SEM 图像。空白铝合金和经硫酸刻蚀后的表面均无特殊微观结构，平坦表面伴随着轻微的划痕和金属缺陷孔存在 [图 5.12(a)、(b)]。经过稀硫酸刻蚀后的表面宏观上更光亮，可能源于稀硫酸溶解了空白基底表面的氧化物。经过 F/Zr 化学转化后，表面产生了由纳米球（直径约 1~2 nm）底层和均匀分布的一簇簇"水稻叶"（叶片宽度约 0.5~1 μm）表层组成的分层结构，但纳米球底层有少许裂缝产生，如图 5.12(c)、(d) 所示。紧接着进行沸水封闭处理，其结果如图 5.12(e)、(f) 所示，底层裂缝消失，推测沸水封闭处理使经 F/Zr 化学转化后表面微观结构更加致密。图 5.12(g)、(h) 为经过低表面能物质（硬脂酸）修饰后的超疏水铝合金表面，几乎保留了和修饰前一致的形貌，证实了修饰过程对表面微观形貌的影响很小。

图 5.13 为超疏水铝合金复合涂层样品在第 5 次循环的紫外光照后 [图 5.13(a)、(b)] 和真空放置后 [图 5.13(c)、(d)] 的 FE-SEM 图像。从图中可以看出，铝合金复合涂层样品经过第 5 次循环实验后，表面依然呈现由"水稻叶"片表层和纳米球底层组成的分层粗糙结构，与新鲜制备的超疏水铝合金复合涂层样品的微观形貌保持一致。

(a) 空白样品表面　　　　　　　　　　　　(b) 硫酸刻蚀后的样品表面

(c) F/Zr化学转化后的表面　　　　　　　　(d) 图(c)的局部放大图

图 5.12

(e) 沸水封闭处理后的表面　　　　　　　　(f) 图(e)的局部放大图

(g) 硬脂酸修饰后的表面　　　　　　　　(h) 图(g)的局部放大图

图 5.12　7075Al 经不同步骤处理后其表面的 FE-SEM 图像

(a) 第5次循环UV照射后　　　　　　　　(b) 第5次循环UV照射后

(c) 第5次循环真空放置后　　　　　　　　(d) 第5次循环真空放置后

图 5.13　铝合金涂层样品的 FE-SEM 图像

5.2.4　表面组分表征

考虑表面化学组成和表面微观粗糙度是控制表面润湿性的两个主要因素，循环UV照射后和真空放置后涂层的表面微观形貌几乎没有变化。因此，推测这种可逆润湿性转换现象是由表面光敏性导致涂层的化学组成变化的结果。为了深入探索循环UV照射-真空放置过程中润湿性可逆转换的机理，对第5次循环 UV 照射和第5次循环真空放置后的表面成分进行了 XPS 和 FTIR 表征分析。图 5.14 为初始超疏水复合涂层样品、第 5 次循环 UV 照射后样品以及经过第 5 次真空放置后样品的 XPS 全谱，结果显示第 5 次循环 UV 照射后，表面的硬脂酸分子层被 UV 光降解，导致 C 1s 峰明显减弱[8]，增加了表面能，这有利于表面向超亲水性转变。经过第 5 次循环真空放置后，表面 C 1s 峰又相对增强，根据文献报道[9]，这是由于真空干燥箱内少量泵油分子吸附在表面，降低了表面能，有助于表面向超疏水性转变。

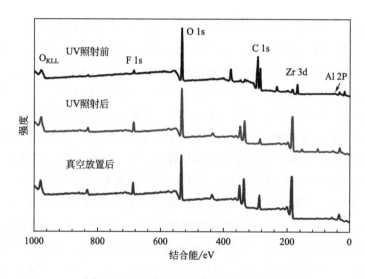

图 5.14　不同 7075 铝合金的 XPS 全谱

图 5.15 为超疏水复合涂层样品经过第 5 次循环 UV 照射和第 5 次真空放置后表面的 FTIR 光谱。FTIR 光谱中均能观察到位于 2919 cm^{-1}和 2849 cm^{-1}处的峰，分别对应于亚甲基（—CH$_2$）的不对称和对称伸缩振动吸收峰，而在低频区 1701 cm^{-1}处羧基（—COOH）的特征峰消失，证实了涂层表面吸附的硬脂酸分子被降解；但位于 1536 cm^{-1} 和 1459 cm^{-1}处形成的硬脂酸盐（COO—Zr 和 COO—Al 键）的特征峰保留，表明涂层表面硬脂酸盐中的长碳链还存在。虽然 UV 照射可以降解吸附在表面的硬脂酸分子，导致表面能增加，提高表面的亲水性；但 UV 照射后表面的硬脂酸盐仍然存在，硬脂酸盐中的长碳链也会降低表面能。因此，我们推测 UV 照射后，表面从

超疏水转变为超亲水状态还可能有其他作用。

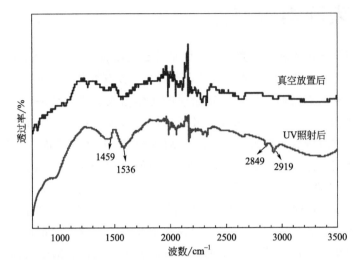

图 5.15　超疏水复合涂层样品经第 5 次循环 UV 照射和第 5 次循环真空放置后表面的 FTIR 光谱

ZnO、TiO$_2$、WO$_3$、SnO$_2$ 超疏水表面[9]经过 UV 照射后会产生电子-空穴对，一些空穴可与晶格氧反应以形成表面氧空位。表面氧空位会使水分子优先吸附，从而使表面产生超亲水性。因此，推测所制备的超疏水涂层在 UV 照射后，也可能产生了氧空位，促进了水分子的吸附，有利于表面从超疏水性转变为超亲水性。另外，表面极性的增强，会促进表面亲水性的增强[10-13]，无机氟盐涂层通常是极性表面，氟原子容易与界面水分子形成氢键网络，更有利于水分子的吸附，增强表面亲水性。为了确认水的吸附增加，分析了初始超疏水涂层样品、第 5 次循环 UV 照射和第 5 次真空放置后的涂层表面 O 1s 高分辨图谱。与 UV 照射前的超疏水涂层 [图 5.16(a)] 相比，第 5 次循环 UV 照射后，O 1s 峰在较高结合能处肩部明显更宽，峰强度增加 [图 5.16(b)]，这归因于水分子的物理吸附作用[5,6]，促进了涂层表面的亲水性。在第 5 次循环真空放置后，O 1s 峰的较高结合能处的峰强度又回到初始状态 [图 5.16(c)]，这是由于表面暴露于真空下，倾向于促进热力学上氧的优先吸附，吸附在氧空位的羟基逐渐被氧原子取代[6]，有利于表面回到超疏水状态。

超疏水铝合金复合涂层经过第 5 次循环 UV 照射后，Al 2p、Zr 3d、C 1s 和 F 1s 高分辨图谱结果与第 5 次循环真空放置后一致。即 Al 2p 的高分辨图谱在 74.5 eV 和 5.2 eV 处显示两个主要峰，归属于 Al$_2$O$_3$ 和 AlF$_3$ [图 5.17(a)][7]。Zr 3d 高分辨图谱 [图 5.17(b)]显示在 183.2 eV 和 185.3 eV 处的两个主峰，分别对应于 Zr 3d 5/2 和 Zr 3d 3/2，代表锆以 Zr^{4+} 态存在。C 1s 高分辨图谱 [图 5.17(c)] 可以拟合成三个峰，284.6 eV、284.9 eV 和 289.0 eV 的峰分别对应 C—C、C—H 和 O—C＝O。F 1s的高分辨图谱 [图 5.17(d)] 拟合成结合能为 684.8 eV 和 685.8 eV 的两个峰，分别对应于 ZrF$_4$ 和 AlF$_3$。证实了这几种元素价态未发生变化。

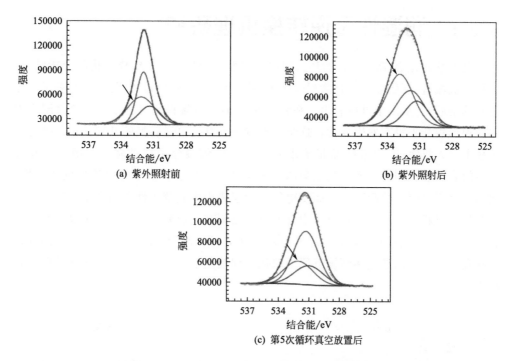

图 5.16 超疏水铝合金复合涂层的 O 1s 高分辨谱图

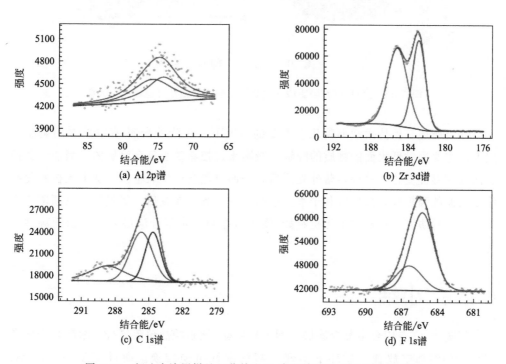

图 5.17 超疏水涂层样品经紫外光照-真空放置后 XPS 高分辨谱图

5.2.5 润湿性可逆转换机理研究

根据紫外光照-真空放置循环过程中润湿性、形貌和化学组成变化的分析结果，可将无机氟盐/硬脂酸盐复合涂层表面极端润湿性可逆转换过程用图 5.18 表示（彩色版见书后）。从图中可以看出，在紫外光照-真空放置循环过程中，复合涂层表面的微观形貌几乎没有发生变化，这是实现特殊润湿性可逆转换的基础。在紫外光照过程中，无机氟盐/硬脂酸盐超疏水复合表面硬脂酸分子层被降解，增大了复合涂层的表面能；同时，紫外光照会诱导表面产生氧空位，加上无机涂层的强极性，更加有利于水分子的吸附，从而使得复合涂层表面由超疏水性向超亲水性转变。在真空放置过程中，真空干燥设备中泵油分子吸附在涂层表面，又降低了复合涂层的表面能；另外，表面暴露于一定真空环境下，倾向于增加热力学上氧优先吸附，吸附在氧空位上的羟基逐渐被氧原子取代，促使复合涂层表面由超亲水性转变为超疏水性。

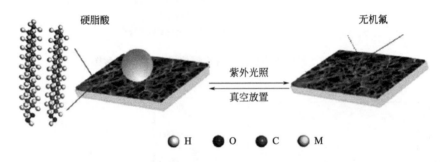

图 5.18　无机氟盐/硬脂酸盐复合涂层表面润湿性可逆转换的示意

综上所述，保持微观形貌几乎不变的情况下，在紫外光照-真空放置的刺激方式下，主要通过低表面能物质的降解和吸附来调控超疏水复合涂层的表面能，调控表面的润湿性变化。另外，紫外光照后，表面可能会产生氧空位，加上无机氟化物涂层表面的强极性，会更有利于水分子的吸附；真空放置后，氧吸附又逐渐取代水吸附。两种协同作用实现了无机氟盐/硬脂酸盐超疏水复合涂层表面的超润湿性可逆转换。

5.2.6 小结

超疏水 7075 铝合金复合涂层（即无机氟盐/硬脂酸盐超疏复合水涂层）表面在"紫外光照-真空放置"循环下实现了超润湿性可逆转换。通过 CA、FE-SEM、XPS 和 FTIR 对 5 次循环实验过程中涂层表面润湿性、微观形貌和化学组成的表征分析结果，推测了超润湿性可逆转换机制。其主要结论如下。

① 无机氟盐/硬脂酸盐超疏水复合涂层在紫外光照-真空放置循环刺激下，能实现超疏水-超亲水之间的可逆转换；经过 5 次循环实验后，表面仍显示超疏水性。

② 紫外光照-真空放置循环过程中复合涂层表面润湿性、形貌和化学组成的分析结果表明，保持微观形貌几乎不变的情况下，在"紫外光照-真空放置"的刺激方式下，主要通过低表面能物质的降解和吸附来调控超疏水复合涂层的表面能，调控表面的润湿性变化。另外，紫外光照后，表面可能会产生氧空位，加上无机氟化物涂层的表面强极性，更加有利于水分子吸附，促进表面向亲水性转变；真空放置后，氧吸附逐渐取代水吸附，促进表面向疏水性转变。两种协同作用下实现了无机氟盐/硬脂酸盐超疏水复合涂层表面的超润湿性可逆转换。

5.3　2024 铝合金润湿性转换表面

5.3.1　样品制备

（1）前处理

将 2024 铝合金经线切割加工成直径为 11.28 mm、高度为 3.5 mm 的圆片状，首先依次用 200 号、400 号、800 号的无锡金相砂纸打磨至镜片后用去离子水冲洗干净，然后在无水乙醇中超声清洗 5 min，接着取出样品用超纯水冲洗干净后备用。

（2）水热法制备

将经过前处理的 2024 铝合金迅速放入体积为 45 mL 的聚四氟乙烯高压反应釜中，加入 15 mL 浓度为 0.001 mol/L 的硝酸镧溶液，将高压反应釜密封放入已恒温（120 ℃）的鼓风干燥箱中水热 3 h 后取出，冷却至室温，取出样品后超纯水冲洗干净并冷风吹干备用。

（3）自组装修饰

将 0.2 mL 的十二氟庚基丙基三甲氧基硅（Actyflon-G502）和 14.8 mL 的无水乙醇混合，常温下磁力搅拌 2 h 至均匀。将经过水热处理后的样品放入配置好的溶液中，恒温水浴 25 ℃下浸泡修饰 24 h，接着取出样品放入 160 ℃烘箱中固化 1 h 后取出自然冷却至室温。

（4）润湿性转换

将稀土超疏水 2024 铝合金放入马弗炉中在 300 ℃条件下退火 1 h，升温速率为 5 ℃/min，自然冷却后取出。接着将退火后的 2024 铝合金用 Actyflon-G502 进行自组装修饰后固化。

5.3.2 润湿性能表征

图 5.19(a)～(d) 分别为经过硝酸镧水热后、进一步修饰后、退火后和再修饰后的静态接触角测量结果。经过前面的讨论我们已经知道，经过硝酸镧水热后的样品接触角（CA）约为 0°［图 5.19(a)］，进一步用低表面能物质 Actyflon-G502后，样品从超亲水变为超疏水［图 5.19(b)］，接触角能达到 160°。图 5.19(c) 为将所制备的超疏水样品放入马弗炉中 300 ℃的条件下退火 1 h 后的润湿性结果，可以看到样品又变回了超亲水。对经过退火的样品用 Actyflon-G502 进行再次修饰，样品又变为超疏水，且其静态接触角几乎没有变化，依然能达到 160°。以上结果说明，我们可以通过再修饰和退火两种手段在 2024 铝合金表面上实现超疏水-超亲水的可逆转换。

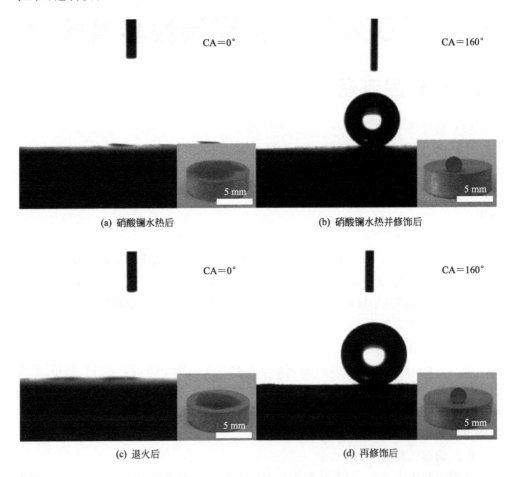

图 5.19　不同样品的润湿性结果

金属特殊润湿性表面制备
及性能研究

为了进一步测试样品在超疏水和超亲水之间可逆转换的稳定性，我们按照以上再修饰和退火过程重复了 5 个循环，图 5.20 为测试结果。从图 5.20(b) 可以看到样品经过 5 次循环后静态接触角依然能达到约 160°（以下将经过 5 次可逆循环的超疏水样品简称为 SHS-5-循环）。由此可见，在 300 ℃退火和再修饰的作用下，2024 铝合金在超亲水和超疏水两种极端润湿性之间有非常好的循环稳定性。

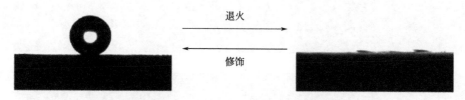

(a) 液滴在修饰后样品表面的图片(左) 和液滴在退火后样品表面的图片(右)

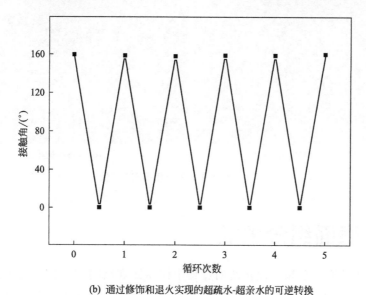

(b) 通过修饰和退火实现的超疏水-超亲水的可逆转换

图 5.20　润湿性可逆转换

5.3.3　表面形貌表征

图 5.21 为样品经过不同处理后的 FIB-SEM 图。图 5.21(a)、（b）分别为硝酸镧水热及进一步修饰后的微观形貌图，前面已经做了详细讨论。图 5.21(c) 为所制备的超疏水 2024 铝合金经过 300 ℃退火后的微观形貌，可以看到与退火前［图 5.21(b)］相比，样品的微观结构略微密集。图 5.21(d) 为经过 5 个可逆转换循环后的微观形貌图，相比于基础样品，其形貌变得更加密集，依然是纳米结构，从而形成更多"空气垫"阻碍液滴接触样品表面。

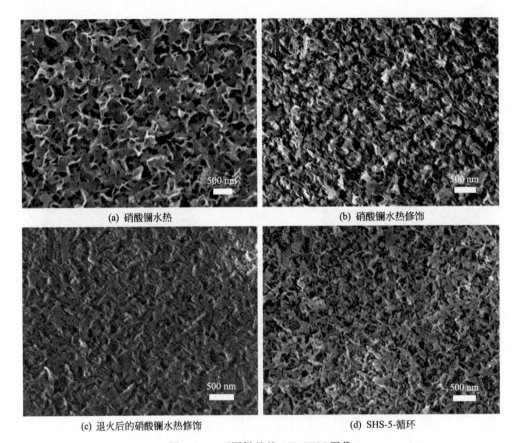

(a) 硝酸镧水热

(b) 硝酸镧水热修饰

(c) 退火后的硝酸镧水热修饰

(d) SHS-5-循环

图 5.21　不同样品的 FIB-SEM 图像

5.3.4　表面组分表征

上面已经讨论了在润湿性转变的过程中样品微观结构的变化，为了进一步探究 2024 铝合金表面上的可逆循环的润湿性，对这个过程中样品表面的化学组成进行了测试。图 5.22 为超疏水样品在退火前后的 XPS 测试结果。从中可以看出，所制备的超疏水样品在经过退火处理以后表面依然存在 La、F、O、C、Si 和 Al 几种元素，然而含量却发生了显著的变化。图 5.22(b) 为 C 1s 在退火前后的高分辨率图，C 1s 的含量如预期一样降低了，从 22.07％降低至 12.80％，这是样品在经过高温退火的环境后使得 Actyflon-G502 分子分解所致。而 F 的含量也如预期一样降低了，图 5.22(c) 为 F 1s 的高分辨率图，其含量也从 8.49％降至 2.15％。但是从以上的分析得到，C 和 F 的含量依然分别还剩下 12.80％和 2.15％，除掉空气中储存过程中的污染 C，也证明 Actyflon-G502 不能完全被清除。然而样品经过 300 ℃退火 1 h 后静态接触角能达到 0°［图 5.22(c)］，这就说明残留的 C 和 F 很可能是以物理吸附的方式停留在样品表面，所有剩余的物质不会影响样品的再修饰

金属特殊润湿性表面制备
及性能研究

过程。

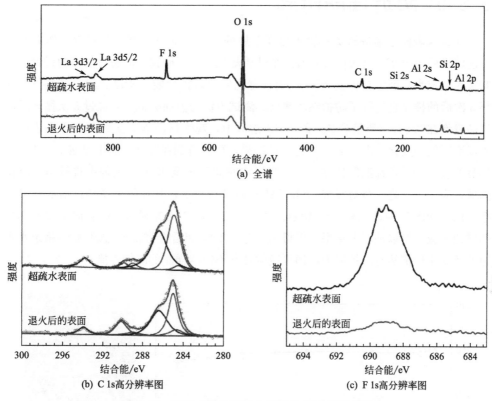

(a) 全谱

(b) C 1s高分辨率图

(c) F 1s高分辨率图

图 5.22　超疏水样品在退火前后的 XPS 测试结果

图 5.23 为退火后样品的 La 3d 高分辨率谱图，从中可以得出结论，退火过程不会导致 La 元素的消失或减少。

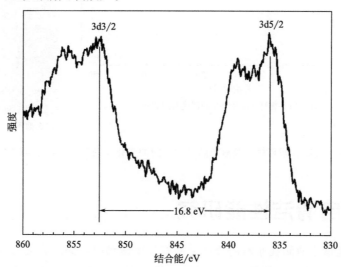

图 5.23　退火后样品的 La 3d 高分辨率谱图

5.3.5 防护性能研究

在金属表面上制备超疏水膜来提高金属的防护性能已经有一些报道，然而对于可逆转换后超疏水膜是否依然具有这个性质却没有深入研究。而通过前面的讨论，所制备的超疏水膜因为有稀土元素 La 而具有优异的防护性能，所以我们对经过可逆循环 5 次后的样品也进行了防护性能测试。测试方法与前面类似，将经过 5 次循环后的样品浸泡在 3.5%（质量分数）的 NaCl 溶液中，观察样品静态接触角及样品表面随着浸泡时间的变化。图 5.24(a) 为测试结果，可以看到在腐蚀介质中浸泡 1~24 h 后样品的静态接触角都能保持在 160°，当浸泡时间延长至 48 h 后其静态接触角有略微降低，为 157°。进一步对浸泡 48 h 后的样品进行拍照，并且与可逆循环前的样品进行对比，如图 5.24(b) 和（c）所示。从图中可以清楚地看到两样品表面都没有明显的腐蚀痕迹，所以从以上结果可以得出结论，2024 铝合金样品经过超疏水-超亲水可逆循环 5 次后依然有防护能力，即可逆循环并不影响样品的防护性能。

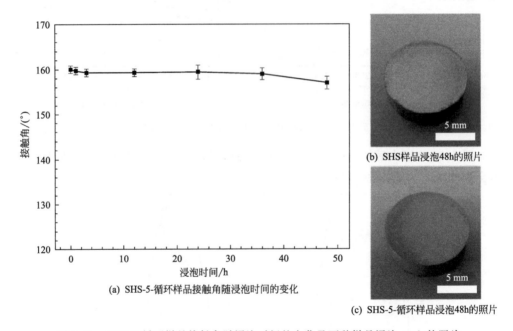

(a) SHS-5-循环样品接触角随浸泡时间的变化

(b) SHS样品浸泡48h的照片

(c) SHS-5-循环样品浸泡48h的照片

图 5.24　SHS-5-循环样品接触角随浸泡时间的变化及两种样品浸泡 48 h 的照片

5.3.6 自清洁性能研究

滚动角是指当液滴在倾斜的表面上刚好发生滚动时，倾斜表面与水平面所形成的夹角。图 5.25 为测试结果，测试过程中样品随着样品台倾斜，可以看到当倾斜至约为 3°时液滴就从样品表面快速滚落。可以得出结论，经过可逆循环 5 次后的超疏水样品具有很小的滚动角，即水滴与表面的黏附力非常弱，这十分有利于样品的自清洁功能。为了进一步验证水滴与表面几乎没有黏附力，图 5.26 测试了当用注射器针头将液滴挤压在超疏水样品上，并且左右移动样品台（图中箭头方向为样品移动方向）后，液滴与样品表面的接触情况。从结果中我们可以看出液滴随着注射器移动而没有黏附在超疏水表面上，这个结果表明经过 5 次可逆循环后的样品具有很强的对水的排斥能力。与可逆转换前的样品相比较，可以看到黏附性能明显降低，水滴不能黏附在表面上，而是从样品表面上滚落下来。而正是由于这种低黏附性能，液滴在超疏水表面上滚落时就能够带走污染物从而达到自清洁的目的，所以我们对样品的自清洁能力进行了测试。

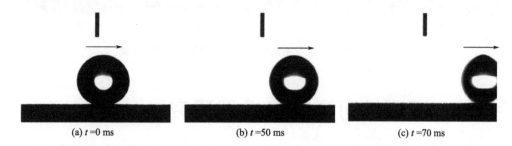

(a) t =0 ms　　　　　(b) t =50 ms　　　　　(c) t =70 ms

图 5.25　经过 5 次可逆循环的超疏水样品的滚动角

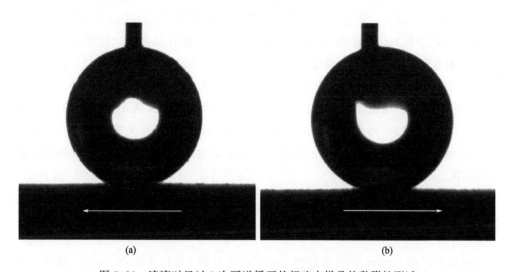

(a)　　　　　　　　　　　(b)

图 5.26　液滴对经过 5 次可逆循环的超疏水样品的黏附性测试

为了检验样品的实际自清洁能力，利用红色粉笔灰作为污染源，随机散落在样品表面，然后用胶头滴管滴水作为水源逐滴滴在样品表面。图 5.27（彩色版见书后）为测试结果，可以看到随着水滴的低落，粉笔灰完全随着水滴而滚落，最后样品的表面非常洁净。所以从以上实验结果和讨论我们可以看到经过 5 次超疏水-超亲水可逆循环的超疏水样品具有非常好的自清洁能力。从以上结果讨论发现样品的黏附性能在可逆转换前后有很大的区别，这主要是因为可逆循环后样品的纳米结构变得更加密集。正是因为密集的结构使得水滴更不容易进入纳米结构的缝隙中而导致的滚动角变小[14,15]。

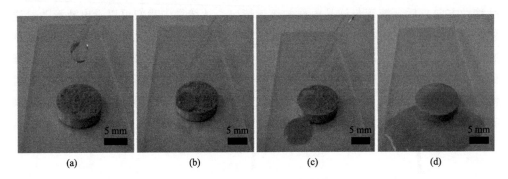

(a)   (b)   (c)   (d)

图 5.27　经过 5 次可逆循环的超疏水样品的自清洁性能

5.3.7　润湿性可逆转换机理研究

从前面的讨论可以看出在退火与再修饰的过程中，样品的微观形貌只是在密集度上发生了变化，但是都还是纳米结构，而样品表面的化学组成随着不同处理发生了很大的变化。退火过程使超疏水膜表面的低表面能物质 Actyflon-G502 分解，而再修饰过程又将 Actyflon-G502 通过自组装重新结合在样品表面。这个过程可用图 5.28 更加直观地表示出来。首先，我们通过硝酸镧溶液水热处理在 2024 铝合金基底上制备了超亲水的纳米结构，通过浸泡修饰表面 $C_{10}F_{12}H_9Si$(O—表面)$_3$，进一步退火处理，这一层超疏水的有机物膜层分解，因此表面又露出超亲水的La 和 Al 的（氢）氧化物层，再次经过 Actyflon-G502 修饰，样品表面又能形成 $C_{10}F_{12}H_9Si$(O—表面)$_3$ 而恢复超疏水性质。从图中也能知道这个可逆过程操作非常简便且能循环多次。

5.3.8　小结

制备的超疏水 2024 铝合金通过 300 ℃退火处理 1 h 和 Actyflon-G502 修饰 24 h 实现了超疏水-超亲水可逆转换。

FIB-SEM 结果表明在经过多次可逆循环后纳米结构变得更加密集。

XPS 结果表明样品经过退火后，表面的有机物层被分解，这使样品重新得到超亲水性能，而经过 Actyflon-G502 再修饰后，有机物又重新与表面上的羟基反应生成 $C_{10}F_{12}H_9Si$(O—表面)$_3$，这使样品又恢复到超疏水状态。

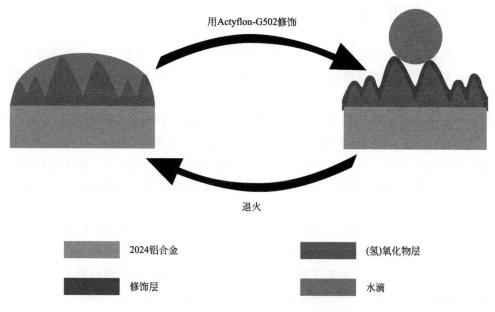

用Actyflon-G502修饰

退火

■ 2024铝合金		■ (氢)氧化物层	
■ 修饰层		■ 水滴	

图 5.28 超疏水-超亲水可逆转换示意

所制备的样品在经过超疏水-超亲水可逆转换 5 个循环后，依然具有优异的防护性能，但是相较于可逆循环之前黏附性能显著变低，使样品具有了自清洁能力。

通过退火和再修饰两种处理而形成的超疏水-超亲水可逆转换过程中，样品表面的微观形貌变得更加密集，但是依然保持纳米结构。而表面化学组成发生了剧烈变化，退火使表面低表面能物质分解，而再修饰过程又能恢复低表面物质与样品表面的结合。

5.4 金属智能润湿性转换表面

智能响应型润湿性表面指在外界环境的刺激下（温度、光照、电势或溶剂处理等）材料表面的接触角可以发生可逆变化的表面[16]。适当改变外界环境条件，可以实现表面润湿性在疏水与亲水之间，甚至在超疏水与超亲水之间转化。这种材料实际上是模仿生命系统行为的一个典型特例，当材料所处的环境发生细微的变化时，能够经历快速可逆的构象和化学组成变化[17]。随着研究的逐渐深入，这种特殊的智能响应型超浸润材料在很多领域中都发挥着越来越重要的作用，如生物的可控分离、药物释放、油水分离、诊断剂的递送和生物传感器等[18]。时下，各种无机氧化物薄膜和有机物材料经常被用作刺激敏感材料。

5.4.1 光响应

　　光是最重要的外部刺激之一。在许多刺激中,光照已被广泛用作润湿性有无的主要刺激,因为它可以提供非接触性刺激,精确控制激发(波长、方向和强度),出色的照明空间、时间分辨率和可扩展的微型化。它也具有生物相容性,已被用于以非侵入性和高度精确的方式在生物系统中引发应答。1997年,Wang等[19]首先报道了锐钛矿型 TiO_2 多晶膜,通过紫外光照射转换为超两亲性(超亲水性和超亲油性,其中水和油在表面上的接触角分别接近0°),表现出自清洁和防雾的特性。这项突破性的工作标志着光响应润湿性可逆转换的智能材料新时代的开始。

　　Yong 等[20]通过飞秒激光烧蚀钛(Ti)板,构建了微纳米级的粗糙二氧化钛(TiO_2)层。飞秒激光诱导的 TiO_2 表面不仅显示出分层的微观结构,而且还氧化了 Ti 材料,从而在表面覆盖了粗糙的 TiO_2 层。通过紫外光照射和避光保存,可以使制备好的表面在水中的油润湿性可逆地在水下超亲油性和水下超疏油性之间切换(图5.29)。除了 TiO_2,ZnO 是另一种重要的光响应性无机氧化物,具有光学、电子和声学特性。它显示出与 TiO_2 表面类似的润湿行为和转化机理。此外,他们通过飞秒激光烧蚀 Zn 表面制备了由微米/纳米级分层结构组成的粗糙 ZnO 层[21]。

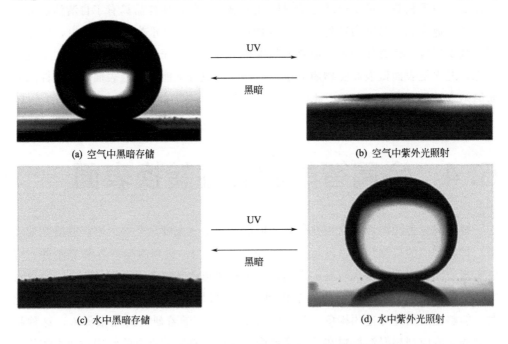

(a) 空气中黑暗存储　　　　　　　　　　(b) 空气中紫外光照射

(c) 水中黑暗存储　　　　　　　　　　　(d) 水中紫外光照射

图 5.29　交替的紫外光照射和黑暗存储下飞秒激光烧蚀的
Ti 表面上的油滴图像[20]

通过交替的紫外光照射和黑暗储存，所得表面显示出在超疏水性和准超亲水性之间的可切换润湿性。

江雷团队[22]通过两步法制备了具有特殊层次微结构/纳米结构的光敏 ZnO 涂层不锈钢网膜。该膜是疏水性的，并且由于大的负毛细作用，在黑暗存储后水不能渗透到网状膜中；而该膜是亲水性的，并且水可以快速散开并且在紫外光（UV）照射下渗透到网状膜中。Tian 等[23]使用相同的方法制备了光诱导的 ZnO 纳米棒阵列涂层不锈钢网，该网基于可切换的超疏水性、超亲水性和水下超疏油性表现出优异的可控水油分离性能。同样，Li 等[24]报告了通过化学气相沉积途径在不锈钢网上修饰 ZnO 纳米棒阵列。观察到在涂覆的网状物上超疏水性和超亲水性之间可逆的润湿性转变，并且可通过在紫外光照射和黑暗储存之间交替来实现可逆转变的智能操纵。

除无机化合物外，某些有机化合物还可表现出光响应性的润湿性。基于 α-环糊精/偶氮苯的光控分子穿梭自组装复合物在金表面上构建（图 5.30）[25]。通过将外部能量（紫外光/可见光）传递给分子机械运动，表面润湿性可逆地在疏水性和亲水性之间切换。

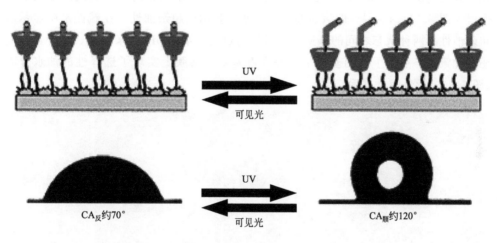

图 5.30　基于 α-环糊精/偶氮苯的光控分子穿梭自组装复合物
在金表面上的润湿性[25]

5.4.2　pH 响应

近年来，具有超润湿性的 pH 响应表面吸引了很多关注，因为它们可以应用于许多领域，例如药物输送、分离和生物传感器。Yu 等（张希小组）[26]制备了微纳米结构的粗糙金表面，然后用 $HS(CH_2)_9CH_3$ 和 $HS(CH_2)_{10}COOH$ 的混合物单层改性。对于 pH＝1 的酸性液滴，该表面是超疏水的，对于 pH＝13 的碱性液滴，该表面是超亲水的。表面羧酸基团的去质子化使所制备的单层具有 pH 响应的润湿行为。此外，他们制备了 pH 响应的 2-(11-巯基十一酰胺基)-苯甲酸(MUABA) 改性的粗糙金线表面[27,28]。该表面表现出 pH 响应行为，接触角发生了很大的变化，从几乎超疏水变为超亲水。球形水滴在带有接触角较大的金线上保持良好，表明在低 pH 值下几乎是超疏水的。如果使用 pH＝9.2 的水滴，则水滴会立即扩散到金线表面。金线的 pH 响应可润湿性可提供可调节的支撑力，以影响其漂浮。

最近，Wang 等[29]用 Ausputter 工艺和表面改性程序用 HS(CH$_2$)$_9$CH$_3$ 和 HS(CH$_2$)$_{10}$COOH 的混合硫醇制备 pH 响应油水分离铜网。通过类似的策略，他们还在不锈钢丝网上制备了 pH 响应的润湿性转化表面[30]。Li 等[31]通过静电纺丝选择性地分离油和水，在不锈钢网上制备了一种 pH 响应共聚物——聚(甲基丙烯酸甲酯)-嵌段-聚(4-乙烯基吡啶)(PMMA-*b*-P4VP)。

目前润湿性可切换的智能表面的研究主要集中在超疏水性和超亲水性之间的润湿转变。2014 年 Cheng 等在铜箔上制造了具有 pH 响应的油润湿性的表面[32]。纳米结构的铜网膜在不同的放大倍数下的 SEM 图像如图 5.31(a)、(b) 所示。使用获得的铜网膜作为油水分离装置的分离膜 [图 5.31(c)]，油流入瓶底，而水保留在了膜上 [图 5.31(d)]；当先用 pH＝12 的碱水润湿网膜时，水会流过膜而油会保留 [图 5.31(e)][32]。即该表面在酸性水中显示出超亲油性，在碱性水中显示出超疏油性。两种状态之间的可逆转变可以通过改变水的 pH 值来实现。此外，他们还将此策略扩展到了铜网基材上，并在准备好的薄膜上实现了选择性的油水分离（图 5.31，彩色版见书后）。

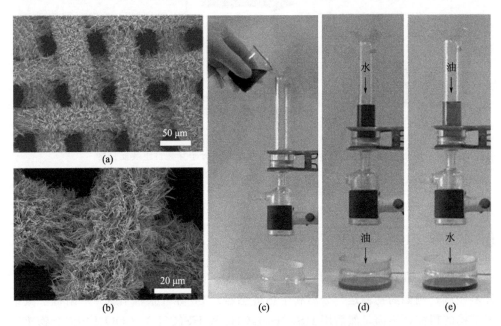

图 5.31　铜网膜的 SEM 图像及相关的油水分离现象

5.4.3　热响应

温度响应性聚合物已被广泛用于制备热响应性表面。聚合物链由于其柔韧性而常常响应外部刺激而呈现构象变化[33]。作为经典的热敏聚合物，聚（N-异丙基丙烯酰胺）（PNIPAM）薄膜通过表面引发的原子转移自由基聚合（SI-ATRP）接枝到纳米结构的光滑铜网上。由于其高度亲水性，该表面具有良好的水渗透性（CA＝34.6°±6.1°），因此，将温度控制在25 ℃时，水很容易渗入膜中，并且该膜不透水（CA＝156.5°±5.1°），是因为在40 ℃时具有超疏水性和较大的负毛细管效应（图5.32)[34]。

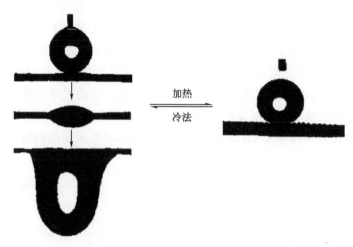

图5.32　在粗糙的铜网膜上的温度诱导的润湿性转换[34]

5.4.4　离子交换响应

据报道，离子对相互作用具有诱导从超疏水性向超亲水性转变的能力。离子可以在阳离子或阴离子电解质及其配合物之间可逆地交换。这种可逆的离子交换过程可以帮助设计适合生理条件的智能表面。Lim 等[35]通过将具有季铵基团的聚[2-(甲基丙烯酰氧基)乙基三甲基氯化铵]（PMETAC）接枝到粗糙的金表面上，制备了离子响应表面。超疏水性和超亲水性之间的可逆转换是通过直接阴离子交换实现的。所制备的底物表现出超亲水性。然而，当浸入双（三氟甲烷）磺酰胺溶液中一定时间时，基材表现出超疏水性，由171°±3°的水接触角和小于5°的滚动角表现。进一步暴露于SCN⁻溶液后，基材的润湿性从超疏水性变为超亲水性。此外，即使经过开关循环后，基材仍可保持良好的可逆性，而几乎不会受到损坏。Xu 等[36]报道了具有聚丙烯酸水凝胶涂层的 Hg^{2+} 响应性油水分离筛网。由于网孔上的聚丙烯酸水凝胶涂层具有超亲水性，因此网孔可以将油和水分离，并基于 Hg^{2+} 与聚丙烯酸之间的螯合作用来切换润湿性。浸入 Hg^{2+} 溶液中后，所制备网片的油接触角可逆变化至约为 $149°$。

5.4.5 焓刺激

传统响应式聚合物通常涉及通过外部刺激从一个无序状态到另一种无序状态的熵驱动转换。然而，焓驱动行为在各种重要的生命现象和分子识别行为中非常普遍。

Wang 等[37]报道了一种由焓驱动的智能表面，该表面通过使用具有含氟疏水基团的 i-基序 DNA 链并通过 Au—S 键将它们固定在金表面上，从而在超亲水性和超疏水性之间切换（图 5.33）。在基本条件下，表面上的 DNA 分子的 i-基序结构（超亲水状态，状态Ⅰ）会转换为拉伸的单链结构（不稳定的超疏水状态，状态Ⅱ）。在存在互补的支架（Y）的情况下，将形成双链结构（稳定的超疏水状态，状态Ⅲ）。进一步添加酸可以恢复 DNA 的原始状态。在此过渡过程中，只有从状态Ⅰ到状态Ⅱ的转换是由熵驱动的，而其他转换是由焓驱动的。表面润湿性的宏观转换源自表面微观结构和 DNA 纳米马达的集体纳米尺度运动的协同作用。

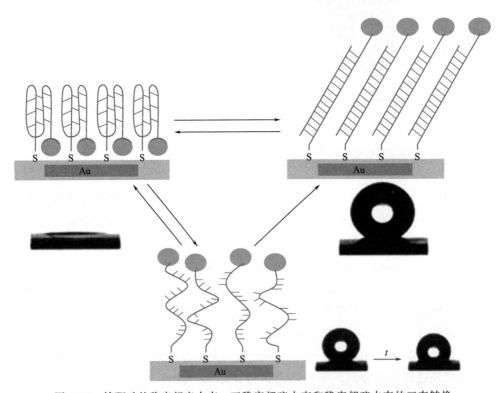

图 5.33　焓驱动的稳定超亲水态、亚稳定超疏水态和稳定超疏水态的三态转换

5.4.6 其他

如前所述，结合响应性材料和表面粗糙度，已经成功制造了许多可以在超亲水性和超疏水性之间切换的智能表面。但是，大多数这些表面都对单向刺激做出响应，从而限制了它们在具有多重刺激的复杂实际环境中的应用。

据报道，在金属基材上具有双重响应的智能表面需要两种类型的刺激响应材料。Jiang 等[38]设计并合成了一种孔雀石绿衍生物，以产生对 pH 值和紫外光有响应的表面，仅使用一种有机烷硫醇单分子层，其润湿性就可以从近超疏水性变为超亲水性。在 pH＝13 的水滴下，金纳米结构的 pH 响应粗糙表面显示出几乎超疏水的性能，而在 pH＝1 的水滴下，则显示出超亲水性。Cao 等[39]在不锈钢网状涂覆的聚甲基丙烯酸 N,N-二甲基氨基乙酯（PDMAEMA）水凝胶上制备热和 pH 双重响应表面。所制备的筛网可以选择性地从油水混合物中分离出水，并使水和油有序地渗透通过筛网，并可以通过调节温度或 pH 值分别收集。

参 考 文 献

[1] Chen T H, Chuang Y J, Chieng C C, et al. A wettability switchable surface by microscale surface morphology change [J]. Journal of Micromechanics and Microengineering, 2010, 17 (3): 489.

[2] Zhang J L, Li J, Han Y C. Superhydrophobic PTFE surfaces by extension [J]. Macromolecular Rapid Communications, 2004, 25 (11): 1105-1108.

[3] Zhang J L, Lu X Y, Huang W H, et al. Reversible superhydrophobic to superhydrophilicity transition by extending and unloading an elastic polyamide film [J]. Macromolecular Rapid Communications, 2005, 26 (6): 477-480.

[4] Chuang J Y, Youngbloodb J P, Stafford C M. Anisotropic wetting on tunablemicrowrinkled surfaces [J]. Soft Matter, 2007, 3: 1163-1169.

[5] Wenzel R. Resistance of solid surfaces to wetting by water [J]. Transactions of the Faraday Society, 1936, 28 (8): 988-994.

[6] Shi F, Song Y, Niu J, et al. Facile method to fabricate a large-scale superhydrophobic surface by galvanic cell reaction [J]. Chemistry of Materials, 2006, 18 (5): 1365-1372.

[7] Zhu W, Li W, Mu S, et al. The adhesion performance of epoxy coating on AA6063 treated in Ti/Zr/V based solution [J]. Applied Surface Science, 2016, 384: 333-340.

[8] Long J, Zhong M, Zhang H, et al. Superhydrophilicity to superhydrophobicity transition of picosecond laser microstructured aluminum in ambient air [J]. Journal of Colloid and Interface Science, 2015, 441: 1-9.

[9] Zhan Y Y, Liu Y Y, Lv J A, et al. Photoresponsive surfaces with controllable wettability [J]. Progress in Chemistry, 2015, 27 (2-3): 157-167.

[10] Giovambattista N, Debenedetti P, Rossky P. Enhanced surface hydrophobicity by coupling of surface polarity and topography [J]. Proceedings of the National Academy of Sciences of the United States of America, 2009, 106: 15181-15185.

[11] Kuna J, Voïtchovsky K, Singh C, et al. The effect of nanometer-scale structure on interfacial energy

[J]. Nature Materials, 2009, 8: 837-842.

[12] Li J, Liu T, Li X, et al. Hydration and dewetting near graphite-CH_3 and graphite-COOH plates [J]. Journal of Physical Chemistry B, 2005, 109: 13639-13648.

[13] Li X, Li J, Eleftheriou M, et al. Hydration and dewetting near fluorinated superhydrophobic plates [J]. Journal of the American Chemical Society, 2006, 128: 12439-12447.

[14] Liu Y, Liu J D, Li S Y, et al. Biomimetic superhydrophobic surface of high adhesion fabricated with micronano binary structure on aluminum alloy [J]. ACS Applied Materials Interfaces, 2013, 5: 8907-8914.

[15] Lai Y K, Tang Y X, Gong J J, et al. Transparent superhydrophobic/superhydrophilic TiO_2-based coatings for self-cleaning and anti-fogging [J]. Journal of Materials Chemistry, 2012, 22: 7420-7427.

[16] 江雷，冯琳. 仿生智能纳米界面材料 [M]. 北京：化学工业出版社，2007.

[17] Xia F, Jiang L. Bio-inspired, smart, multiscale interfacial materials [J]. Advanced Materials, 2008, 20: 2842-2858.

[18] Terray A, Oakey J, Marr D W M. Microfluidic control using colloidal devices [J]. Science, 2002, 296: 1841-1844.

[19] Wang R, Hashimoto K, Fujishima A. Light-induced amphiphilic surfaces [J]. Nature, 1997, 388: 431-432.

[20] Yong J L, Chen F, Yang Q, et al. Photoinduced switchable underwater superoleophobicity-superhydrophilicity on laser modified titanium surfaces [J]. Journal of Materials Chemistry A, 2015, 3: 10703-10709.

[21] Yong J L, Chen F, Yang Q, et al. Femtosecond laser induced hierarchical ZnO superhydrophobic surfaces with switchable wettability [J]. Chemical Communications, 2015, 51: 9813-9816.

[22] Tian D L, Zhang X F, Zhai J, et al. Photocontrollable water permeation on the micro/nanoscale hierarchical structured ZnO mesh films [J]. Langmuir, 2011, 27: 4265-4270.

[23] Tian D, Zhang X, Tian Y, et al. Photo-induced water-oil separation based on switchable superhydrophobicity-superhydrophilicity and underwater superoleophobicity of the aligned ZnO nanorod array-coated mesh films [J]. Journal of Materials Chemistry, 2012, 22: 19652-19657.

[24] Li H, Zheng M J, Liu S D, et al. Reversible surface wettability transition between superhydrophobicity and superhydrophilicity on hierarchical micro/nanostructure ZnO mesh films [J]. Surface and Coatings Technology, 2013, 224: 88-92.

[25] Wan P B, Jiang Y G, Wang Y P, et al. Tuning surface wettability through photocontrolled reversible molecular shuttle [J]. Chemical Communications, 2008, 44: 5710-5712.

[26] Yu X, Wang Z Q, Jiang Y G, et al. Reversible pH-Responsive Surface: From Superhydrophobicity to Superhydrophilicity [J]. Advanced Materials, 2005, 17: 1289-1293.

[27] Jiang Y G, Wang Z Q, Yu X, et al. Self-assembled monolayers of dendron thiols for electrodeposition of gold nanostructures: toward fabrication of superhydrophobic/superhydrophilic surfaces and pH-responsive surfaces [J]. Langmuir, 2005, 21: 1986-1990.

[28] Chen X X, Gao J, Song B, et al. Stimuli-responsive wettability of nonplanar substrates: pH-controlled floatation and supporting force [J]. Langmuir, 2010, 26: 104-108.

[29] Wang B, Guo Z G. pH-responsive bidirectional oil-water separation material [J]. Chemical Communications, 2013, 49: 9416-9418.

[30] Yang F C, Guo Z G. A facile approach to transform stainless steel mesh into pH-responsive smart material [J]. Rsc Advances, 2015, 5: 13635-13642.

［31］ Li J J，Zhou Y N，Luo Z H. Smart fiber membrane for pH-induced oil/water separation ［J］ ACS Applied Materials & Interfaces，2015，7：19643-19650.

［32］ Cheng Z J，Lai H，Du Y，et al. pH-induced reversible wetting transition between the underwater super-oleophilicity and superoleophobicity ［J］. ACS Applied Materials Interfaces，2014，6：636-641.

［33］ Wischerhoff E，Zacher T，Laschewsky A，et al. Direct observation of the lower critical solution temperature of surface-attached thermo-responsive hydrogels by surface plasmon resonance ［J］. Angewandte Chemie International Edition，2000，39：4602-4604.

［34］ Song W L，Xia F，Bai Y B，et al. Controllable water permeation on a poly(N-isopropylacrylamide)-modified nanostructured copper mesh film ［J］. Langmuir，2007，23：327-331.

［35］ Lim H S，Lee S G，Lee D H，et al. Superhydrophobic to superhydrophilic wetting transition with programmable ion-pairing interaction ［J］. Advanced Materials，2008，20：4438-4441.

［36］ Xu L X，Liu N，Cao Y Z，et al. Mercury ion responsive wettability and oil/water separation ［J］. ACS Applied Materials Interfaces，2014，6：13324-13329.

［37］ Wang S T，Liu H J，Liu D S，et al. Enthalpy-driven three-state switching of a superhydrophilic/super-hydrophobic surface ［J］. Angewandte Chemie International Edition，2007，46：3915-3917.

［38］ Jiang Y G，Wan P B，Smet M，et al. Self-assembled monolayers of a malachite green derivative：surfaces with pH- and UV-responsive wetting properties ［J］. Advanced Materials，2008，20：1972-1977.

［39］ Cao Y Z，Liu N，Fu C K，et al. Thermo and pH dual-responsive materials for controllable oil/water separation ［J］. ACS Applied Materials Interfaces，2014，6：2026-2030.

第 6 章

金属双元润湿性表面

目前制备的双元润湿性表面主要有两种，即超疏水-超亲油型（superhydro-phobic/superoleophilic）和超亲水-水下超疏油型（superhydrophilic/underwater superoleophobic）。由于这样的双元润湿性表面展现了对油和水相反的润湿性能，故常常被用于油水分离。最早出现的超疏水-超亲油型油水分离金属滤网是 2004 年江雷团队报道的聚四氟乙烯（PTFE）涂覆的不锈钢网[1]。他们将具有低表面能的聚四氟乙烯（PTFE）喷涂到不锈钢网上，由于其形成了微纳米复合结构，使不锈钢网获得了超疏水-超亲油性能，水接触角达到约 156°，而油接触角接近 0°，利用该网膜成功实现了对油水混合物的分离。而最早的超亲水-水下超疏油表面则是 2011 年江雷团队[2]报道的聚丙烯酰胺（PAM）水凝胶涂覆的不锈钢网。该网膜具有水下超疏油性，能够让水通过，同时在水下具有与油的超低黏附性，因此可以防止油污并实现油水分离。

6.1　超疏水-超亲油不锈钢网表面

由于未经处理的含油工业废水和频发的漏油事故，含油废水处理已成为一个严重的全球性的环境问题[3-6]。因此，开发一些简便、高效且廉价的技术来辅助处理和净化含油废水是必要且迫切的。

受自然界的启发，具有特殊润湿性的新型分离膜的开发被认为是一种简易且有效的含油废水处理方式[5,6]。近年来，超润湿（超疏水-超亲油[7-10]或超亲水-水下超疏油[11-15]）表面凭借其对油相和水相相反的润湿性已用于油水混合物分离。因此，基于特殊润湿性的各种油水分离膜已成为热门话题。近年来，多孔金属材料（如铜网、钢丝网和泡沫镍）作为油水分离膜的基材已被广泛研究[16-18]。在研究的多孔金属材料中，不锈钢网由于低成本、高强度、灵活性和直接的工业应用而备受关注。众所周知，微纳米尺度结构的构建和低表面能材料的改性对于在不锈钢网上制造超疏水表面都是必不可少的。尽管已经提出了许多方法，但是在不锈钢网基底上简易地制备微结构和纳米结构以有效地进行油/水分离仍然是一个挑战。

近年来，ZnO 作为结构材料，由于其特殊的物理和化学性质，尤其是微结构和纳米结构被广泛用于制备特殊的润湿性表面。例如，Yong 等[19]运用飞秒激光法在 Zn 基底上直接制备 ZnO 超疏水表面。Huang 等[20]通过电沉积技术在铝合金基底上制备超疏水性 ZnO 薄膜。Velayi 等[21]制备了具有可逆润湿性的超疏水 ZnO 表面。此外还报道了一些在不锈钢网上制备 ZnO 微纳米结构的不同方法，如电沉积法[22,23]、溶胶-凝胶法[24,25]和化学气相沉积法等[23]。然而，由于操作复杂，原料和设备昂贵，大多数方法在实际制造中具有局限性，特别是对于大规模制造。

笔者及团队开发了一种在不锈钢网上制备超疏水-超亲油表面的简单、廉价且高效的方法，该方法通过 ZnO 微观结构的构建和低表面能改性成功制备了超疏水-超亲油表面。所制备的网可用于重力驱动的油水分离和自发浮油收集驱动的油水分离。滤网的分离效率仍高于 95%，该收集系统可以重复使用，集油率可以达到 96% 以上。此外，所制备的滤网具有良好的机械耐久性、化学稳定性和耐腐蚀性能。

6.1.1 样品制备

超疏水-超亲油性不锈钢网制备过程示意见图 6.1，具体制备步骤如下。

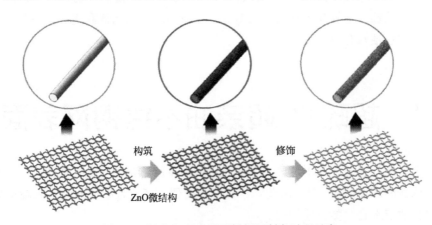

图 6.1 超疏水-超亲油不锈钢网制备过程示意

（1）预处理基材

35 mm×35 mm 的不锈钢网（400 目）作为基底，分别在乙醇和蒸馏水中超声清洗 5 min，以除去表面上的污垢。

（2）ZnO 微结构的制备

将不锈钢网浸入 40 mmol/L 醋酸锌-乙醇水溶液中 5 min，然后在空气中干燥，然后在 350 ℃退火 30 min，以在钢网基材上形成 ZnO 晶种层。接着，将预处理的基材垂直浸入六水合硝酸锌（40 mmol/L）和氢氧化铵（1.0 mol/L）的水溶液中。将该溶液在 90 ℃的油浴中加热 9 h。然后，从溶液中取出不锈钢网，用去离子水洗涤并在空气中干燥。

（3）硬脂酸改性

将 ZnO 涂覆的不锈钢网浸入乙醇（15 mL）和硬脂酸（0.12 g）的混合溶液中 12 h，最后在 100 ℃加热 1 h。

6.1.2 表面形貌表征

图 6.2 显示了不锈钢网表面在不同放大倍数下的典型 SEM 图像。图 6.2(a)

和（b）表示原始不锈钢网的平均线径约为 40 μm，形成的网状结构的孔径约为 50 μm。原始网的金属丝表面是光滑的 [图 6.2(c)]。涂有 ZnO 的筛网保留了其原始的孔径和线径，没有明显的变化 [图 6.2(d)、(e)]。然而，在不锈钢丝表面上形成了规则的微结构。相应的高倍放大 SEM 图像显示，显微组织由不规则的棒状组成，直径范围为 300～400 nm，长度为 2～4 μm [图 6.2(f)]。用硬脂酸改性后，在超疏水不锈钢网上观察到更多的微纳米突起 [图 6.2(g)]。放大的 SEM 图像 [图 6.2(h)、(i)] 显示了由纳米片组成的随机分布的簇结构。此外，对网眼的特定表面积进行了表征，并在图 6.3 中显示了在温度 77 K 下的 N_2 吸附-解吸等温线。原始网、ZnO 涂覆网和超疏水网的 BET 表面积分别为 0.331 m^2/g、0.968 m^2/g 和 4.555 m^2/g。在 ZnO 构造和改性过程之后，比表面积的增加有助于表面粗糙度的增加。这种构造的微米级和纳米级分级结构对于赋予筛网超疏水性至关重要。

(a) 原始网　　　　　　　(b) 原始网　　　　　　　(c) 原始网

(d) ZnO涂覆网　　　　　(e) ZnO涂覆网　　　　　(f) ZnO涂覆网

(g) 超疏水网　　　　　　(h) 超疏水网　　　　　　(i) 超疏水网

图 6.2　不锈钢网表面在不同放大倍数下的 SEM 图像

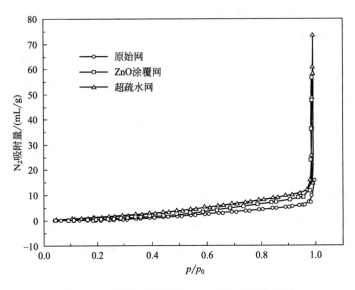

图 6.3　在温度 77 K 下的 N$_2$ 吸附-解吸等温线

6.1.3　表面组分表征

图 6.4 显示了超疏水不锈钢网表面的 XPS 谱图。Zn、O 和 C 元素的存在可以通过 XPS 谱图确定 [图 6.4(a)]。Zn 2p3/2 峰和 2p1/2 峰 [图 6.4(b)] 分别位于 1022.1 eV 和 1045.3 eV，对应于 Zn^{2+}[26]。C 1s 高分辨谱 [图 6.4(c)] 包含了三个拟合峰，分别位于 288.7 eV、285.2 eV 和 284.7 eV，对应于—COO—、—CH$_2$ 和—CH$_3$[27,28]。O 1s 高分辨谱 [图 6.4(d)] 由两个峰拟合而成，分别位于 533.3 eV 和 531.7 eV。这些峰归属于 ZnO 基质中的—COO[29] 和 O^{2-}[20,30]，这表明 ZnO 微观结构被构造，并且硬脂酸成功修饰在不锈钢网表面。FTIR 进一步证实了上述结果。

图 6.5 显示了不锈钢网表面的 FITR 光谱，还给出了原始不锈钢网和 ZnO 涂覆不锈钢网的 FTIR 光谱进行比较。原始不锈钢网的特征吸收带在 3570～3900 cm^{-1} 和 1900～2400 cm^{-1} 范围内对应于 OH 和 CO$_2$ 的拉伸振动。ZnO 涂覆不锈钢网在 2920 cm^{-1}、2581 cm^{-1} 和 1534 cm^{-1} 处显示出较弱的吸收带，分别代表对称—CH$_2$ 拉伸，非对称—CH$_2$ 拉伸和羧酸根离子（—COO—）的拉伸振动[31,32]。这些弱峰可归因于吸附的醋酸锌。与 ZnO 涂覆不锈钢网相比，超疏水网的峰值出现在 1460 cm^{-1} 和 1397 cm^{-1}。1460 cm^{-1} 处的强特征峰对应于锌与硬脂酸形成的螯合物 CH$_3$(CH$_2$)$_{16}$COO—Zn[33]，表明硬脂酸修饰导致与 ZnO 形成键。1390 cm^{-1} 处的峰对应于—CH$_3$ 的弯曲振动[34]。此外，超疏水网在 2920 cm^{-1} 和 2850 cm^{-1}、1534 cm^{-1} 处的峰的强度明显提高，这可以归因于硬脂酸修饰。SEM、

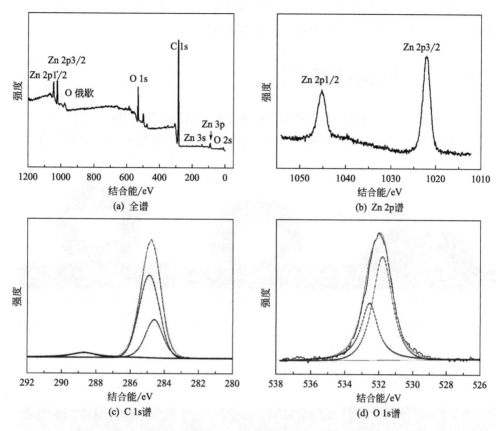

图 6.4　超疏水不锈钢网表面的 XPS 谱图

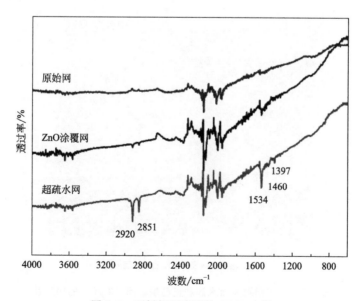

图 6.5　不锈钢网表面的 FTIR 光谱

XPS 和 FTIR 表征的结果表明，通过这种简便的方法，可以在不锈钢网表面成功构建微米级和纳米级的分层结构和修饰低表面能物质。

6.1.4 润湿性能研究

通过测量水和油的接触角来评估不锈钢网的表面润湿性，相应的结果如图 6.6 所示。如图 6.6(a)、（d）所示，原始的不锈钢网表现出两亲性，即亲水性和亲

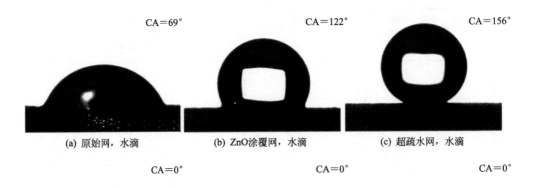

CA＝69°　　　　　CA＝122°　　　　　CA＝156°

(a) 原始网，水滴　　　(b) ZnO涂覆网，水滴　　　(c) 超疏水网，水滴

CA＝0°　　　　　CA＝0°　　　　　CA＝0°

(d) 原始网，正己烷液滴　　(e) ZnO涂覆网，正己烷液滴　　(f) 超疏水网，正己烷液滴

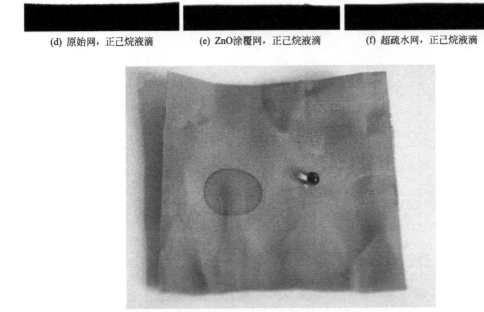

(g) 超疏水网表面上水滴和油滴的照片

图 6.6　不锈钢网表面水滴和正己烷液滴（3 μL）的照片及
超疏水网表面水滴和油滴的照片

油性，接触角分别为 69°和 0°。经过 ZnO 微观结构的构建过程，ZnO 涂覆网表现出特殊的润湿性。水滴在 ZnO 涂覆网上高度保持球形，而油滴迅速扩散，相应水接触角为 122°，油接触角约为 0°［图 6.6(b)、(e)］。这样的高疏水性可以归因于吸附的疏水性官能团和 ZnO 微结构。图 6.6(c)、(f) 显示了进行硬脂酸改性后 ZnO 涂覆网上的水滴和油滴，水接触角为 156°，油接触角约为 0°。这说明了所制备的不锈钢网同时具有超疏水性和超亲油性。由于结合了粗糙的层次结构和硬脂酸固有的疏水性，所制备的网显示出特殊的润湿性。作为特殊润湿性的证明，不锈钢网表面上的水滴（亚甲蓝）和油滴（苏丹Ⅲ色）的照片如图 6.6(g) 所示。观察到油滴扩散并且水滴保持球形，因此该表面显示出良好的疏水性和亲油性。

6.1.5　耐久性能研究

　　机械耐久性、化学稳定性以及耐腐蚀性等是评估实际应用中超疏水和超亲油性网实用性能的重要指标。超疏水网的机械耐久性通过机械弯曲和扭曲测试以及摩擦测试来检查。图 6.7(a) 显示了超疏水网在机械弯曲和扭曲后的形态。原始形态

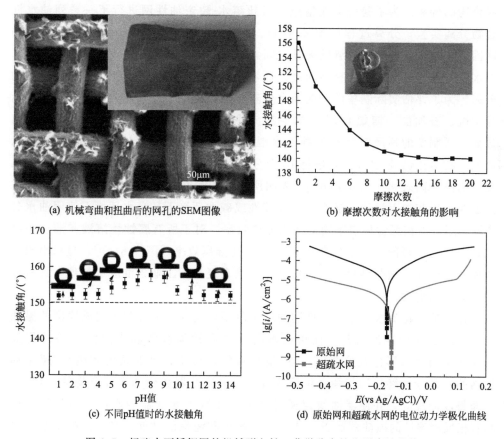

(a) 机械弯曲和扭曲后的网孔的SEM图像　　　　(b) 摩擦次数对水接触角的影响

(c) 不同pH值时的水接触角　　　　(d) 原始网和超疏水网的电位动力学极化曲线

图 6.7　超疏水不锈钢网的机械耐久性、化学稳定性和耐腐蚀性能

很好地保持并且没有明显的微纳米结构脱落。此外，水接触角随摩擦次数的变化如图 6.7(b) 所示。在 8 次摩擦中，水接触角从 156°减小到 142°，并且在10 次摩擦后，随着摩擦次数的增加，水接触角没有明显变化。图 6.7(c) 为通过在 3.5%（质量分数）的 NaCl 溶液中耐腐蚀性测试来评估超疏水网的化学稳定性。图 6.7(d) 显示出了原始网和超疏水网的电位动力学极化曲线。与原始网相比，超疏水网的腐蚀电位 E_{corr}（−0.148 V）在正方向移动约 20 mV。超疏水网的腐蚀电流密度为 1.698×10^{-6} A/cm^2，约为原始网腐蚀电流密度（2.032×10^{-5} A/cm^2）的 1/12。众所周知，较高的腐蚀电位和较低的腐蚀电流密度对应于较好的耐腐蚀性和较低的腐蚀速率[35]。显然，超疏水网具有更好的耐腐蚀性。超疏水网的耐腐蚀性可归因于以下原因[27,35-37]：分层结构所捕获的空气充当物理屏障，并且这种空气屏障不仅可以防止腐蚀性离子渗透，还可以抑制电子在腐蚀性介质和不锈钢网之间传递。

6.1.6 油水分离性能及机理研究

考虑到不锈钢网特殊的润湿性，预计超疏水和超亲油性不锈钢网可用于油水混合物的分离。为了验证上述猜想，对超疏水-超亲油性网进行了一系列油水混合物分离实验，分离过程如图 6.8(a)、(b) 所示（彩色版见书后）。所制备的网固定在两个安装有玻璃管的夹具之间。沿玻璃管倒入染色的正己烷-水混合物。在水受阻的同时正己烷选择性通过，这表明所制备的网可成功实现油水混合物的分离。为了评估实际制备的网的油水分离性能，测试了一系列油水混合物，包括异辛烷、石油醚、四氯化碳和花生油，并在图 6.8(c) 中显示了相应的分离效率。所制备的筛网对所有五种油水混合物均表现出高于 95.0% 的分离效率。此外，在对正己烷-水混合物进行 10 个分离循环后，所制备的筛网仍保持95.1% 以上的高分离效率 [图 6.8(d)]，表明所制备的筛网具有良好的可回收性。考虑到工业应用和海上溢油，通常需要在酸性或碱性环境下和海水环境下使用油水分离网。测试了在恶劣环境下网的油水分离效率。对于所有腐蚀性溶液和油（正己烷）混合物，筛网均显示出高于 95.0% 的高分离效率 [图 6.8(e)]，显示出出色的环境稳定性。这些结果表明，所制备的网在复杂的工业含油废水处理中具有进一步应用的潜力。

为了扩大超疏水和超亲油性网的应用范围，设计了一种基于现成滤网的撇油装置，用于现场浮油收集。使用已准备好的撇油器收集和去除浮油的过程如图 6.9(a)所示（彩色版见书后）。在整个收集过程中，已安装的超疏水/超亲油性网的一部分始终与油相和水相保持接触。将撇油器放到油水混合物的表面后，立即将浮油浸湿，并使浮油快速通过滤网，并流入撇油器的底部。与油和水网具有相反润湿性的撇油器赋予了浮油自动收集和清除的功能。当浮油的量小于撇油器的最大容量时，浮油的收集效率始终高于96%，对于石油醚，则达到 96.9%

(a) 油水分离前照片

(b) 油水分离后照片

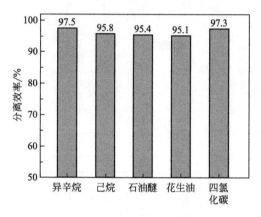

(c) 油水混合物的分离效率

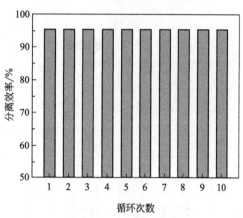

(d) 以正己烷-水混合物为例，油水
分离效率与循环次数的关系

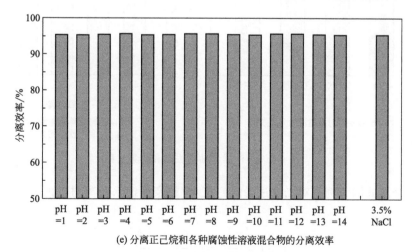

(e) 分离正己烷和各种腐蚀性溶液混合物的分离效率

图 6.8　超疏水/超亲油不锈钢网的油水分离

[图 6.9(b)]。此外，撇油器显示出高的浮油收集效率，对于己烷-水混合物经过 5 次收集后始终保持在 95.2%以上 [图 6.9(c)]，这表明所制备的筛网具有良好的可回收性。

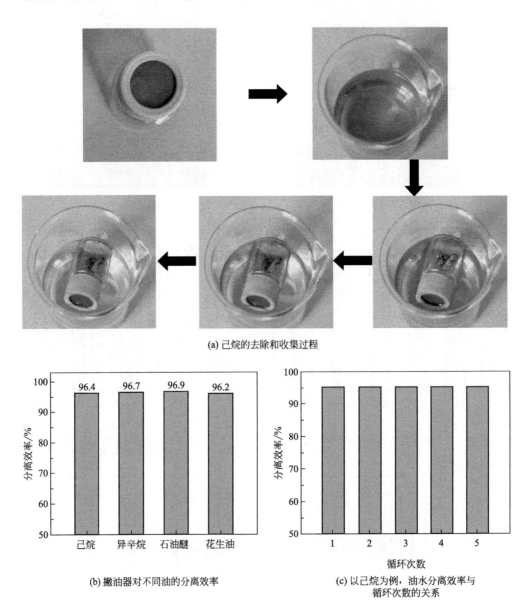

(a) 己烷的去除和收集过程

(b) 撇油器对不同油的分离效率

(c) 以己烷为例，油水分离效率与循环次数的关系

图 6.9　撇油器浮油的去除和收集过程

以金属滤网为例，对二维过滤型超疏水/超亲油油水分离材料的分离机理进行解释[38]：

$$\Delta p = \frac{2\gamma_{lg}}{R} = -\frac{l\gamma_{lg}(\cos\theta)}{A} \tag{6.1}$$

式中　Δp——液体在网孔中的静压差；

γ_{lg}——液体的表面张力；

R ——半月面半径；

l ——网孔周长；

A ——网孔面积；

θ ——液体在网膜表面积的前进角。

根据式(6.1)可知，液体静水压主要由前进接触角 θ 决定：当 $\theta > 90°$ 时，$p > 0$，这时材料网孔可以承受一定的压力；相反，当 $\theta < 90°$ 时，$p < 0$，则液体可以通过材料网孔。如图 6.10 所示，滤网网丝近似看作圆柱状，超疏水超亲油滤网近似看作大量毛细管结构的组合。当油接触滤网时，$\theta < 90°$，油能润湿网丝并呈现凹型，p 向下 [图 6.10(a)]；当水接触滤网时，$\theta > 90°$，水在网孔中呈现凸型，p 向上 [图 6.10(b)][39]。这是因为两种弯曲的液面分别会产生一个指向水和一个指向网孔的压力，从而使得网具有油通过、水截留的特性。

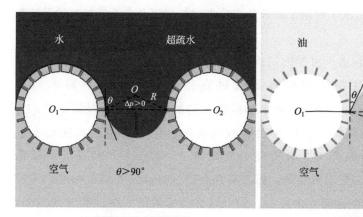

(a) 涂覆的网的水润湿模型　　　　　　　　(b) 涂覆网的油润湿模型

图 6.10　超疏水-超亲油滤网的润湿模式示意

O—弯月面球形帽的中心；O_1 和 O_2—网格的横截面中心

6.2　超亲水-水下超疏油不锈钢网表面

由于日常生活和各种工业过程（例如海洋石油开采、化学工程、冶金、制药业和食品加工）产生大量的含油废水，油水分离引起了全球关注[40-43]。未经适当处理排放的含油废水，不仅造成严重的环境和生态破坏，而且对人类健康构成潜在威胁[44,45]。因此，一种简单、高效且环保的分离技术非常适合解决该问题。

考虑到油水混合物的分离是一个界面问题，并且油和水之间的表面能存在差异，具有油水两相相反特殊润湿性表面的功能膜（例如超疏水-超亲油性表面或超亲水-超疏油性表面）在没有外部能量输入的条件下已被用于油水分离[46,47]。不幸的是，由于较强的亲油性，传统的超疏水-超亲油性表面容易遭受油污和阻塞。此外，由于水的密度大于油的密度，因此在油层下方自发形成水层。该水层可防止油透过膜渗透，从而导致油水分离效率低[48-50]。与超疏水表面相比，超亲水-超疏油表面由于具有更高的分离效率和防污性能而更受欢迎。

众所周知，表面润湿性可以通过其化学成分和表面几何结构来合理控制[51]。这种超亲水性表面可以通过在合理的结构表面上改性亲水性组合物或提高亲水性基材的表面粗糙度来实现。迄今为止，具有高水亲和力的各种材料，例如聚合物[52-54]、水凝胶[55]、金属氧化物[56-60]、陶瓷[61]、沸石[62]、氧化石墨烯[63,64]和纤维素[65]可以实现超亲水性。一般而言，无机涂层的机械强度、环境适应性和制备工艺优于有机材料。因此，对用于高效油水分离的新型超亲水无机材料的设计和开发提出了很高的要求。

$NiCo_2O_4$ 微纳米结构由于可控的制备和丰富的结构，被广泛应用于粗糙结构的制造[66-69]。此外，这些结构很容易通过直接合成和组装不同的结构获得[70-72]。在这里，通过便捷的有效水热煅烧工艺制备了微纳米级的 $NiCo_2O_4$ 分层结构涂覆不锈钢网。$NiCo_2O_4$ 涂层的筛网表现出优异的超亲水性和水下超疏油性，以及油水分离特性，具有高分离效率（＞99.9%）和高分离通量 $[＞11600 \ L/(m^2 \cdot h)]$。更重要的是，网在腐蚀介质（pH≥3 和模拟海水）中浸泡 24 h，并在环境大气中存储 6 个月后，仍可以保持原始的润湿性和分离效率。$NiCo_2O_4$ 分层结构涂覆不锈钢网优异的机械耐久性、化学稳定性和长期储存稳定性将有利于含油污水处理。

6.2.1 样品制备

通过水热煅烧工艺制备了涂覆有 $NiCo_2O_4$ 的不锈钢网。将一块 400 目不锈钢网（3.5 cm×3.5 cm）预先浸入 6 mol/L HCl 溶液中 5 min，然后依次在乙醇和去离子水中超声 10 min，进行预清洁以去除表面上的污垢和氧化物。将预清洁的不锈钢网垂直放置在衬有特氟隆的 50 mL 高压釜中，该高压釜中装有 0.29g $Ni(NO_3)_2 \cdot 6H_2O$、0.58g $Co(NO_3)_2 \cdot 6H_2O$ 和 0.45g H_2NCONH_2 的 30 mL 混合溶液。然后，将高压釜密封并在 120 ℃加热 6 h，然后自然冷却。反应后，取出所得不锈钢网用去离子水冲洗，然后自然干燥。最后，将获得的不锈钢网放入马弗炉中，温度为 400 ℃，时间为 2 h。

6.2.2 表面形貌表征

图 6.11 显示了 $NiCo_2O_4$ 涂覆不锈钢网的 SEM 图像。未经处理的不锈钢网是由直径约 $40\mu m$ 的金属丝编织而成的，平均孔径为 $50\mu m$。此外，未处理的不锈钢网的

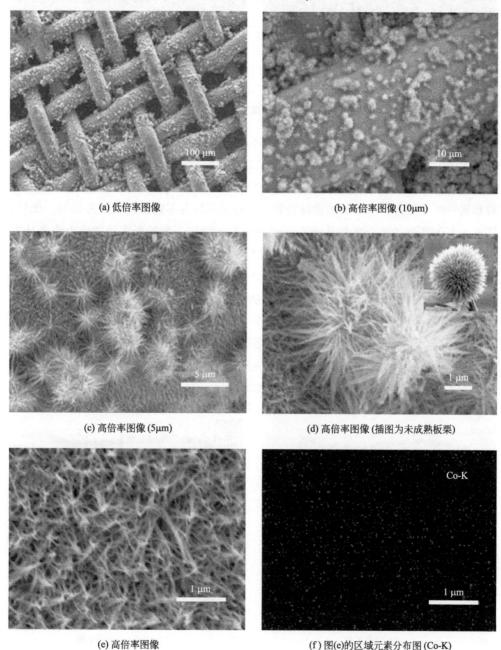

(a) 低倍率图像   (b) 高倍率图像 (10μm)

(c) 高倍率图像 (5μm)   (d) 高倍率图像 (插图为未成熟板栗)

(e) 高倍率图像   (f) 图(e)的区域元素分布图 (Co-K)

图 6.11

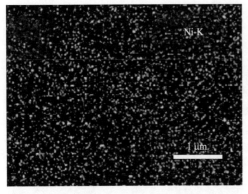

(g) 图(e)的区域元素分布图 (Ni-K)　　　　(h) 图(e)的区域元素分布图 (O-K)

图 6.11　$NiCo_2O_4$ 涂覆不锈钢网的 SEM 图像

表面光滑且清洁。相比之下，在处理过的不锈钢网上观察到许多微纳米突起，并且多孔结构的一部分被这些微纳米结构填充 [图 6.11(a)]，而不锈钢丝的直径增加到约 42 μm [图 6.11(b)]。不锈钢丝的高倍 SEM 图如图 6.11(c) 所示，在不锈钢丝表面观察到一些直径为 2～5 μm 的微球突起，这些突起约占不锈钢丝表面的 34%。此外，图 6.11(d) 所示的单个突起显示了未成熟板栗状结构。微米板栗状微球由许多从中心垂直向外生长的纳米线组成。图 6.11(e) 示出了非突起部分的形态，观察到随意堆积的草状纳米线，平均直径范围为 30～60 nm，且间距为 60～100 nm。用 EDS 技术来确定处理过的不锈钢网的元素分布。从 EDS 结果 [图 6.11(f)～(h)] 来看，Ni、Co 和 O 均匀分布在整个不锈钢网上。此外，EDS 结果与 XPS 结果一致。另外，还通过原子力显微镜研究了不锈钢网的三维形态和粗糙度。与未处理的不锈钢网相比，$NiCo_2O_4$ 涂层的不锈钢网表面的均方根（RMS）粗糙度值从 1.57 nm 增加到 9.34 nm（图 6.12）。这些结果与 SEM 实验结果非常吻合。

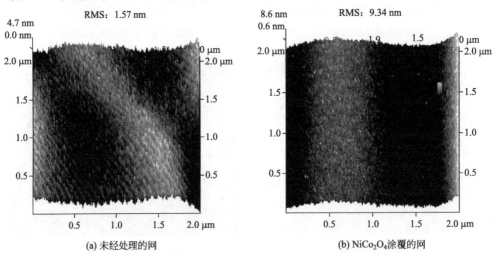

(a) 未经处理的网　　　　　　　(b) $NiCo_2O_4$涂覆的网

图 6.12　不锈钢网表面的 AFM 形貌图

金属特殊润湿性表面制备
及性能研究

6.2.3 表面组分表征

为了研究层级结构的组成,利用 XRD 和 FTIR 分析了水热处理过的不锈钢网。XRD 图谱 [图 6.13(a)] 显示,除基底峰外,所有尖锐的衍射峰均归属于 $NiCo_2O_4$ (JCPDS 卡号:20-0781)。表明在不锈钢表面成功制备了高纯度的 $NiCo_2O_4$ 纳米结构。图 6.13(b) 显示了 $NiCo_2O_4$ 涂覆网的 FTIR 光谱。在1635 cm^{-1} 处的弱吸收峰被指定为吸附水的拉伸和弯曲模式[73-75]。与未处理的网相比,在 648 cm^{-1} 和 550 cm^{-1} 处观察到很强的特征吸收峰,分别对应于 Co—O 和 Ni—O 谱带[76]。FTIR 结果证实,除少量吸附水外,高纯度 $NiCo_2O_4$ 已成功涂覆在不锈钢网上。

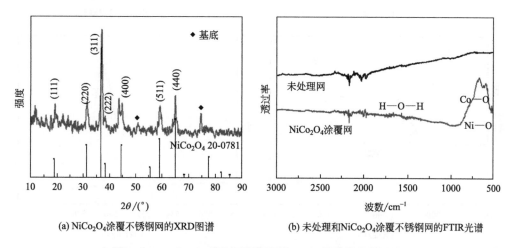

(a) $NiCo_2O_4$涂覆不锈钢网的XRD图谱　　(b) 未处理和$NiCo_2O_4$涂覆不锈钢网的FTIR光谱

图 6.13　$NiCo_2O_4$ 涂覆不锈钢网的 XRD 图谱及未处理和
$NiCo_2O_4$ 涂覆不锈钢网的 FTIR 光谱

采用 XPS 进一步研究了 $NiCo_2O_4$ 涂覆网的化学成分。XPS 光谱调查表明存在 Ni、Co 和 O 元素 [图 6.14(a)],这与 EDS 获得的结果一致。在 Ni 2p 高分辨率光谱中 [图 6.14(b)],观察到两组分别对应于 Ni 2p3/2 和 Ni 2p1/2 峰的宽信号以及两个摇动卫星峰。更准确地说,在 854.2 eV 和 871.8 eV 处的去卷积峰归属于 Ni^{2+},而在 855.7 eV 和 873.4 eV 处的去卷积峰归属于 Ni^{3+},这表明元素 Ni 在以 Ni^{2+} 和 Ni^{3+} 与 O 元素结合[77,78]。在 Co 2p 高分辨率光谱中 [图 6.14(c)],可以看到两个自旋轨道双峰伴有摇动的卫星峰,这证实了含有 Co^{2+} 和 Co^{3+} 的钴物种的存在[79-81]。大约 779.7eV 和 795.1eV 处的拟合峰归属于 Co^{3+},而其他大约 781.4eV 和796.6eV处的峰属于 Co^{2+},表明该信号可能跟与氧结合的 Co 有关。O 1s 高分辨率光谱 [图 6.14(d)] 可以分解为三个峰。拟合峰的中心位于532.4 eV、531.1 eV 和 529.4 eV,可以归因于物理化学吸收的水、羟基和金属-氧键中的氧[82,83]。因此,可以推断出 $NiCo_2O_4$ 结构是在水热煅烧过程之后形成的。

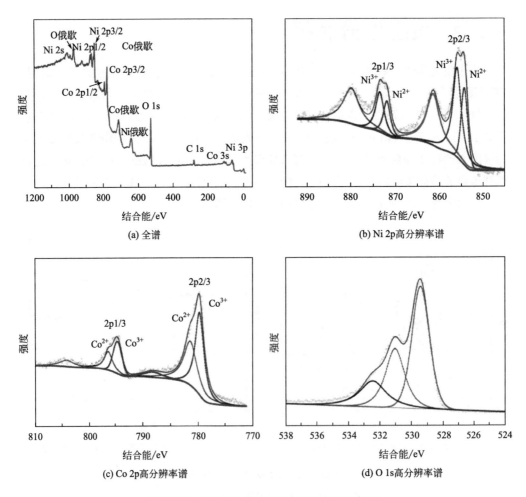

图 6.14　$NiCo_2O_4$ 涂层不锈钢网的 XPS 结果

透射电镜进一步研究了 $NiCo_2O_4$ 分层结构的结构特征。TEM 图像 ［图 6.15(a)、(b)］ 确认样品由 $NiCo_2O_4$ 纳米线组成，单个 $NiCo_2O_4$ 纳米线的平均宽度为 70 nm。根据选择区域电子衍射 （SAED） 分析 ［图 6.15(c)］，发现这些纳米线是单晶的。从高分辨率透射电镜 （HRTEM） 图像 ［图 6.15(d)］，可以将 0.287 nm 和 0.245 nm 的晶格条纹间距归因于 $NiCo_2O_4$ 的 （220） 和 （311） 平面，这与 XRD 图谱的衍射峰一致。

6.2.4　润湿性能研究

为了测量未涂覆网和 $NiCo_2O_4$ 涂覆网的表面润湿性的差异，测量了空气中的水接触角 （WCA） 和水下的油接触角 （OCA）。带有金属光泽的未涂覆网在空气中的

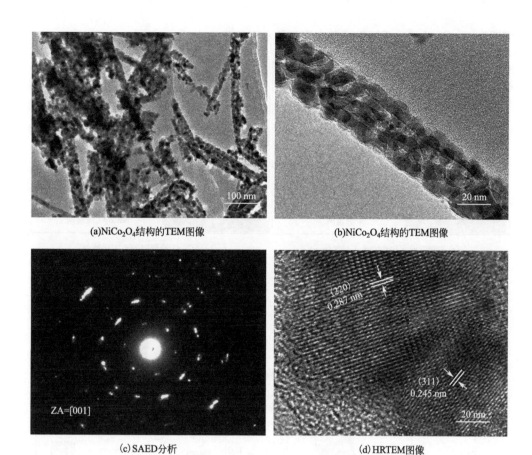

(a)NiCo₂O₄结构的TEM图像

(b)NiCo₂O₄结构的TEM图像

(c)SAED分析

(d)HRTEM图像

图 6.15　NiCo$_2$O$_4$ 分层结构的结构特征

WCA 约为 69°，而水下的 OCA 约为 132°[图 6.16(a)]，表明其固有的亲水性和水下疏油性。此外，引入黑色 NiCo$_2$O$_4$ 分层结构后，网孔的亲水性和水下疏油性大大增强，水下的 WCA 和 OCA 分别为 0°和 158°[图 6.16(b)]。NiCo$_2$O$_4$ 结构可同时有效地提高亲水性和粗糙度，从而形成超亲水-水下超疏油性表面。此外，使用高速相机系统研究了水在 NiCo$_2$O$_4$ 涂覆不锈钢网上的润湿行为。当水滴（3 μL）接触涂有 NiCo$_2$O$_4$ 的不锈钢网时，它会在 80 ms 内迅速散开，并达到几乎为 0°的 WCA[图 6.16(c)]，这进一步证实了涂有 NiCo$_2$O$_4$ 的不锈钢网具有很高的水亲和力。超亲水表面对水滴的强大吸引力会导致网眼附近的液滴和喷嘴上的微小液滴瞬间破裂[图 6.16(c)][59,84]。当将网浸入水中时，NiCo$_2$O$_4$ 分层结构中捕获的水充当了排斥层，使油直接与网接触，从而具有水下超疏油性。因此，测量了网的吸水能力，并且相应的结果在图 6.16(d) 中示出。NiCo$_2$O$_4$ （54.6%，质量分数）涂覆网的吸水率约为未涂覆的不锈钢网 （19.2%，质量分数）的吸水率的 3 倍。较高的水捕获率意味着油滴在水下接触固体表面的机会较少，这可以通过 Cassie 模型来表示。如图 6.16(e) 所示，所有油（己烷、异辛烷、石油醚和花生油）在 150°以上均显示出较高的 OCA，

表明 $NiCo_2O_4$ 涂覆的不锈钢网具有出色的水下超疏油性。

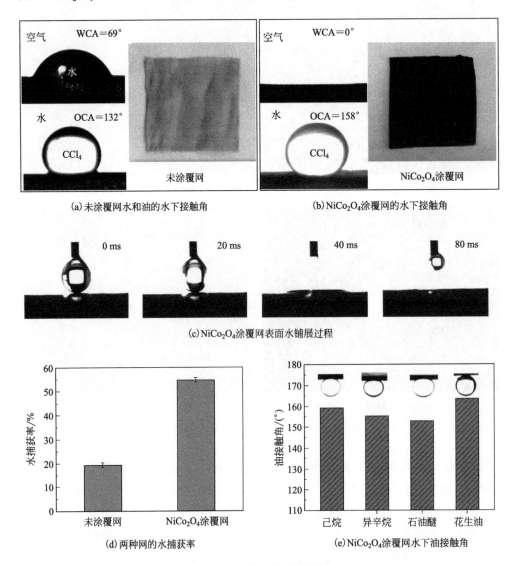

(a) 未涂覆网水和油的水下接触角   (b) $NiCo_2O_4$ 涂覆网的水下接触角

(c) $NiCo_2O_4$ 涂覆网表面水铺展过程

(d) 两种网的水捕获率   (e) $NiCo_2O_4$ 涂覆网水下油接触角

图 6.16　不锈钢网的润湿性

　　截留的水用作油的排斥性液相，使其直接与膜接触。对于具有粗糙表面的油/水/固体系统，接触角可以用 Cassie-Baxter 模型表示，如式(6.2) 所示：

$$\cos\theta_1 = f\cos\theta + f - 1 \tag{6.2}$$

式中　f——与油滴接触的固体表面的面积分数；

　　　　θ_1——水下粗糙固体表面上的油接触角；

　　　　θ——水下平坦固体表面上的油接触角。

　　较小的面积比意味着油滴与水下固体表面接触的机会较少，从而引起较大的油接触角。在这项工作中，以四氯化碳为例，$\theta_1=158°$，$\theta=132°$ ［图 6.16(a)］和

$f=0.109$，这意味着大约 90％的接触面积是油水接触界面。

6.2.5 油水分离性能研究

利用这种完全相反的润湿性，将 $NiCo_2O_4$ 涂覆不锈钢网用于油水分离。将一系列体积比为（1∶1）的油水混合物倒在预先润湿的 $NiCo_2O_4$ 涂覆不锈钢网上。水立即渗透经过 $NiCo_2O_4$ 涂覆的网孔，而油则保留在网上方 ［图 6.17(a)，彩色版见书后］。如图 6.17(b) 所示，所有 4 种油水混合物的分离效率均高于 99.9％。此外，水的渗透通量大于 11600 L/($m^2 \cdot$ h) ［图 6.17(c)］。可以得出结论，对于不同类型的油水混合物，$NiCo_2O_4$ 涂覆不锈钢网可以保持超高的分离效率和通量。另外，通过重复使用 $NiCo_2O_4$ 网 30 次来评估其耐久性。如图 6.17(d) 所示，在30 个循环之后分离效率仍然保持 99.9％。此外，与主要形态相比，表面形态没有显著变化（图 6.18）。这表明该网具有优异的油水分离耐久性。

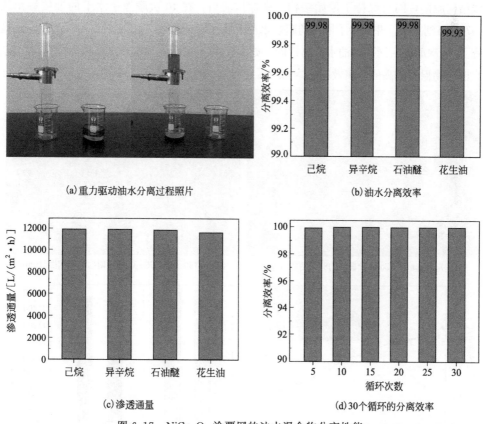

图 6.17 $NiCo_2O_4$ 涂覆网的油水混合物分离性能

关于污水处理的实用性、机械耐久性、在各种恶劣环境（高浓度盐水、酸性或碱性）中的化学稳定性，尤其是与水性介质的长期接触，是分离膜的重要因素[85,86]。因

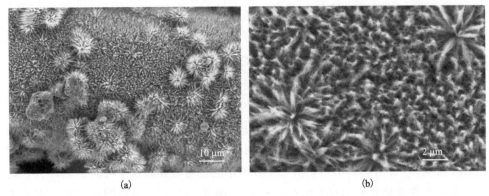

(a)　　　　　　　　　　　　　　(b)

图 6.18　分离操作 30 个循环后 $NiCo_2O_4$ 涂覆网的 SEM 图像

此，通过长时间的超声处理和高负荷摩擦试验来检验 $NiCo_2O_4$ 涂覆网的机械耐久性。研究了超声处理 30 min 后 $NiCo_2O_4$ 涂覆网的形貌。从低倍放大图像 [图 6.19(a)] 可以看出，微球结构得以保持。从高倍放大图像 [图 6.19(b)] 可以看出，表面的部分纳米线结构脱落，同时保持了原始结构。摩擦试验后，在 10 次摩擦中水下的油接触角从 157°减小到 152°，并保持了原始的超亲水性和水下超疏油性 [图 6.19(c)]。此外，还检查了 10 次摩擦后网孔的油水分离性能。如图6.19(d) 所示，在 10 次摩擦后筛孔对己烷-水混合物保持较高的分离效率（>99.9%）和较高的渗透通量 [11560 L/(m^2·h)]。

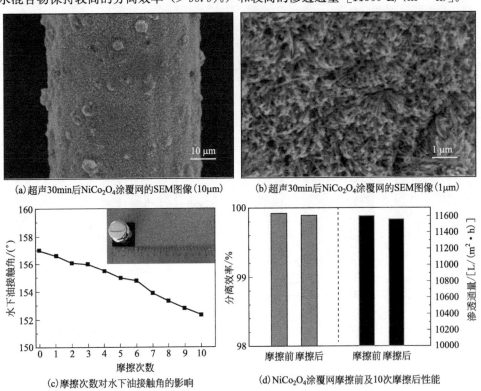

(a)超声30min后$NiCo_2O_4$涂覆网的SEM图像（10μm）　　(b)超声30min后$NiCo_2O_4$涂覆网的SEM图像（1μm）

(c)摩擦次数对水下油接触角的影响　　　　(d)$NiCo_2O_4$涂覆网摩擦前及10次摩擦后性能

图 6.19　$NiCo_2O_4$ 涂覆网的机械耐久性能

金属特殊润湿性表面制备及性能研究

此外，将 $NiCo_2O_4$ 涂覆网浸入水性介质［3.5％（质量分数）NaCl 溶液，并在 pH 值为 1～14 的溶液中］浸泡 24 h，以检查其性能。图 6.20(a) 显示出了浸没测

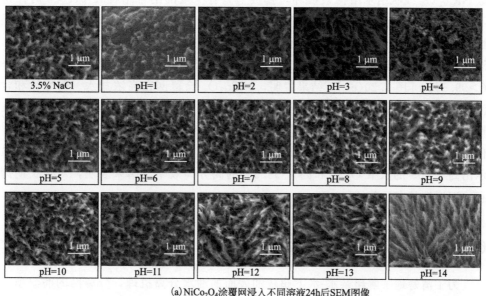

(a) $NiCo_2O_4$ 涂覆网浸入不同溶液 24h 后 SEM 图像

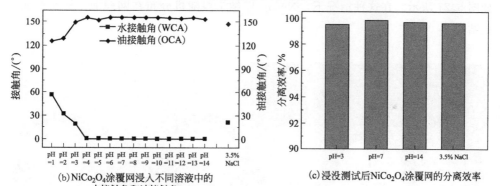

(b) $NiCo_2O_4$ 涂覆网浸入不同溶液中的
水接触角和油接触角

(c) 浸没测试后 $NiCo_2O_4$ 涂覆网的分离效率

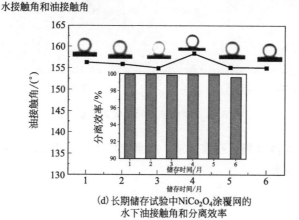

(d) 长期储存试验中 $NiCo_2O_4$ 涂覆网的
水下油接触角和分离效率

图 6.20　$NiCo_2O_4$ 涂覆网化学耐久性

试后的 $NiCo_2O_4$ 涂覆网的表面形态。可以看出，$NiCo_2O_4$ 线状纳米结构在 3.5%（质量分数）NaCl 溶液和 pH 值为 2~14 的溶液中得到了很好的保持。相反，大多数 $NiCo_2O_4$ 线状纳米结构被破坏，基板上只有少量的纳米结构在 pH<3 时保持不变。此外，当 pH<3 时，WCA 增大，OCA 显著减小，而原始的特殊润湿性（超亲水性-水下超疏油性）则保持在 3~14 的 pH 范围内 [图 6.20(b)]。此外，浸入测试后的 $NiCo_2O_4$ 涂覆不锈钢网显示出对己烷-水混合物的高分离效率（>99.5%）[图 6.20(c)]。结果表明，$NiCo_2O_4$ 涂覆网在高浓盐水、弱酸性和含油污水的实际应用范围内具有优异的化学稳定性。另外，分离膜在环境气氛下的长期储存稳定性是应用的关键因素。测量了不同储存时间的 $NiCo_2O_4$ 涂覆网的润湿性和分离效率，相应的结果如图 6.20(d) 所示。所有样品在储存的 6 个月内都显示出高于 155° 的水下 OCA 和高于 99.5% 的高分离效率。结果表明，对于长期储存，润湿性具有显著的稳定性。

6.2.6　油水分离机理研究

为了清楚地了解超亲水-水下超疏油表面的油水分离机理，分离网的润湿模式如图 6.21 所示。在这种情况下，$NiCo_2O_4$ 纳米线随机分布在网表面，从而形成多孔结构。

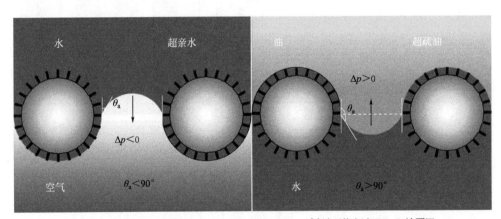

(a) 水可以透过 $NiCo_2O_4$ 涂覆网　　(b) 油不能穿过 $NiCo_2O_4$ 涂覆网

图 6.21　水和油的润湿模式示意

从理论上讲，在液体润湿孔底之前，必须克服入侵压力 Δp，这可以由 Young-Laplace 方程[87,88]解释：

$$\Delta p = -2\gamma/R = -2\gamma\cos\theta_a/d \qquad (6.3)$$

式中　γ——表面张力；

　　　R——弯液面的半径；

θ_a——表面上液体的接触角；

d——孔的平均尺寸。

从式（6.3）可以看出：当 $\theta_a > 90°$ 时，侵入压力（$\Delta p > 0$）为正，不锈钢网可以支撑一定的压力；相反，当 $\theta_a < 90°$ 时，液体将在负压（$\Delta p < 0$）的作用下自发通过网孔。图 6.21(a) 显示了网眼上水的中间润湿状态的示意。对于超亲水性 $NiCo_2O_4$ 涂覆网，θ_a 接近 $0°$，$\Delta p < 0$，且网不能承受任何压力。一旦水与网眼接触，水就会被分层结构迅速捕获，并自发渗透到网眼中。捕获的极性水充当非极性油的防护层，导致在油存在的情况下在网眼表面形成油/水/固体界面［图 6.21 (b)］。水下超疏油不锈钢网 $\theta_a > 90°$，并且 $\Delta p > 0$，这意味着该不锈钢网可以在一定程度上承受压力。油相被完全排斥，并防止其渗透通过网孔。因此，可以使用预先润湿的超亲水性底层不锈钢网来分离比水轻的油。

参 考 文 献

[1] Feng L, Zhang Z Y, Mai Z H, et al. A super-hydrophobic and super-oleophilic coating mesh film for the separation of oil and water [J]. Angewandte Chemie International Edition，2004，43：2012-2014.

[2] Xue Z X, Wang S T, Lin L, et al. A novel superhydrophilic and underwater superoleophobic hydrogel-coated mesh for oil/water separation [J]. Advanced Materials，2011，23（37）：4270-4273.

[3] Wang B, Liang W X, Guo Z G, et al. Biomimetic super-lyophobic and super-lyophilic materials applied for oil/water separation：a new strategy beyond nature [J]. Chemical Society Reviews，2015，44（1）：336-361.

[4] Yang Y, Wang H, Li J X, et al. Novel functionalized nano-TiO_2 loading electrocatalytic membrane for oily wastewater treatment [J]. Environmental Science Technology，2012，46：6815-6821.

[5] Dou Y, Tian D, Sun Z, et al. Fish gill inspired crossflow for efficient and continuous collection of spilled oil [J]. ACS Nano，2017，11：2477-2485.

[6] Zhang S Y, Lu F, Tao L, et al. Bio-inspired anti-oil-fouling chitosan-coated mesh for oil/water separation suitable for broad pH range and hyper-saline environments [J]. ACS Applied Materials Interfaces，2013，5：11971.

[7] Xu Z, Jiang D Y, Wei Z B, et al. Fabrication of superhydrophobic nano-aluminum films on stainless steel meshes by electrophoretic deposition for oil-water separation [J]. Applied Surface Science，2018，427：253-261.

[8] Hubadillah S K, Kumar P, Othman M H D, et al. A low cost, superhydrophobic and superoleophilic hybrid kaolin-based hollow fibre membrane（KHFM）for efficient adsorption-separation of oil removal from water [J]. RSC Advances. 2018，8：2986-2995.

[9] Ren G N, Song Y M, Li X M, et al. A superhydrophobic copper mesh as an advanced platform for oil-water separation [J]. Applied Surface Science，2018，428：520-525.

[10] Shi Z, Zhang W, Zhang F, et al. Ultrafast separation of emulsified oil/water mixtures by ultrathin free-standing single-walled carbon nanotube network films [J]. Advanced Materials，2013，25：2422-2427.

[11] Gao X, Xu L P, Xue Z, et al. Dual-scaled porous nitrocellulose membranes with underwater superoleophobicity for highly efficient oil/water separation [J]. Advanced Materials，2014，26：1771-1775.

[12] Zhang Z Y, Wang H H, Liu B S, et al. $NiCo_2O_4$ hierarchical structure coated mesh with long-term sta-

ble underwater superoleophobicity for high-efficient, high-flux oil-water separation [J]. Applied Surface Science, 2020, 504: 144598.

[13] Kota K, Kwon G, Choi W, et al. Hygro-responsive membranes for effective oil-water separation [J]. Nature Communications, 2012, 3: 1025.

[14] Yoon H, Na S H, Choi J Y, et al. Gravity-driven hybrid membrane for oleophobic-superhydrophilic oil water separation and water purification by graphene [J]. Langmuir, 2014, 30: 11761-11769.

[15] Zhang F, Zhang W, Shi Z, et al. Nanowire-haired inorganic membranes with superhydrophilicity and underwater ultralow adhesive superoleophobicity for high-efficiency oil/water separation [J]. Advanced Materials, 2013, 25: 4192-4198.

[16] Cao H J, Fu J Y, Liu Y, et al. Facile design of superhydrophobic and superoleophilic copper mesh assisted by candle soot for oil water separation [J]. Colloids and Surface A, 2018, 537: 294-302.

[17] Zhang Y Z, Wang H H, Liu B S, et al. NiCo$_2$O$_4$ hierarchical structure coated mesh with long-term stable underwater superoleophobicity for high-efficient, high-flux oil-water separation [J]. Applied Surface Science, 2020, 504: 144589.

[18] Gao R, Liu Q, Wang J, et al. Construction of superhydrophobic and superoleophilic nickel foam for separation of water and oil mixture [J]. Applied Surface Science, 2014, 289: 417-424.

[19] Yong J, Chen F, Yang Q, et al. Femtosecond laser induced hierarchical ZnO superhydrophobic surfaces with switchable wettability [J]. Chemical Communications, 2015, 51: 9813-9816.

[20] Huang Y, Sarkar D K, Chen X G. Superhydrophobic nanostructured ZnO thin films on aluminum alloy substrates by electrophoretic deposition process [J]. Applied Surface Science, 2015, 327: 327-334.

[21] Velayi E, Norouzbeigi R. Annealing temperature dependent reversible wettability switching of micro/nano structured ZnO superhydrophobic surfaces [J]. Applied Surface Science, 2018, 441: 156-164.

[22] Lu H, Zhai X Y, Liu W W, et al. Electrodeposition of hierarchical ZnO nanorod arrays on flexible stainless steel mesh for dye-sensitized solar cell [J]. Thin Solid Films, 2015, 586: 46-53.

[23] Wang X F, Lu H, Liu W W, et al. Electrodeposition of flexible stainless steel mesh supported ZnO nanorod arrays with enhanced photocatalytic performance [J]. Ceramics International, 2017, 43: 6460-6466.

[24] Nesheva D, Dzhurkov V, Stambolova I, et al. Surface modification and chemical sensitivity of sol gel deposited nanocrystalline ZnO films [J]. Materials Chemistry and Physics, 2018, 209: 165-171.

[25] Ayana D G, Ceccato R, Collini C, et al. Sol-gel derived oriented multilayer ZnO thin films with memristive response [J]. Thin Solid Films, 2016, 615: 427-436.

[26] Li H, Zheng M J, Liu S D, et al. Reversible surface wettability transition between superhydrophobicity and superhydrophilicity on hierarchical micro/nanostructure ZnO mesh films [J]. Surface Coatings Technology, 2013, 224: 88-92.

[27] Li L J, Zhang Z Y, Lei J L, et al. A facile approach to fabricate superhydrophobic Zn surface and its effect on corrosion resistance [J]. Corrosion Science, 2014, 85: 174-182.

[28] Zaffiropoulos N E, Vickers P E, Baillie C A. An experimental investigation of modified and unmodified flax fibres with XPS, TOF-SIMS and ATR-FTIR [J]. Journal of Materials Science, 2003, 38: 3903-3914.

[29] Fisher G L, Walker A V, Hooper A E, et al. Bond insertion, complexation, and penetration pathways of vapor-deposited aluminum atoms with HO- and CH$_3$O-terminated organic monolayers [J]. Journal of the American Chemical Society, 2002, 124: 5528-5541.

［30］ Saw K G，Ibrahim K，Lim Y T，et al. Self-compensation in ZnO thin films：An insight from X-ray pho toelectron spectroscopy，Raman spectroscopy and time-of-flight secondary ion mass spectroscopy analyses ［J］. Thin Solid Films，2007，515：2879-2884.

［31］ Li L，Yang H Q，Yu J，et al. Controllable growth of ZnO nanowires with different aspect ratios and microstructures and their photoluminescence and photosensitive properties ［J］. Journal of Crystal Growth，2009，311：4199-4206.

［32］ Yang K，Peng H B，Wen Y H，et al. Re-examination of characteristic FTIR spectrum of secondary layer in bilayer oleic acid-coated Fe_3O_4 nanoparticles ［J］. Applied Surface Science，2010，256：3093-3097.

［33］ Li H，Zheng M，Ma L，et al. Two-dimensional ZnO nanoflakes coated mesh for the separation of water and oil ［J］. Materials Research Bulletin，2013，48：25-29.

［34］ Feng Y，Chen S，Cheng Y F. Stearic acid modified zinc nano-coatings with superhydrophobicity and enhanced antifouling performance ［J］. Surface Coatings Technology，2018，340：55-65.

［35］ Wang P，Zhang D，Qiu R，et al. Super-hydrophobic film prepared on zinc as corrosion barrier ［J］. Corrosion Science，2001，53：2080-2086.

［36］ Velayi E，Norouzbeigi R. Robust superhydrophobic needle-like nanostructured ZnO surfaces prepared without post chemical-treatment ［J］. Applied Surface Science，2017，426：674-687.

［37］ Shi Y，Wu Y，Feng X，et al. Fabrication of superhydrophobic-superoleophilic copper mesh via thermal oxidation and its application in oil-water separation ［J］. Applied Surface Science，2016，367：493-499.

［38］ Zhou R，Lin S D，Shen F，et al. A universal copper mesh with on-demand wettability fabricated by pulsed laser ablation for oil/water separation ［J］. Surface Coatings Technology，2018，348：73-80.

［39］ Zhang E S，Cheng Z J，Lv T，et al. Anti-corrosive hierarchical structured copper mesh film with superhydrophilicity and underwater low adhesive superoleophobicity for highly efficient oil-water separation ［J］. Journal of Materials Chemistry A，2015，3：13411-13417.

［40］ Shannon M A，Bohn P W，Elimelech M，et al. Science and technology for water purification in the coming decades ［J］. Nature，2008，452：301-310.

［41］ Lee C H，Tiwari B，Zhang D Y，et al. Water purification：oil－water separation by nanotechnology and environmental concerns ［J］. Environmental Science-Nano，2017，4：514-525.

［42］ Wang K，Han D S，Yiming W，et al. A windable and stretchable three-dimensional all-inorganic membrane for efficient oil/water separation ［J］. Scientific Reports，2017，7：16081.

［43］ Wang K，Yiming W，Saththasivam J，et al. A flexible，robust and antifouling asymmetric membrane based on ultra-long ceramic/polymeric fibers for high-efficiency separation of oil/water emulsions ［J］. Nanoscale，2017，9：9018-9025.

［44］ Zhao Y H，Zhang M，Wang Z K. Underwater superoleophobic membrane with enhanced oil-water separation，antimicrobial，and antifouling activities ［J］. Advanced Materials Interfaces，2016，3：1500664.

［45］ Bakke T，Klungsoyr J，Sanni S. Environmental impacts of produced water and drilling waste discharges from the Norwegian of shore petroleum industry ［J］. Marine Environmental Research，2013，92：154-169.

［46］ Li S H，Huang J Y，Chen Z，et al. Review on special wettability textiles：theoretical models，fabrication technologies and multifunctional applications ［J］. Journal of Materials Chemistry A，2017，5：31-55.

[47] Chu Z, Feng Y, Seeger S. Oil/Water separation with selective superantiwetting/superwetting surface materials [J]. Angewandte Chemie International Edition, 2015, 54: 2328-2338.

[48] Zhang S, Jiang G, Gao S, et al. Cupric phosphate nanosheets-wrapped inorganic membranes with superhydrophilic and outstanding anti-crude-oil fouling property for oil/water separation [J]. ACS Nano, 2018, 12: 795-803.

[49] Su M J, Liu Y, Zhang Y H, et al. Robust and underwater superoleophobic coating with excellent corrosion and biofouling resistance in harsh environments [J]. Applied Surface Science, 2018, 436: 152-161.

[50] Bellanger H, Darmanin T, de Givenchy E T, et al. Chemical and physical pathways for the preparation of superoleophobic surfaces and related wetting theories [J]. Chemical Reviews, 2014, 114: 2694-2716.

[51] Wang S, Liu K, Xi Y, et al. Bioinspired surfaces with superwettability: New insighton theory, design, and applications [J]. Chemical Reviews, 2015, 115: 8230-8293.

[52] Fan X, Jia X, Liu Y, et al. Tunable wettability of hierarchical structured coatings derived from one-step synthesized raspberry-like poly (styrene-acrylic acid) particles [J]. Polymer Chemistry, 2015, 6: 703-713.

[53] Zhu Z G, Wang W, Qi D P, et al. Calcinable polymer membrane with revivability for efficient oily-water remediation [J]. Advanced Materials, 2018, 30: 1801870.

[54] Schlaich C, Yu L, Cuellar J L, et al. Fluorine-free superwetting systems: construction of environmentally-friendly superhydrophilic, superhydrophobic, and slippery surfaces on various substrates [J]. Polymer Chemistry, 2016, 7: 7446-7454.

[55] Teng C, Lu X, Ren G, et al. Underwater self-cleaning PEDOT-PSS hydrogel mesh for effective separation of corrosive and hot oil/water mixtures [J]. Advanced Materials Interfaces, 2014, 1: 1400099.

[56] Zhang Y Y, Chen Y, Hou L L, et al. Pine-branch-like TiO_2 nanofibrous membrane for high efficient strong corrosive emulsion separation [J]. Journal of Materials Chemistry A, 2017, 5: 16134-16138.

[57] Raturi P, Yadav K, Singh J P. ZnO-nanowires-coated smart surface mesh with reversible wettability for efficient on-demand oil/water separation [J]. ACS Applied Materials Interfaces, 2017, 9: 6007-6013.

[58] Zhao X D, Cheng Z Q, Luan G Y, et al. A zinc oxide nanorods coated brass wire mesh with superhydrophilicity and underwater superoleophobicity prepared by electrochemical deposition combined with hydrothermal reaction [J]. Materials Letters, 2017, 207: 72-75.

[59] Chen Y, Wang N, Guo F Y, et al. A Co_3O_4 nano-needles mesh for high-efficient, high-flux emulsion separation [J]. Journal of Materials Chemistry A, 2016, 4: 12014-12019.

[60] Zhang L B, Zhong Y J, Cha D, et al. A self-cleaning underwater superoleophobic mesh for oil-water separation [J]. Scientific Reports, 2013, 3: 2326.

[61] Song J L, Li S D, Zhao C L, et al. A superhydrophilic cement-coated mesh: an acid, alkali, and organic reagent-free material for oil/water separation [J]. Nanoscale, 2018, 10: 1920-1929.

[62] Wen Q, Di J, Jiang L, et al. Zeolite-coated mesh film for efficient oil – water separation [J]. Chemical Science, 2013, 4: 591-595.

[63] Dong Y, Li J, Shi L, et al. Underwater superoleophobic graphene oxide coated meshes for the separation of oil and water, Chemical Communications, 2014, 50: 5586-5589.

[64] Huang Y, Li H, Wang L, et al. Ultrafiltration membranes with structure-optimized graphene-oxide coatings for antifouling oil/water separation [J]. Advanced Materials Interfaces, 2015, 2: 1400433.

金属特殊润湿性表面制备
及性能研究

[65] Hong S K, Bae S, Jeon H, et al. An underwater superoleophobic nanofibrous cellulosic membrane for oil/water separation with high separation flux and high chemical stability [J]. Nanoscale, 2018, 10: 3037-3045.

[66] Li Y, Zheng X, Yan Z H, et al. Closed pore structured NiCo$_2$O$_4$ coated nickel foam for stable and effective oil/water separation [J]. ACS Applied Materials Interfaces, 2017, 9: 29177-29184.

[67] Yuan C, Li J, Hou L, et al. Facile template-free synthesis of ultralayered mesoporous nickel cobaltite nanowires towards high-performance electrochemical capacitors [J]. Journal of Materials Chemistry, 2012, 22: 16084-16090.

[68] Xiao Y, Hu C, Qu L, et al. Three-dimensional macroporous NiCo$_2$O$_4$ sheets as a non-noble catalyst for efficient oxygen reduction reactions [J]. Chemistry-A European Journal, 2013, 19: 14271-14278.

[69] Tang Y Y, Zhang D F, Qiu X X, et al. Fabrication of a NiCo$_2$O$_4$/Zn$_{0.1}$Cd$_{0.9}$S p-n heterojunction photocatalyst with improved separation of charge carriers for highly efficient visible light photocatalytic H$_2$ evolution [J]. Journal of Alloys and Compounds, 2019, 809: 151855.

[70] Zhang D F, Pu X P, Du K P, et al. Combustion synthesis of magnetic Ag/NiFe$_2$O$_4$ composites withenhanced visible-light photocatalytic properties [J]. Separation and Purification Technology, 2014, 137: 82-85.

[71] Lv D D, Zhang D F, Liu X Y, et al. Magnetic NiFe$_2$O$_4$/BiOBr composites: One-pot combustion synthesis and enhanced visible-light photocatalytic properties [J]. Separation and Purification Technology, 2016, 158: 302-307.

[72] Zhang D F, Ding Q, Pu X P, et al. One-step combustion synthesis of NiFe$_2$O$_4$-reduced graphene oxide hybrid materials for photodegradation of methylene blue [J]. Functional Materials Letters, 2014, 7: 132-135.

[73] Zhang Y Z, Wang X Y, Wang C H, et al. Facile preparation of flexible and stable superhydrophobic non-woven fabric for efficient oily wastewater treatment [J]. Surface Coatings Technology, 2019, 357: 526-534.

[74] Jiang B, Chen Z, Dou H, et al. Superhydrophilic and underwater superoleophobic Ti foam with fluorinated hierarchical flower-like TiO$_2$ nanostructures for effective oil-in-water emulsion separation [J]. Applied Surface Science, 2018, 456: 114-123.

[75] Li G, Liu Y, Liu C. Solvothermal synthesis of gamma aluminas and their structural evolution [J]. Microporous Mesoporous Materials, 2013, 167: 137-145.

[76] Liu W M, Yin W W, Ding F, et al. NiCo$_2$O$_4$ nanosheets supportedon Ni foam for rechargeable nonaqueous sodium-air batteries [J]. Electro Chemical Communications, 2014, 45: 87-90.

[77] Yu X X, Sun Z J, Yan Z P, et al. Direct growth of porous crystalline NiCo$_2$O$_4$ nanowire arrays on a conductive electrode for high-performance electrocatalytic water oxidation [J]. Journal of Materials Chemistry A, 2014, 2: 20823-20831.

[78] Liu S, Ni D, Li H, et al. Effect of cation substitution on the pseudocapacitive performance of spinel cobaltite MCo$_2$O$_4$ (M = Mn, Ni, Cu, and Co), dagger [J]. Journal of Materials Chemistry A, 2018, 6: 10674-10685.

[79] Liu S, Hui K S, Hui K N, et al. Vertically stacked bilayer CuCo$_2$O$_4$/MnCo$_2$O$_4$ heterostructures on functionalized graphite paper for high-performance electrochemical capacitors [J]. Journal of Materials Chemistry A, 2016, 4: 8061-8071.

[80] Wan Y, Chen J, Zhan J, et al. Facile synthesis of mesoporous NiCo$_2$O$_4$ fibers with enhanced photocata-

lytic performance for the degradation of methyl red under visible light irradiation [J]. Journal of Environmental Chemical Engineering, 2018, 6: 6079-6087.

[81] Zhang Y, Wang B, Liu F, et al. Full synergistic contribution of electrodeposited three-dimensional NiCo$_2$O$_4$@MnO$_2$ nanosheet networks electrode for asymmetric supercapacitors [J]. Nano Energy, 2016, 27: 627-637.

[82] Jiang J, Shi W, Guo F, et al. Preparation of magnetically separable and recyclable carbon dots/NiCo$_2$O$_4$ composites with enhanced photocatalytic activity for the degradation of tetracycline under visible light [J]. Inorganic Chemistry Frontiers, 2018, 5: 1438-1444.

[83] Guan C, Liu X, Ren W, et al. Rational design of metal-organic framework derived hollow NiCo$_2$O$_4$ arrays for flexible supercapacitor and electrocatalysis [J]. Advanced Energy Materials, 2017, 7: 1602391.

[84] Liu W M, Yin W W, Ding F, et al. NiCo$_2$O$_4$ nanosheets supported on Ni foam for rechargeable nonaqueous sodium-air batteries [J]. Electrochemistry Communications, 2014, 45: 87-90.

[85] Yang H C, Chen Y F, Ye C, et al. Polymer membrane with a mineral coating for enhanced curling resistance and surface wettability [J]. Chemical Communications, 2015, 51: 12779-12782.

[86] Zhang Y Z, Wang X Y, Wang C H, et al. Facilefabrication of zinc oxide coated superhydrophobic and superoleophilic meshesfor efficient oil/water separation [J]. RSC Advances, 2018, 8: 35150-35156.

[87] Gao X, Zhou J, Du R, et al. Robust superhydrophobic foam: a graphdiyne-based hierarchical architecture for oil/waterseparation [J]. Advanced Materials, 2016, 28: 168-173.

[88] Liu B, Lange F F. Pressure induced transition betweensuperhydrophobic states: configuration diagrams and effect ofsurface feature size [J]. Journal of Colloid and Interface Science, 2006, 298: 899-909.

第 7 章

新兴润湿性表面

前面几章介绍的超亲水表面、超疏水表面、双元润湿性表面都属于均匀润湿性表面，本章节主要介绍与之相对立的非均匀润湿性表面。由于固体表面的润湿性由其表面化学组成和粗糙程度共同决定，因此在均匀的超疏水表面，其表面化学成分和粗糙结构通常呈均匀分布，其表面无论是宏观还是微观状态均表现出单一的超疏水特性。同理，均匀的亲水/超亲水表面也能表现出类似单一的亲水性/超亲水性。然而，在非均匀润湿性表面，则存在化学成分或粗糙结构分布不均匀的情况，从而导致其宏观表面或微观表面的润湿性呈现不均一的分布，称为非均匀润湿性。例如，具有梯度润湿性的表面，即表面包括了亲水到疏水的不同润湿性的区域；在超疏水表面构建局部的亲水区域，可以使表面从单一的超疏水状态转变为亲水-超疏水共存的非均匀润湿状态。近年的研究显示，非均匀润湿性表面在强化冷凝、换热、微流体定向传输等方面具有较好的应用前景。

自然界中还存在大量非均匀润湿性表面，非均匀润湿性赋予了它们独特的生存技能。例如，纳米布沙漠甲虫的背部分为凸起区和平坦区；凸起区无蜡质层，具有高黏附亲水性；平坦区由微米级乳突结构和疏水蜡质层组成，具有低黏附疏水性。在沙漠雾风中，甲虫迎风翘起后背，雾气在甲虫背部的亲水凸起区冷凝汇集并经疏水区流入甲虫口中。

7.1　梯度润湿性表面

7.1.1　梯度润湿性表面及制备方法

梯度润湿表面（wettability gradient）又称梯度接触角表面，是指通过一定工艺使同一表面不同位置呈现出不同的润湿性能。人们对梯度接触角表面的研究最早起于 1855 年，Thomos[1]对"酒的眼泪"进行观察，认为由于酒精挥发，在酒杯内壁形成由下到上酒精浓度逐渐减小的梯度浓度薄膜；梯度浓度薄膜引起酒杯内壁和液体酒精薄膜间 γ_{sl} 梯度变化，不平衡的表面张力在液滴两端形成向上牵引力，当牵引力和重力平衡时，液滴即保持稳定，悬挂于杯壁上，形成类似眼泪的形状。100 多年前，意大利物理学家 Marangoni 基于梯度表面张力提出马兰各尼效应（Marangoni effect）[2]，指出梯度表面张力对流体流动具有促进作用。

梯度润湿性表面由于同时具有疏液和亲液性能，因此其对材料表面的润湿性、细胞的黏附性和生物分子或粒子的固定化等相关研究具有重要价值。特别是在微机电系统（micro-electro-mechanical systems，MEMS）快速发展的今天，由于尺度减小，微系统中传统的流体驱动方式并不适合，而合理调控设备表面的润湿性进而使材料表面的润湿性呈现梯度变化，即可实现微滴的定向运输、分离、收集、稳定化和固定。另外，梯度化的润湿性表面可促使液滴的微型化，微型化的液滴在制药、化妆品和食品等行业有着很大的应用价值。

固体表面润湿性由其表面的化学成分和微观形貌共同决定。因此，从理论上而言，通过一定途径实现固体表面微观形貌或化学组成的梯度化，即可制备出梯度化的润湿性表面。

7.1.1.1　化学组成梯度化表面的制备

此类表面的制备是在保持微观结构不变的前提下，使得沿着表面某一方向的化学成分梯度变化，从而达到润湿性梯度变化的目的。目前，实现表面化学组成梯度化的技术主要有自组装法、光照法和离子交换法。

目前采用自组装技术制备化学组成梯度表面的手段主要包括两大类：一类是硅烷在硅基底或玻璃基底表面进行单分子自组装；另一类利用硫醇类在金或银基底表面进行单分子自组装。1992 年，Chaudhury 和 Whitesides[3]发现利用癸基三氯硅烷在液体石蜡溶液中挥发，使其沉积在临近硅表面，能够得到硅烷修饰的梯度表面。他们还观察到液滴在所制备的表面可由疏水区自发移动至亲水区，自发移动的驱动力为表面张力，该成果有望应用于液体输送。Morgenthaler 等[4]将涂装了金层的硅底置于十二硫醇和羟基十一硫醇溶液中，通过控制浸润溶液浓度、溶剂和浸润时间，改变表面活性分子组成，使十二硫醇中的甲基基团和羟基十一硫醇中的羟基基团在金与硫醇的自组装作用下形成梯度分布，在 4 cm 长的平滑金底上，接触角从 85°减小到 20°。此外，清华大学 Yu 等[5]在 Spencer 等的研究基础上，通过控制低表面能溶液的滴加速度，进一步利用硫醇与金表面空位的化学吸附作用，在粗糙金底上实现了表面接触角从超疏水（156.4°）到超亲水（< 10°）的转变，如图 7.1 所示。

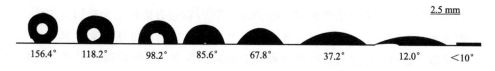

156.4°　　118.2°　　98.2°　　85.6°　　67.8°　　37.2°　　12.0°　　<10°

2.5 mm

图 7.1　粗糙金底上的梯度接触角[5]

Wang 等[6]同样在粗糙金底上，通过层层组装，形成一层与金底厚度类似的聚合物多电解层，在溶液浓度和反应时间等条件控制下，通过离子交换作用，在聚合物电解层上形成亲水氯离子和疏水氟原子梯度变化，表面接触角从 153°梯度减小到<5°。由于形成的梯度润湿表面可在 NaCl 盐溶液作用下再次回到润湿性均一表面，因此通过此种方法可以反复多次制备接触角在不同范围内变化的梯度润湿表面。Zhang 等[7]利用聚合物电解质多分子层沉积法和离子交换技术，在具有粗糙结构的锆基体上制备出梯度油润湿性表面，所制备表面的不同位置呈现出从超亲油逐渐过渡到超疏油的性能，并且利用离子交换技术可反复实现表面梯度油润湿性的

制备和消除。需要注意的是，在离子交换过程中，需通过多种物质（Cl^-、PF_6、HFB、TFSI、PFO）制备梯度润湿表面，含氟物质的使用会提高原料成本，不利于此方法的大规模生产；而且，此方法需以粗糙金底作为底材，然后通过金表面空位点的吸附得到梯度润湿表面，进一步限制了此方法的实际应用。

此外，Ichimura 等[8]发现光照能使偶氮苯类物质发生异构，表面物质结构的不同会带来表面能的差异：在紫外光照射下，表面能大的基团趋向表面，接触角变小；而在蓝光照射下，表面能小的基团趋向表面，接触角变大。通过改变光照种类和光照强度，产生梯度表面能，形成梯度润湿表面。Ito 等[9]则通过波长 172 nm 的紫外光选择照射二氧化硅表面，使低表面能基团甲基氧化成高表面能基团羧基，形成表面活性分子梯度变化，接触角从 100° 减小到 25°。此外，还有化学氧化法[10]、电化学法[11,12]和气相沉积法[13]等。

7.1.1.2 微观形貌梯度化表面的制备

梯度化的润湿性表面亦可在保持表面化学成分不变的前提下，通过梯度化的微观形貌来实现。现有实现表面微观形貌梯度化的方法主要有激光刻蚀法、化学刻烛法和离子刻蚀法等。

Sun 等[14]在硅基体上利用激光刻蚀法加工出不同间距的凹槽，表面形貌随着凹槽间距的增加而逐渐变化，最终形成了润湿性从超疏水至疏水范围内连续变化的表面，该表面可用于控制液滴的移动。Yin 等[15]通过相关装置，控制铝片上不同位置与刻蚀溶液的反应时间，得到了结构上呈梯度变化的铝表面，低表面能修饰后，得到了梯度润湿性表面，该表面可控制水滴和油滴的移动。Lu 等[16]利用阴离子聚合技术，通过控制干燥过程中核-壳结构微粒的密度和形状，得到了微观形貌呈梯度变化的表面，该表面的润湿性可在超疏水到疏水范围内变化。

中国科学院长春应用化学研究所的 Zhang 等[17]在这方面做了大量研究工作，他们将超疏水（接触角 165.8°，滚动角 4°）且具有多孔表面的低密度聚乙烯（LPDE）置于梯度温度场内，通过对加热温度和加热时间的控制，当热端温度高于 LPDE 的融熔温度 T_m，并在温度场内放置 10 min 后，热端表面晶型结构被破坏，表面孔隙率降低，疏水性下降；于是在沿着温度升高方向，表面微观形貌梯度变化，以此形成了从超疏水到疏水的梯度润湿表面。他们还将聚苯乙烯（PS）微粒薄膜同样置于梯度温度场内[18]，通过实验发现，随着温度升高，PS 表面粗糙度从 46.3 nm 降低到 14.6 nm；而表面接触角从 148.1° 降低到 88.7°，如图 7.2 所示。

图 7.2　梯度表面上的水滴照片[18]

然而目前梯度润湿性表面的构建大多基于硅片或其他非金属材料，金属基底梯度润湿性表面的报道相对较少。铜、铝等重要的金属工程材料，在导热和导电等领域有广泛应用，最近以金属铜和铝为基底的梯度润湿表面亦开始引起人们的注意。Ju 等[19]基于仙人掌棘刺结构的启发，2013 年通过两步电化学腐蚀法在铜丝上制备了一种具有梯度润湿性的锥形铜丝。第一步［图 7.3(c)］是通过电化学反应容器

(a)天然仙人掌

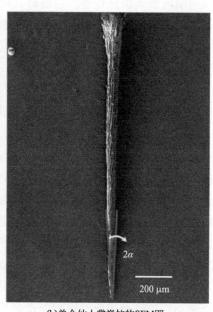

(b)单个仙人掌脊柱的SEM图

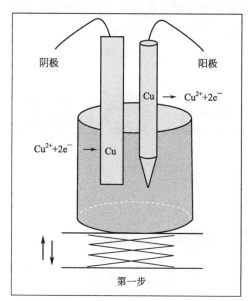

(c)具有梯度润湿性的锥形铜丝
的制备过程示意

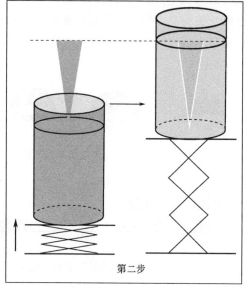

(d)具有梯度润湿性的锥形铜丝
的制备过程示意

图 7.3　天然仙人掌、单个仙人掌脊柱的 SEM 图以及具有梯度润湿性的锥形铜丝的制备过程[19]

中底部台子的升降来合理控制发生化学反应的铜丝尖部长度，得到不同的锥顶角分别为 9°、11°、13°、15° 的铜锥。第二步［图 7.3(d)］，是利用电化学腐蚀法通过底部台子的升降来腐蚀不同的高度进而得到一种梯度润湿性的铜锥，这些铜锥的尖端到底端润湿性逐渐增强。

结露水滴在拉普拉斯压力梯度以及润湿梯度的双重作用力下，实现了水滴从铜线尖端向根部快速传递。当前研究结果说明：水滴在材料表面存在润湿梯度的条件下，能够从润湿性较弱的区域自发地向润湿性较强的区域移动，通过在材料表面进行润湿调控及结构设计，可以实现流体的定向传输及操控，在微流体控制领域具有较好的潜在应用前景。

Huang 等[20]采用引入温度梯度场对金属铜片进行梯度氧化，使金属基体在表面形成形貌沿温度梯度方向连续变化的金属氧化物纳米薄膜，从而获得接触角为 18°～88° 的润湿性梯度表面，所得的具有梯度润湿性的铜表面可以较大程度地强化冷凝面的水汽凝结，凝结水量可提高约 30%。华东理工大学王刚等[21]前期也曾采用碱辅助氧化法在沟槽式铜微热管中构建了水接触角为 20°～85° 的润湿性梯度内表面，发现可降低热管的换热热阻。由于滴状冷凝或微热管散热过程强化可能均基于润湿性梯度促进了铜表面上液滴的定向铺展性能。该团队通过控制铜与硝酸银之间化学置换反应过程的硝酸银浓度和反应时间，在无须低表面能物质修饰时，可在铜基上制备出水接触角从 151.4° 至 90.8° 逐渐变化的梯度润湿性表面，如图 7.4 所示[22]。随着反应继续进行，银粒子不断沉积，铜表面接触角增大到一定程度后又会变小，这是由于此时铜表面逐渐形成一层完整且相对平整的银粒子薄膜，表面粗糙度由大变小，从而使得水接触角减小。而采用碱辅助氧化法，即滴加氢氧化钠和过硫酸铵的混合溶液，就可在长约 4 cm 的铜片位置上形成接触角从超亲水（3.7°）至超疏水（151.6°）连续变化的梯度润湿性表面，如图 7.5 所示[22]。

| 90.7° | 102.9° | 114.3° | 129.6° | 142.0° | 151.4° |

图 7.4　铜基化学沉积法制备梯度润湿表面的接触角[22]

| 151.6° | 137.8° | 110.4° | 83.1° | 61.2° | 27.4° | 3.7° |

图 7.5　铜基碱性辅助表面氧化法/化学沉积法制备的高梯度润湿表面[22]

该团队采用阳极氧化法在铜基底表面制备了梯度润湿性表面，并调研了电流密度和 KOH 电解液浓度对润湿性的影响，制备了从疏水（90.3°）至超亲水（4.2°）

连续变化的梯度润湿性表面，如图 7.6 所示，其微观形貌见图 7.7[23]。Lalia 等[24] 通过静电纺丝法将二甲基乙酰胺溶液喷涂到金属铝表面形成纤维多孔表面，注入石英油形成光滑表面。

图 7.6　梯度润湿性表面接触角图片

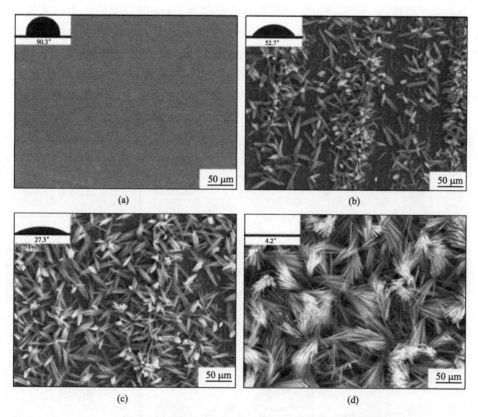

图 7.7　铜基底上生长的 $Cu(OH)_2$ 纳米带阵列的 SEM 图像[23]

　　需要指出的是，研究者还通过同时改变表面化学组成和表面微观形貌，制备了梯度润湿性表面。Lai 等[25]在具有梯度粗糙形貌的 11 mm 基材表面，通过自组装作用造成表面活性分子梯度变化，在两者共同作用下，表面接触角从 151.2°减小到 39.7°。Zhang 等[26]在聚乙烯（PS）平面上，通过 X 方向梯度温度场形成梯度变化的表面形貌和 Y 方向磺化作用形成梯度变化的化学组成，同时改变表面微观形貌和表面化学组成，得到从疏水到亲水、疏水到超亲水、超疏水到超亲水、超疏水到疏水的多种接触角范围内变化的梯度润湿性表面。

7.1.2 梯度润湿性表面的应用

梯度润湿表面以其独特的表面性能，在液滴移动、微流体流动和生物吸附等领域展现出了广阔应用前景，现对其分别进行介绍。

7.1.2.1 液滴移动

Chaudhury 和 Whitesides[3] 于 1992 年在 *Science* 上首次报道了梯度润湿性表面上的液滴移动。他们通过气相沉积法在长度为 1 cm 的洁净硅片上形成接触角从 97°到 25°的梯度润湿表面，在接触角滞后≤10°时，1～2 mL 液滴能够在倾角为 15°的梯度润湿性表面上移动，其速度达到 1～2 mm/s。Zheng 等[27] 在 2010 年于 *Nature* 上报道了蜘蛛网以其特殊表面结构，通过梯度表面能和拉普拉斯（Laplace）力实现液滴移动，如图 7.8 所示。

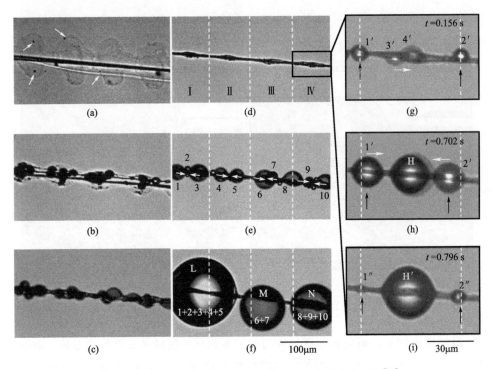

图 7.8 原位光学显微镜观察雾中蜘蛛丝上定向集水过程[27]

通过改变 γ_{sg} 和 γ_{sl} 得到的梯度润湿性表面，可促使液滴移动，从而在气相冷凝换热、集水和光电领域有一定应用。Daniel 等[28] 研究了接触角从 100°减小到 0°梯度润湿性表面上的气相冷凝换热，热气流在该表面以滴状形式凝结；通过气相冷凝和梯度润湿性表面的共同作用，小液滴移动聚结成大液滴，换热表面不断更新，换热效果提高 1 倍以上，如图 7.9 所示。此外，由于液晶聚合物（LCP）在使用过程中会降低光利用效率，Leu 等[29]以液晶聚合物膜中相分离为基础，通过电压调控聚合物链端液晶分子，使疏水苯环与亲水氰基定向排列，在粗糙形貌表面上形成梯度润湿性表面，促进表面上液滴移动，增强液晶聚合物对光的散射和吸收，提高了光利用效率。

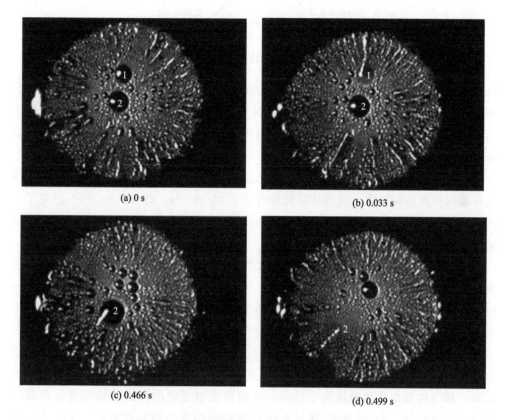

(a) 0 s   (b) 0.033 s

(c) 0.466 s   (d) 0.499 s

图 7.9　梯度接触角表面上的气相冷凝换热[28]

具有梯度表面张力特征的梯度接触角表面，可在液滴两端造成不平衡 Young 力，形成促进液滴移动的推动力 dF_Y[30-32]：

$$dF_Y = \gamma_{lg}(\cos\theta_A - \cos\theta_B)dx$$

式中　θ_A——A 点的接触角；

$\quad\quad\theta_B$——B 点的接触角。

而在拉普拉斯（Laplace）力作用下，液滴会有保持球状曲面形状的趋势，这两者相互作用促成了液滴移动，液滴移动的过程是系统总界面吉布斯自由能自发减少的过程，如图 7.10 所示。

国内外一些研究小组对液滴在梯度润湿性表面上的移动进行了细致研究：Yasuda 等[33]通过观察液滴移动，发现凹槽表面高度对液滴移动速度有重要影响；

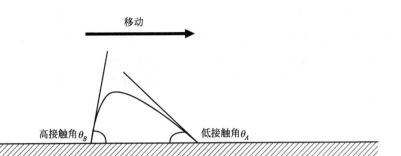

图 7.10　梯度接触角表面上的液滴移动

Sun 等[14]则研究了具有粗糙形貌梯度表面上的液滴移动，指出由 Cassie 方程到 Wenzel 方程的转变是液滴产生自发移动的必要条件。而 Lai 等[25]对梯度润湿性表面不同位置的液滴移动速度进行分析，说明接触角滞后和液滴形状对速度有着重要影响。

　　Ichimura 和 Sumino 等[8,38]观察发现具有梯度表面能的表面，能够产生促使液滴移动的梯度表面张力，液滴移动速度可达 0.05 mm/s。此外，Ito 等[9]研究了不同接触角梯度值[(°)/mm] 表面对液滴移动速度的影响，实验表明：液滴移动速度随着梯度值的增加有着明显提高。

　　Das 等[34]研究不同倾角平面上液滴平衡状态，通过进一步分析接触角梯度值[(°)/mm]对液滴移动的影响发现：在 10°倾角平面上，当平面梯度值为 7°/mm 时，液滴能够克服重力进行爬坡；而在梯度值为 1°/mm 平面上，液滴却朝下移动。由此可以推论，梯度值越大，对液滴所产生的牵引力越大，液滴移动速度越快。另外，Zhu 等[13]在水平梯度润湿性表面上，观察到液滴移动速度达 42 mm/s；而在倾角 30°平面上，液滴移动速率为 18 mm/s；并从表面自由能角度分析了液滴移动，移动包括加速和减速两个过程，液滴形变过程中的界面能转变是促使液滴移动的主要原因。Khoo 等[35]在具有楔形结构的纳米粗糙梯度表面，实现了速率 500 mm/s 的液滴自发移动。

　　此外，研究者还试图从模型方程方面对液滴移动进行解释。Brochard[36]指出在化学组成梯度变化表面，液滴移动方向是铺展系数 S 增大的方向，液滴移动速度和 S 的一次方成正比。Lee 等[37]从表面能角度分析了液滴移动，给出特定表面上的液滴移动速度方程。Sumino 等[38]描述液滴在等温条件下的移动过程中，化学能到机械能的转变，说明液滴内在分子驱动对移动的影响；此外，他们还从液滴体积方面解释了液滴自发移动[39]。而 Tseng 等[40]指出由 Marangoni 效应产生的液滴推动力大于由毛细力产生的推动力，液滴前进角/后退角动态变化和液滴内流场分布是影响移动动力的重要因素，液滴内部漩涡流场是液滴移动的根本原因。Pismen 和 Thiele[41]在微尺度到分子尺度范围内，对液滴前进角和后退角的关系进行数学模型推导，得到梯度润湿条件下的液滴动力是由重力等体积力造成，并指出黏

金属特殊润湿性表面制备
及性能研究

性力和毛细力对液滴移动的影响。此外，研究者还试图以梯度润湿性表面为研究对象，分析了影响液滴移动的因素。Wasan 等[42]在 Chaudhury 等的研究基础上，进一步分析导致液滴移动的 Marangoni 效应和毛细力，通过公式推导，指出当表面的表面张力梯度值为 10 mN/m² 时，液滴理论移动速率可达 500 mm/s。Leu 等[43]通过建立特征长度 L_c，并与竖直梯度润湿表面长度 C 进行比较发现：当 $C>L_c$ 时，重力占优势；而当 $C<L_c$ 时，梯度表面上的表面张力占优势；并以此解释了气相冷凝系统中传热系数提高的原因。此外，Thiele 等[44]指出液滴移动速率不仅与前进角和后退角附近的表面化学组成有关，接触线附近的表面化学密度对移动速率也有重要影响。

需要注意的是，当液滴大小一定时梯度润湿性表面上由接触角滞后所产生的黏滞力是液滴移动的主要阻力。接触角滞后越大，液滴移动越困难。对于一个促使液滴连续移动的理想梯度润湿性表面，应是平衡接触角梯度变化，而在其表面上每个点的接触角滞后尽可能小。

接触角滞后可通过外力进行克服，如 Daniel 等[45]对接触角滞后进行研究：通过外来振动所产生的额外力可以克服接触角滞后所带来的阻力，提高液滴移动速率；在液滴黏度不变时，当振动频率与液滴固有频率一致时[46]，液滴移动速率会有明显提高。

7.1.2.2　微流体流动

微机电系统（MEMS）中，由于尺度减小，表面张力作用变得十分明显，常规流体驱动方式并不适合，表面张力对流体的驱动成为 MEMS 一个重要研究领域。梯度接触角表面具有表面张力梯度变化的特征，因此，梯度接触角表面在微流体中也有一定应用。Gallardo 等[47]报道了一种通过控制液体表面张力，改变 γ_{sl} 形成驱动力的方法：在液体两端插入电极，在电极氧化-还原作用下，水溶液中活性分子在一价态和二价态之间进行转变，接触角会随着一价活性分子浓度的降低而增大，从而产生接触角梯度，带来表面张力梯度变化，实现对微小尺寸液体的控制，如图 7.11所示。

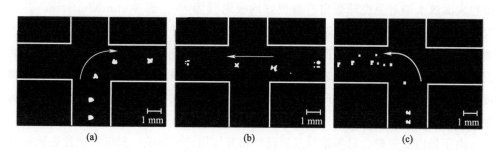

图 7.11　梯度接触角表面上亚毫米尺寸的液体行为[47]

此外，Gau 等[48]在疏水硅胶基底表面通过气相沉积一层亲水的 MgF_2 层，构造出一系列宽 10 mm、间距 10 mm、厚 20 nm 的规整形貌格子条纹；当在亲水 MgF_2 条纹上滴加少量水滴时，条纹具有类似管道的作用，使液滴沿着条纹方向发生形变；当水滴体积增加，由于亲水和疏水的边界上接触角不满足 Young 方程，管道会形成不稳定凸起；而当水滴体积进一步增加，凸起部分会继续扩大，相邻管道内不稳定凸起会形成液桥相互融合。

Qu 等[49]则通过模拟计算发现具有轴向梯度润湿性的表面不仅能够为微小通道内流体提供毛细回流力，而且不会增大气-液流体间剪切阻力，以此提高液体回流速率。而 Suman[50]指出具有梯度表面张力的表面能够有效降低流体压降，提高流体流动性，促进液体回流速率和回流量的提高。通过提高微小通道内流体的回流速率和回流量，可以加快微热管内工质流体循环，强化微热管换热效果。梯度接触角表面对微流体的作用机理与液滴类似，均是通过表面张力的差异形成动力，而梯度表面张力对流体稳定性也有不利影响。Hewakandamby 等[51]在研究薄膜流动中，从表面张力变化对流体压降的影响中发现，表面张力梯度改变 1% 时，Re 减小 33%；但由于 Marangoni 效应的影响，要从机理上解释这种现象还有一定困难。

7.1.2.3　生物吸附

由于存在 Vroman 效应[52]（Vroman 效应指从吸附时间、血浆稀释倍数和狭窄空间高度三个角度去研究纤维原蛋白在从血浆吸附到生物材料表面的过程中，发现纤维蛋白的吸附会出现最大值；Vroman 效应具有普遍性，反映的是血浆中的蛋白质对表面有限位点的竞争吸附），表面润湿性对蛋白质吸附有重要影响。因为蛋白质本身结构性质的差异，不同表面润湿性会带来不同类型蛋白质吸附，Elwing 等[53]研究了硅表面甲基基团分布对纤维原蛋白吸附的影响，纤维原蛋白和 Y-球蛋白在疏水表面有着更好的吸附[54,55]，而具有高能基团的亲水表面对抗蛋白Ⅻ和激肽原等分子量高的蛋白吸附作用更强[56]。因此，具有接触角连续变化的梯度润湿性表面在蛋白质吸附中有着重要应用。Lin 等[57]研究了接触角从 12°增加到 105°的梯度润湿性表面，随着接触角变大，人类血清蛋白吸附增加；他们还观察到梯度润湿性表面疏水端对免疫球蛋白有着更好的吸附行为[58]。而 Welin-Klintstrm 等[59]发现表面负离子基团与表面亲水性对蛋白质吸附有同样影响。此外，Ruardy 等[60]通过研究白蛋白、纤维原蛋白和免疫球蛋白 G 在接触角从 100°减小到 40°的梯度润湿性表面上的吸附行为，发现吸附量随接触角减小而增加。而 Kim 等[61]则利用梯度润湿性表面由蛋白吸附所产生的链端固定作用，形成了具有一定密度梯度特征的生物素表面。

由于蛋白质吸附会对细胞与基质间的相互作用产生影响，梯度润湿性表面对细胞黏附、迁移和增长等细胞行为的作用亦引起了人们的研究兴趣。Ueda-Yukoshi

等[62]研究了细胞在梯度润湿性表面上的黏附特征，通过扩展面积、周长和循环系数 3 个黏附形貌指数表明：在疏水区域，细胞黏附值最大；随着接触角减小，黏附细胞数目迅速减少，如图 7.12 所示。而 Loos 等[63]报道了由蛋白质吸附引起的细

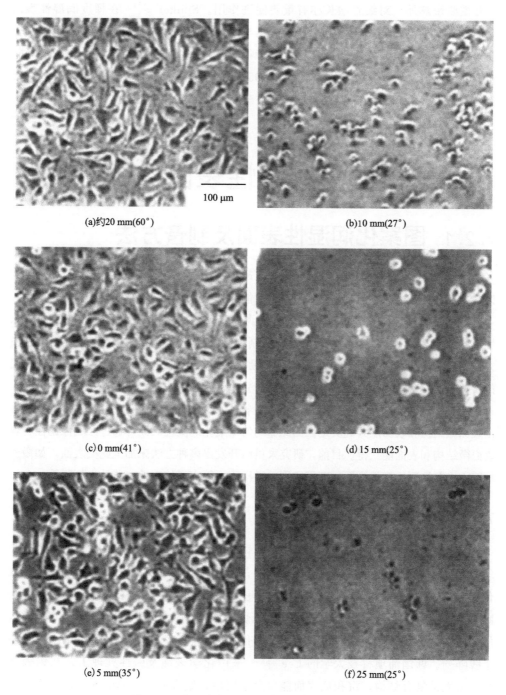

(a)约20 mm(60°)

(b)10 mm(27°)

(c)0 mm(41°)

(d)15 mm(25°)

(e)5 mm(35°)

(f)25 mm(25°)

图 7.12　表面接触角对细胞黏附数目的影响[62]

胞黏附，指出梯度润湿性表面上的细胞最大吸附量不仅由表面亲水性决定，也受到表面粗糙度的影响。此外，Chaudhury 等[64]发现由于表面作用所带来的细胞迁移，海藻孢子细胞在梯度润湿性表面更易附着在亲水端。表面润湿性除对细胞黏附和迁移有重要影响外，对细胞增长亦有重要促进作用。Spijker 等[65]在梯度润湿性表面的疏水端实现细胞增长，但由于纤维细胞与内皮细胞内蛋白质对吸附表面化学成分的选择性不同，导致对于同样具有疏水特征的润湿性表面，细胞增长也有所不同。而 Kennedy 等[66]在接触角从 25°增加到 95°的梯度润湿表面上，观察到纤维蛋白细胞的增长随接触角增大而线性加快，且在疏水区域增长速率更快。

7.2　图案化润湿性表面

7.2.1　图案化润湿性表面及制备方法

图案化润湿性表面，则是在超疏水或超疏油表面制备出所需的超亲水或超亲油区域，未处理部分保持超疏水或超疏油性能，使表面呈现出亲/疏性相间的图案。

制作亲疏水图案化表面的方法通常有两种类型：在亲水性背景基底上制作疏水性边界图案，或者是在疏水性背景基底上制作亲水性图案。亲疏水图案化表面的制备方案需要两个方面的结合：一方面是需要便于在基底上处理形成亲水性或疏水性表面的材料；另一方面是具备能够利用这些材料实现在表面制作微图案的工艺手段。

根据润湿性相关理论及自然界中典型生物体表面的润湿特征可知，固体表面润湿性由表面微结构和表面能共同决定。因此非均匀图案化润湿性表面可通过区域性调控材料表面微结构和表面能获得。目前，研究人员已开发出多种方法来加工此类表面，如激光加工、光刻涂覆、模板涂覆、喷墨印刷、微压印、等离子体改性、紫外光辐照等。

7.2.1.1　激光加工

激光加工是以去除材料的形式对表面微结构或表面能进行区域性调整，实现非均匀润湿性图案化表面加工的方法。例如，美国普渡大学的 Chitnis 等[67]利用二氧化碳激光器产生的热能定域烧蚀了疏水羊皮纸、蜡纸及调色板纸，研究了激光烧蚀区微结构与润湿性的关系，结果发现激光烧蚀增加了表面粗糙度，改变了表面能，使烧蚀区由疏水转变为亲水；利用此方法他们在不同疏水纸表面加工了亲水点及亲水线阵列。韩国浦项科技大学的 Lee 等[68]采用化学刻蚀及碱性处理工艺在铝表面加工出微纳复合结构，沉积低表面能单分子层后，铝表面显示超疏水性，然后用激光烧蚀定域去除表面单分子层，熔化微结构，在超疏水表面加工出形状复杂的亲水图案，该图案润湿性可由激光功率调控。Yang 等[69] 首先采用电化学刻蚀的方法在金属基体表面制备出超疏水表面，然后将加工好的掩膜粘贴在制备出的超疏水区域，最后将未掩盖的区域刻蚀成为超亲水区域。通过这种掩膜覆盖和电化学刻蚀相结合的方法，成功地在铝、钛和镁合金 3 种金属表面上制备出了超亲水-超疏水润湿性图案，如图 7.13 所示（彩色版见书后）。

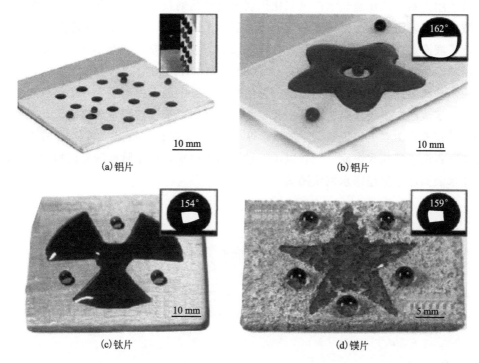

(a)铝片　　　　　　　　　　　　　　　(b)铝片

(c)钛片　　　　　　　　　　　　　　　(d)镁片

图 7.13　二次电化学刻蚀法在各种金属基体上制备极端润湿性图案[69]

7.2.1.2　光刻涂覆

光刻涂覆是指采用光刻技术在表面制备出高精度光刻胶图案，并直接利用涂覆的光刻胶图案对表面润湿性进行准确定域控制来加工非均匀图案化润湿性表面的方法。大连理工大学 Yang 等[70] 先用电化学刻蚀技术在铝表面加工出微结构，再将刻蚀后表面放入氟硅烷乙醇溶液中浸泡降低表面能获得超疏水性，最后采用光刻工艺直接将光刻胶定形到超疏水表面加工出光刻胶图案，图案区水接触角为 119.5°，显示疏水性。

7.2.1.3　模板涂覆

模板涂覆指利用模板遮盖材料表面，并在裸露区定域沉积改性层对表面润湿性进行定域调控，进而加工非均匀图案化润湿性表面的方法。如韩国纳米科技研究院的 Shon 等[71]将聚二甲基硅氧烷（PDMS）模板贴于超疏水阳极氧化铝表面，并将多巴胺溶液注入 PDMS 模板微通道中，经 18 h 自聚反应后去除模板获得和模板微通道尺寸一致的亲水微图案。韩国釜庆大学的 Hong 等[72]采用类似方法在超疏水阳极氧化铝表面加工出了圆形聚多巴胺图案，如图 7.14 所示（彩色版见书后），图案覆盖区接触角由 156.0°降至 57.6°，显示亲水性。韩国科学技术院的 You 等[73]报道了用光刻工艺在超疏水阳极氧化铝表面制备光刻胶微图案，并以此图案为模板定域沉积聚多巴胺，加工出高精度亲水轨迹；在加工的 Y 型亲水轨迹上，他们还进行了液滴定向运输及纳米金颗粒合成等实验。兰州化学物理研究所的 Zhu 等[74]先用碱性氧化反应在铜网表面构建 Cu(OH)$_2$ 纳米针结构使其获得超亲水性，接着用油水分离装置将超亲水铜网固定，并依次向装置中倒入去离子水、正己烷和十八硫醇乙醇溶液，该表面经去离子水和乙醇清洗后即可获得与油水分离装置孔径相同的圆形超疏水图案。伍伦贡大学的 Yu 等[75]在亲水基底上喷涂二氧化硅 PDMS 气凝胶制备出了超疏水表面，然后以不锈钢铜网为模板，采用脉冲激光沉积铂工艺在超疏水表面加工出超亲水网状图案。

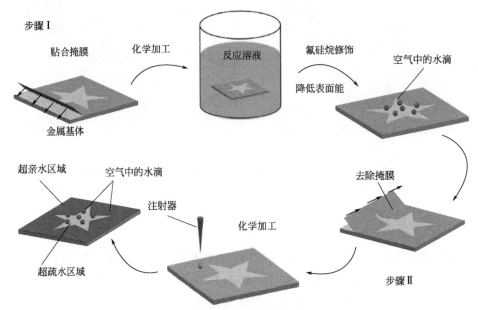

图 7.14　极端润湿性图案的制备过程[72]

步骤Ⅰ：通过掩膜辅助的化学加工和氟硅烷改性制备超疏水区域；
步骤Ⅱ：对原先掩膜覆盖的区域滴反应溶液制备超亲水区域

7.2.1.4　喷墨印刷

喷墨印刷可在金属薄板、聚合物薄膜及纸表面打印形状复杂的亲水或疏水图案，是一种新兴的经济、环保、高效的非均匀图案化润湿性表面加工技术。Nakata 等[76]

采用一种结合了喷墨技术和粗糙表面上的位点选择性光催化反应的工艺，在 TiO_2 表面制备出超亲水超疏水图案，制备过程如图 7.15 所示。此外，这种方法可以在基体表面重复制备图案，因而这种工艺被视为一种可再生、节约资源和环境友好的制备方法。

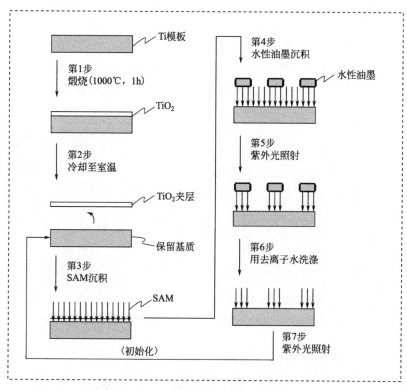

图 7.15　润湿性图案制备程序的示意[76]

苏州大学的 Huang 等[77]采用非接触式喷墨打印机将防水的乙醇基墨水打印到超疏水二氧化钛表面，高表面能墨水覆盖表面的纳米结构和低表面能化学成分，使其转变为亲水性；打印亲水微点的超疏水表面具有高黏附"玫瑰花瓣效应"，可存储液滴阵列，而打印亲水线的表面则表现出类似水稻叶的各向异性黏附特性，可用于液滴定向运输。该润湿性调控过程具有可逆性，丙酮清洗可去除表面墨水，使材料恢复超疏水性。

7.2.1.5　微压印

微压印指利用微压头对表面施压来改变材料表面微结构，进而实现非均匀图案化润湿性表面加工的方法。例如，葡萄牙米尼奥大学的 Neto 等[78]报道了一种用微压印技术在聚合物超疏水表面加工亲水压痕的方法，他们先采用一步相分离法加工了具有微纳米孔结构的聚苯乙烯超疏水表面，再用微硬度测试仪上的维氏四棱锥金刚石压头（相对棱夹角 136°）分别对表面施加 2942 mN、4903 mN 和 19610 mN 的压力并保持10 s，经过完整的加载和卸载之后，在超疏水聚苯乙烯表面可得到 3 个不同尺寸微压痕。压痕处微结构被破坏，表面光滑，显示不亲水性，压痕上液滴一部分渗入压痕内部，产生高黏附力，其余大部分与压痕周边超疏水区接触，显示超疏水性。这种具有"玫瑰花瓣效应"的高黏附超疏水表面能够黏附液滴阵列，以液滴为微反应单元进行高通量分析，可应用于再生医学、诊断和药物研发等方面。哈尔滨工业大学的 Lv 等[79]采用复制模塑法制备出环氧基形状记忆聚合物柱状阵列超疏水表面，并用压头对表面施压来定域调控其微观形貌，压痕区的柱状阵列坍塌，表面平整，表现为高黏附疏水性，如图 7.16 所示，在表面加工的压痕阵列可存储液滴阵列。

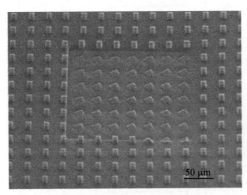

(a) 具有微凹坑图案的表面的SEM图像　　　(b) 表面朝下时，水滴仍可附着在凹坑位置

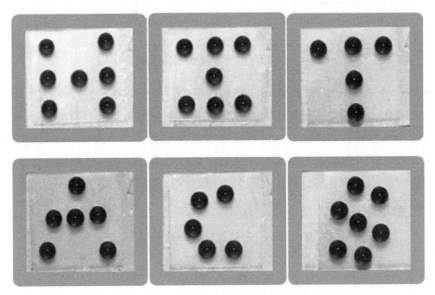

(c) 在垂直表面上的显示不同字母形状的液滴照片

图 7.16　柱状阵列超疏水表面的 SEM 图像及液滴的不同照片[79]

7.2.1.6 等离子体改性

等离子体中含有电子、离子、自由基和中性分子，这些粒子可以与材料表面发生强烈相互作用，改性表面化学成分，控制表面润湿性。中国科学院兰州化学物理研究所的 Zhu 等[80]提出空气等离子体处理硬脂酸修饰的超疏水铜表面时，会引入—CO 和—COO 等亲水基团，使表面亲水化；等离子体不会影响材料微结构，改性后表面经硬脂酸浸泡即可恢复超疏水性。大连理工大学 Liu 等[81-84]将大气压冷等离子体射流和掩模技术结合，对氟硅烷或全氟辛酸修饰的超疏液表面进行定域处理，成功在铝、铜、锌、钛等超疏液表面加工出亲液图案，XPS 表明等离子体处理后的区域疏液基团—CF$_2$ 和—CF$_3$ 明显减少，亲液基团—CO 和—COO 显著增多。此外，利用微细等离子体射流可直接对表面润湿性进行定域调控，调控过程无需掩模，因此具有效率高、工艺简单等优点。德国多特蒙德分析科学研究院的 West 等[85]报道通过介质阻挡放电产生的氦微细等离子体射流可直接处理硅烷化表面，加工出亲水微图案（见图 7.17）。

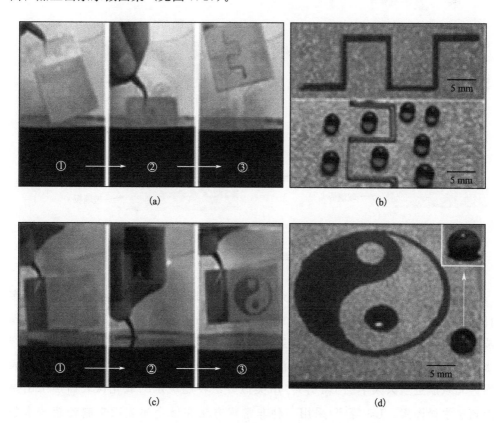

图 7.17 等离子体法制备超疏水-超亲水图案和
水下超疏油超亲油图案

7.2.1.7 紫外光辐照

德国卡尔斯鲁厄大学的 Zahner 等[86]先使用紫外光诱发自由基聚合反应将含有单体、交联剂、致孔剂、紫外诱发剂的预聚混合物加工成超疏水多孔聚合物表面，再用丙烯酸甲酯单体、前驱苯甲酮以及叔丁醇和水的混合物将该聚合物润湿，最后通过掩模紫外光照，将亲水的聚甲基丙烯酸酯嫁接到超疏水多孔聚合物表面形成超亲水微图案，如图 7.18 所示。

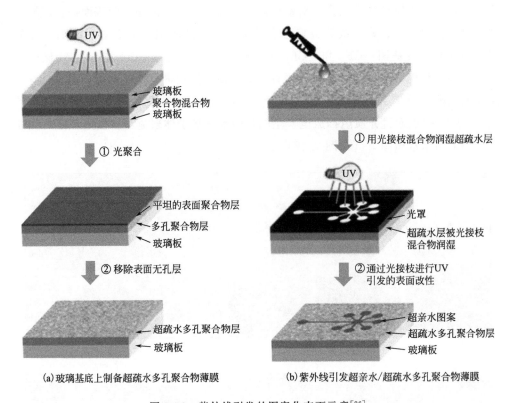

(a) 玻璃基底上制备超疏水多孔聚合物薄膜　　(b) 紫外线引发超亲水/超疏水多孔聚合物薄膜

图 7.18　紫外线引发的图案化表面示意[86]

二氧化钛是著名光催化剂，在紫外光激发下具有极强氧化还原性，可降解多种有机物，日本神奈川科学技术研究院的 Fujishima 等[87,88]提出用紫外光照射超疏水二氧化钛表面可诱发光催化降解反应去除表面氟硅烷分子，使其转变为超亲水，该方法结合光掩模可对表面润湿进行定域调控，加工出高精度图案化润湿表面。北京航空航天大学的 Bai 等[89]用类似方法在超疏水二氧化钛表面加工出星形超亲水微图案。Lai 等[90]采用一种非常规方法在钛金属表面来制备超亲水超疏水微图案，第一步，采用电化学和自组装技术制备超疏水 TiO_2 纳米管薄膜；第二步，将超疏水薄膜通过光掩膜覆盖选择性地暴露在紫外光下，局部光催化在

TiO_2 纳米管上组装有机单层表面。被光照射催化的区域呈现出超亲水性质，而掩膜覆盖的区域由于不透光仍然保持超疏水性，经过两个步骤最终制备出了超亲水-超疏水图案。并且采用这种方法制备的极端润湿性图案精度较高，易于控制尺寸和精度。

7.2.2　图案化润湿性表面的应用

通过在超疏水表面构建不同的亲水结构强化结露，并结合超疏水表面将结露水滴快速脱除，可以达到快速结露与露滴快速脱附的效果，在海水淡化、热交换、集水、微流体控制等方面均存在较高的应用价值。

7.2.2.1　多雾干旱、半干旱地区大气水收集

据报道，全球有大约 10% 的淡水资源以水蒸气的形式储存在空气中。在大片干旱、半干旱的沙漠地带，其大气中也存在有大量水蒸气，若能将大气中的部分水蒸气资源进行回收利用，将是实现水资源循环利用的有效手段（图 7.19，彩色版见书后）。西非甲壳虫之所以能在干旱的沙漠中长期生存，是因为它能够有效地把空气中不可见的水蒸气转化为水滴被其饮用。通过研究其微观结构发现，这种水收集功能来源于其背部的超亲水和超疏水混合结构：超亲水结构负责水雾的捕捉收集，而超疏水结构则在水的运输中起到关键作用[91]。Zhu 等[92]发现要么通过调控表面润湿性，要么通过构筑特殊的几何结构来实现水汽收集。利用这一原理，Zhu 等[92]继续研究发现了表面结构特征及亲疏水相间对水收集效率的影响。当前驱液 Cu 和 TiO_2 的摩尔比为 $9:1$ 时，制备的用于水收集的表面的接触角为 $155°$，滚动

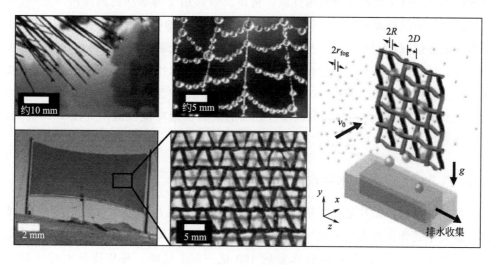

图 7.19　用于大气水收集的集雾网

角为 4.5°，此时达到了水收集的最大的效率 [1309.9 mg/(h·cm²)]。更为重要的是，研究者进而通过在超亲水表面构造图案化超疏水微圆环制备了具有较高水收集效率 [1316.9 mg/(h·cm²)] 的材料。Zhong 等[93]通过构筑宏观的具有超润湿性能的凸起结构表面研究了凸起形貌与水雾收集之间的关系。流场分析结果表明这些图案的凸起结构能够有效地提高液滴在表面的生长速率。在超疏水凸起表面的水收集量是原始铜片水收集量的 6.17 倍，并且是表面平整的超疏水铜片水收集量的 2.83 倍。更为重要的是，对于具有相同数量的凸起样品，超疏水的凸起表面水收集量是亲疏水相间结构的 1.5 倍。此项研究系统地揭示了表面形貌与润湿性影响水收集效率的关系，为后续水收集研究提供新的思路。

7.2.2.2　海水淡化技术应用

据统计，全球有接近 2/3 的人口面临严重的淡水资源紧缺问题，而在全球水资源总量中，接近 97.5％为咸水资源，海水淡化已成为解决淡水危机的重要途径。

目前的海水淡化技术中，热法和膜法应用比较广泛。其中，热法包括多效蒸馏（MED）、多级闪蒸法（MSF）、压汽蒸馏（VC）等，这些方法在海水淡化过程中，通常会产生大量蒸汽，实现淡水与盐分、杂质等的分离，而蒸馏分离的蒸汽，则需要通过蒸汽收集设备或凝露收集装置收集处理，获取所需淡水。目前海水热法淡化工艺中，蒸馏产生的蒸汽多数采用冷凝器、冷凝管等装置辅助冷凝，并将蒸馏淡水收集。而采用上述装置收集蒸汽的方式，主要通过蒸汽在冷表面冷凝结露的方式，将蒸汽转化为液滴进行收集。根据报道，非均匀润湿性表面的水收集效率远高于常规的均匀亲水表面、疏水表面以及超疏水表面。由于非均匀润湿性表面具备优异的滴状冷凝特性及高效脱附性能，将该类表面用于海水淡化的蒸汽冷凝环节，实现高效的蒸汽冷凝水回收，将是提高海水淡化效率的有效途径[94,95]。以平流式低温多效蒸馏（LT-MED）工艺为例，海水进入淡化设备之后，对海水加热致使水分蒸发，加热产生的蒸汽通过在冷凝器中冷凝形成淡水排出收集，加热残留的浓盐水则从设备底部排出 [图 7.20（a）]。通过在冷凝器表面构建非均匀润湿结构 [图 7.20（b）]，可以实现非均匀润湿性表面的液滴快速冷凝及脱附 [图 7.20（c）]，进而达到提高蒸汽冷凝回收的技术效果。

7.2.2.3　工业蒸汽水回收技术应用

在工业领域，尤其是化工厂、轮胎厂、焦化厂、火力发电厂等生产过程中，排出的废气中通常含有大量水蒸气。据统计，国内工业领域用于排放蒸汽的大型冷却塔总计约 3800 座，冷却塔年耗水量约 100 亿～200 亿吨，每年排放水蒸气量约 7000 万吨，占据工业用水量的 60％～70％。然而，由于受到设备成本、技术等限

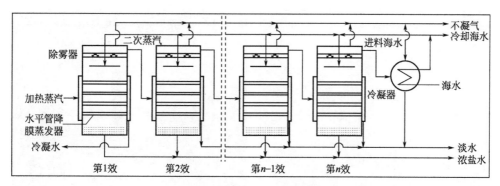

(a)平流式LT-MED工艺流程示意

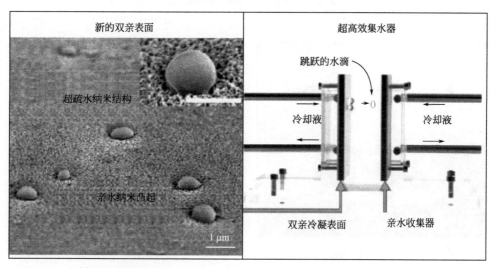

(b)非均匀润湿性表面　　　　(c)非均匀润湿性表面冷凝集水示意

图7.20　海水淡化工艺及非均匀润湿性表面集水原理

制，工业领域产生的大量蒸汽多数直接排放到外部环境中（图7.21），造成了严重的蒸汽水浪费、能量浪费以及环境污染。据研究，成年人每天平均所需水分约为2000 mL，若排放蒸汽的回收率提高10%（相当于多回收大约700万吨的蒸汽水），则可以多解决大约350万成年人1天的生活所需水量，相当于解决一个中小型城市1天的居民饮水问题。通过构建仿生集水材料的技术手段，将排放的蒸汽水进行高效回收，将有利于提高工业蒸汽回收利用效率，从材料设计角度为工业水循环利用提供可行参考方案和思路。

7.2.2.4　热交换技术应用

近年来，有关滴状冷凝增强材料表面传热的报道日渐增多。通过强化滴状冷凝

(a)化工厂蒸汽排放　　　　　　　　　　(b)焦化厂蒸汽排放

(c)轮胎厂蒸汽排放　　　　　　　　　　(d)火力发电厂蒸汽排放

图 7.21　工业蒸汽排放

及其液滴快速脱附，提高表面换热效率的应用研究取得了重要进展。非均匀润湿性表面由于具备较好的滴状冷凝及脱附特性，在冷凝热交换领域具备广阔的潜在应用前景。例如，在空调、空气源热泵、蒸汽热能回收器等设备的换热器件表面，一方面需要蒸汽能够快速在冷表面凝结形成水滴；另一方面则需要水滴快速脱附，通过水滴将热量快速带走，实现蒸汽相变传热。通过在换热表面构建非均匀润湿结构，提高表面换热性能，将具有较好的应用推广价值。

2014 年，Ghosh[96]等基于芭蕉叶表面图案结构的启发，在疏水铝片表面构建了仿芭蕉叶表面纹理结构的非均匀图案化表面。结果发现，在疏水表面构建亲水性的条状图案之后，获得的图案化非均匀润湿性铝片集水效率及换热效率均高于均匀疏水铝片（图 7.22），说明亲水图案的构建不仅利于促进材料表面的形核结露，而且也利于提高表面传热效果。

金属特殊润湿性表面制备
及性能研究

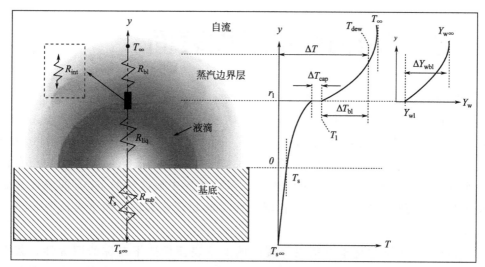

(a) 滴状冷凝换热模型

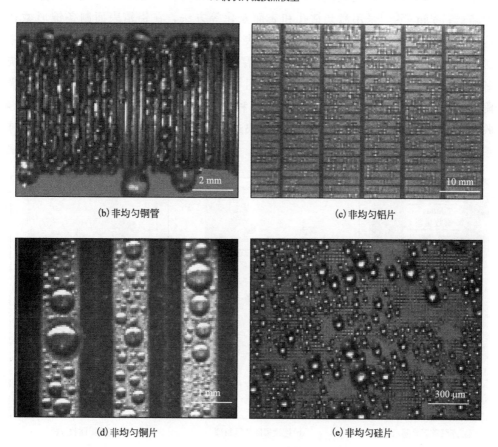

(b) 非均匀铜管

(c) 非均匀铝片

(d) 非均匀铜片

(e) 非均匀硅片

图 7.22　非均匀润湿性表面在冷凝换热方面的应用

7.3 Janus 润湿性表面

Janus 的概念来源于罗马神话中的两面神，他有前后两副完全不一样的面孔。Janus 润湿性表面也就是指膜的上下两面具有不同润湿性，换个角度讲，Janus 膜也是一类双层膜，只是这两层被整合到了一个膜上。Janus 膜是近几年才出现的特殊设计的润湿性表面，目前主要用于油水分离。常见的 Janus 润湿性表面有超疏水-超亲油和超亲水-水下超疏油表面。在自然界中最典型的 Janus 润湿性表面便是荷叶，荷叶的上表面是具有自清洁作用的超疏水表面，而下表面为超亲水表面。

Chen 等[97]通过化学方法在金属网的上下表面构造不对称的润湿性，获得 Janus 网，发现不对称的润湿性产生的拉普拉斯压力差可驱动水下气泡的定向自发输送；Yan 等[98]采用激光钻孔和表面氟化等方法，在铝箔表面制备锥形微孔阵列，形成 Janus 膜，利用锥形孔上下表面的压力差实现了气泡的单向自发输送；Cao 等[99]受大自然生物水收集和保存方法的启发在三维疏水-亲水协同系统基础上设计并制得了连续式雾收集器（图 7.23）。由疏水的铜网和亲水的棉花吸附材料组成的 Janus 系统，其展示的是一种增大水雾收集效率的雾收集器。水雾收集过程中，两面神系统可以进行水滴快速、自发和单向的运输。此外，两面神系统里收集的水的再蒸发率降低了 30%。而且，若将边界层效应考虑在内，铜

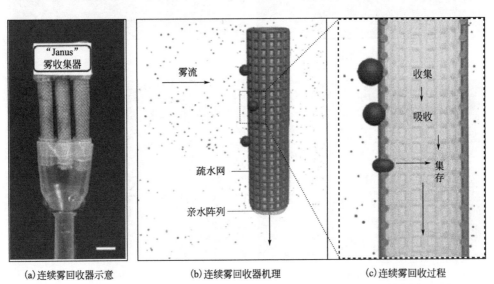

(a) 连续雾回收器示意　　　(b) 连续雾回收器机理　　　(c) 连续雾回收过程

图 7.23　连续雾回收器示意、机理及回收过程[99]

网的驼峰结构更有利于提高雾收集效率。该研究能为雾收集装置设计提供新的思路。

参 考 文 献

[1] Thomos J, Belfast A M C E. On certain curious motions observable at the surfaces of wine and other alcoholic liquors [J]. Philosophical Magazine, 1855, 10 (4): 330-333.

[2] Marangoni C, Pietro S, Liceo R. Monografia sulle bolle liquide [J]. Nuovo Cimento, 1872, 7: 301-356.

[3] Chaudhury M K, Whitesides G M. How to make water run uphill [J]. Science, 1992, 256: 1539-1541.

[4] Morgenthaler S, Lee S, Zürcher S, et al. A simple, reproducible approach to the preparation of surface-chemical gradients [J]. Langmuir, 2003, 19: 10459-10462.

[5] Yu X, Wang Z Q, Jiang Y G, et al. Surface gradient material: from superhydrophobicity to superhydrophilicity [J]. Langmuir, 2006, 22: 4483-4486.

[6] Wang L M, Peng B, Su Z H. Tunable wettability and rewritable wettability gradient from superhydrophilicity to superhydrophobicity [J]. Langmuir, 2010, 26: 12203-12208.

[7] Zhang G, Zhang X, Li M, et al. A surface with superoleophilic-to-superoleophobic wettability gradient [J]. ACS Applied Materials Interfaces, 2014, 6: 1729.

[8] Ichimura K, Oh S K, Nakagawa S K. Light-driven motion of liquids on a photo-responsive surface s [J]. Science, 2000, 288: 1624-1626.

[9] Ito Y, Heydari M, Hashimoto A, et al. The movement of a water droplet on a gradient surface prepared by photodegradation [J]. Langmuir, 2007, 23: 1845-1850.

[10] Hong D, Cho W K, Kong B, et al. Water-collecting capability of radial-wettability gradient surfaces generated by controlled surface reactions [J]. Langmuir, 2010, 26: 15080-15083.

[11] Isaksson J, Robinson N D, Berggren M. Electronic modulation of an electrochemically induced wettability gradient to control water movement on a polyaniline surface [J]. Thin Solid Films, 2006, 515: 2003-2008.

[12] Yamada R, Tada H. Manipulation of droplets by dynamically controlled wetting gradients s [J]. Langmuir, 2005, 21: 4254-4256.

[13] Zhu X, Wang H, Liao Q, et al. Experiments and analysis on self-motion behaviors of liquid droplets on gradient surfaces [J]. Experimental Thermal and Fluid Science, 2009, 33: 947-954.

[14] Sun C, Zhao X W, Han Y H, et al. Control of water droplet motion by alteration of roughness gradient on silicon wafer by laser surface treatment [J]. Thin Solid Films, 2008, 516: 4059-4063.

[15] Yin X, Wang D, Liu Y, et al. Controlling liquid movement on a surface with a macro-gradient structure and wetting behavior [J]. Journal of Materials Chemistry A, 2014, 2: 5620-5624.

[16] Lu X Y, Zhang J L, Zhang C C, et al. Low-density polyethylene (LDPE) surface with a wettability gradient by tuning its microstructures [J]. Macromolecular Rapid Communication, 2005, 26: 637-642.

[17] Zhang J L, Xue L J, Han Y C. Fabrication gradient surfaces by changing polystyrene microsphere topography [J]. Langmuir, 2005, 21: 5-8.

[18] Li X F, Dai H J, Tan S X, et al. Facile preparation of poly (ethyl α-cyanoacrylate) superhydrophobic and gradient wetting surfaces [J]. Journal of Colloid and Interface Science, 2009, 340: 93-97

[19] Ju J, Xiao K, Yao X, et al. Bioinspired conical copper wire with gradient wettability for continuous and

efficient fog collection [J]. Advanced Materials, 2013, 25: 5937-5942.

[20] Huang Z, Lu Y X, Qin H S, et al. Rapid synthesis of wettability gradient on copper for improved drop-wise condensation [J]. Advanced Engineering Materials, 2012, 14: 491-496.

[21] 王刚, 徐守萍, 皮丕辉, 等. 液滴在梯度润湿铜表面上的定向铺展 [J]. 中国科技论文, 2016, 16: 659-662.

[22] 程江, 赵安, 孙逸飞, 等. 铜基高梯度润湿表面的构建与表征 [J]. 功能材料, 2015, 8: 08138-08143.

[23] Cheng J, Sun Y F, Zhao A, et al. Preparation of gradient wettability surface by anodization depositing copper hydroxide on copper surface [J]. Transactions of Nonferrous Metals Society of China, 2015, 25: 2301-2307.

[24] Lalia B S, Anand S, Varanasi K K, et al. Fog-harvesting potential of lubricant-impregnated electro-spunnanomats [J]. Langmuir, 2013, 29: 13081-13088.

[25] Lai Y H, Yang J T, Shieh D B. A microchip fabricated with a vapor-diffusion self-assembled-monolayer method to transport droplets across superhydrophobic to hydrophilic surfaces [J]. Lab on a Chip, 2010, 10: 499-504.

[26] Zhang J L, Han Y C. A topography/chemical composition gradient polystyrene surface: toward the investigation of the relationship between surface wettability and surface structure and chemical composition [J]. Langmuir, 2008, 24: 796-801.

[27] Zheng Y M, Bai H, Huang Z B, et al. Directional water collection on wetted spider silk [J]. Nature, 2010, 463: 640-643.

[28] Daniel S, Chaudhury M K, Chen J C. Fast drop movements resulting from the phase change on a gradient surface [J]. Science, 2001, 291: 633-636.

[29] Leu T S, Lin H W, Wu T H. Applications of surface modification techniques in enhancement of phase change heat transfer [J]. Modern Physics Letters B, 2010, 24: 1381-1384.

[30] Haidara H, Vonna L, Schultz J. Surfactant induced Marangoni motion of a droplet into an external liquid medium [J]. Journal of Chemical Physics, 1997, 107 (2): 630-637.

[31] Liao Q, Gu Y B, Zhu X, et al. Experimental investigation of dropwise condensation heat transfer on the surface with a surface energy gradient [J]. Journal of Enhanced Heat Transfer, 2007, 14: 243-256.

[32] Yang D K. Advanced impulsive-driving technique for Super-PVA panel [J]. Journal of the Society for Information Display, 2008, 16 (1): 117-124.

[33] Yasuda T, Suzuki K, Shimoyama I. Automatic transportation of a droplet on a wettability gradient surface [J]. Proc. Micro Total Analysis Systems, 2003, 2: 1129-1132.

[34] Das A K, Das P K. Multimode dynamics of a liquid drop over an inclined surface with a wettability gradient [J]. Langmuir, 2010, 26: 9547-9555.

[35] Khoo H S, Tseng F G. Spontaneous high-speed transport of subnanoliter water droplet on gradient nanotextured surfaces [J]. Applied Physics Letters, 2009, 95: 1-3.

[36] Brochard F. Motions of droplets on solid surfaces induced by chemical or thermal gradients [J]. Langmuir, 1989, 5: 432-438.

[37] Lee S W, Laibinis P E. Directed movement of liquids on patterned surfaces using noncovalent molecular adsorption [J]. Journal of the American Chemical Society, 2000, 122: 5395-5396.

[38] Sumino Y, Magome N, Hamada T, et al. Self-running droplet: emergence of regular motion from non-

金属特殊润湿性表面制备
及性能研究

equilibrium noise [J]. Physical Reviw Letters, 2005, 94: 1-4.

[39] Nagai K, Sumino Y, Kitahata H, et al. Mode selection in the spontaneous motion of an alcohol drople [J]. Physical Reviw E, 2005, 71: 1-4.

[40] Tseng Y T, Tseng F G, Chen Y F, et al. Fundamental studies on micro-droplet movement by Marangoni and capillary effects [J]. Sensors Actuators A, 2004, 114: 292-301.

[41] Pismen L M, Thiele U. Asymptotic theory for a moving droplet driven by a wettability gradient [J]. Physics of Fluids, 2006, 18 (4): 1-10.

[42] Wasan D T, Nikolov A D, Brenner H. Droplets speeding on surfaces [J]. Science, 2001, 291: 605-606.

[43] Leu T S, Wu T H. 2008 3rd IEEE International Conference on Nano/Micro Engineered and Molecular Systems [C] // Sanya, Pisctaway: IEEE, 2008: 641-646.

[44] Thiele U, John K, Bar M. Dynamical model for chemically driven running droplets [J]. Physical Reviw Letters, 2004, 93: 1-4.

[45] Daniel S, Chaudhury M K. Rectified motion of liquid drops on gradient surfaces induced by vibration [J]. Langmuir, 2002, 18: 3404-3407.

[46] Daniel S, Sircar S, Gliem J, et al. Ratcheting motion of liquid drops on gradient surfaces [J]. Langmuir, 2004, 20: 4085-4092.

[47] Gallardo B S, Gupta V K, Eagerton F D, et al. Electrochemical principles for active control of liquids on submillimeter scales [J]. Science, 1999, 283: 57-60.

[48] Gau H, Herminghaus S, Lenz P, et al. Liquid morphologies on structured surfaces: From microchannels to microchips [J]. Science, 1999, 283: 46-49.

[49] Qu J, Wu H, Cheng P. Effects of functional surface on performance of a micro heat pipe [J]. International Communications in Heat and Mass Transfer, 2008, 35: 523-528.

[50] Suman B. Effects of a surface-tension gradient on the performance of a micro-grooved heat pipe: an analytical study [J]. Microfluidics and Nanofluidics, 2008, 5: 655-667.

[51] Hewakandamby B N, Zimmerman W B. Characterisation of hydraulic jumps/falls with surface tension variations in thin film flows [J]. Dynamics of Atmospheres and Oceans, 2001, 34: 349-364.

[52] Elwing H, Askendal A, Lundstrom I. Competition between adsorbed fibrinogen and high-molecular-weight kininogen on solid surfaces incubated in human plasma (the vroman effect): Influence of solid surface wettability [J]. Journal of Biomedica Materials Research, 1987, 21: 1023-1028.

[53] Elwing H, Welin S, Askendal A, et al. Adsorption of fibrinogen as a measure of the distribution of methyl groups on silicon surfaces [J]. Journal of Colloid and Interface Science, 1988, 123: 306-308.

[54] Elwing H, Welin S, Askendal A, et al. A wettability gradient method for studies of macromolecular interactions at the liquid/solid interface [J]. Journal of Colloid and Interface Science, 1987, 119: 203-210.

[55] Tengvall P, Askendal A, Lundstrm I, et al. Studies of surface activated coagulation: antisera binding onto methyl gradients on silicon incubated in human plasma in vitro [J]. Biomaterials, 1992, 13: 367-374.

[56] Elwing H, Askendal A, Lundstrm I. Desorption of fibrinogen and γ-globulin from solid surfaces induced by a nonionic detergent [J]. Journal of Colloid and Interface Science, 1989, 128: 296-300.

[57] Lin Y S, Hlady V. Human serum albumin adsorption onto octadecyldimethylsilyl-silica gradient surface

[J]. Colloids Surfaces B: Biointerfaces, 1994, 2: 481-491.

[58] Hlady V. Spatially resolved adsorption kinetics of immunoglobulin G onto the wettability gradient surface [J]. Applied Spectroscopy, 1991, 45: 246-252.

[59] Welin-Klintstrm S, Lestelius M, Liedberg B, et al. Comparison between wettability gradients made on gold and on Si/SiO₂ substrates [J]. Colloids and Surfaces B: Biointerfaces, 1999, 15: 81-87.

[60] Ruardy T G, Moorlag H E, Schakenraad J M, et al. Growth of fibroblasts and endothelial cells on wettability gradient surfaces [J]. Journal of Colloid and Interface Science, 1997, 188: 209-217.

[61] Kim M S, Seo K S, Khang G, et al. First preparation of biotinylated gradient polyethylene surface to bind photoactive caged streptavidin [J]. Langmuir, 2005, 21: 4066-4070.

[62] Ueda-Yukoshi T, Matsuda T. Cellular responses on a wettability gradient surface with continuous variations in surface compositions of carbonate and hydroxyl groups [J]. Langmuir, 1995, 11: 4135-4140.

[63] Loos K, Kennedy S B, Eidelman N, et al. Combinatorial approach to study enzyme/surface interactions [J]. Langmuir, 2005, 21: 5237-5241.

[64] Chaudhury M K, Daniel S, Callow M E, et al. Settlement behavior of swimming algal spores on gradient surfaces [J]. Biointerphases, 2006, 1: 18-21.

[65] Spijker H T, Bos R, Oeveren W, et al. Protein adsorption on gradient surfaces on polyethylene prepared in a shielded gas plasma [J]. Colloids Surfaces B: Biointerfaces, 1999, 15: 89-97.

[66] Kennedy S B, Washburn N R, Simon C G, et al. Combinatorial screen of the effect of surface energy on fibronectin-mediated osteoblast adhesion, spreading and proliferation [J]. Biomaterials, 2006, 27: 3817-3824.

[67] Chitnis G, Ding Z, Chang C L, et al. Laser-treated hydrophobic paper: an inexpensive microfluidic platform [J]. Lab on a Chip, 2011, 11 (6): 1161-1165.

[68] Lee C W, Cho H D, Kim D S, et al. Fabrication of patterend surfaces that exhibit variable wettability ranging from superhydrophobicty to high hydrophilicity by laser irradiation [J]. Applied Surface Science, 2014, 288: 619-624.

[69] Yang X, Song J, Liu J, et al. A twice electrochemical etching method to fabricate superhydrophobic-superhydrophilic patterns for biomimytic fog havrve [J]. Scientific Reports, 2017, 7: 8816-8828.

[70] Yang X, Liu X, Li J, et al. Directional transport of water droplets on superhydrophobic aluminium alloy surface [J]. Micro Nano Letters, 2015, 10: 343-346.

[71] Shon H K, Lee T G, Choi I S, et al. One-step modification of superhydrophobic surface by a mussel-inspired polymer coating [J]. Angewandte Chemie International Edition, 2010, 49: 9401-9404.

[72] Hong D, You I, Lee H, et al. Polydopamine circle patterns on a superhydrophobic AAO surface: water-capturing property [J]. Bulletin of Korean Chemical Society, 2013, 34 (10): 3141-3142.

[73] You I, Kang S M, Lee S, et al. Polydopamine microfluidic system toward a two dimensional gravity driven mixing device [J]. Angewandte Chemie International Edition, 2012, 51: 6126-6130.

[74] Zhu H, Yang F, Li J, et al. High efficiency water collection on biomimetic material with superwettable patterens [J]. Chemical Communications, 2016, 52 (84): 12415-12417.

[75] Yu Z, Yun F F, Wang Y, et al. Desert beetle-inspired superwettable patterned surfaces for water harvesting [J]. Small, 2017, 13 (36): 1701403.

[76] Nakata K, Nishimoto S, Yuda Y, et al. Rewritable superhydrophilic-superhydrophobic patterns on a sintered titanium dioxide substrate [J]. Langmuir, 2010, 26: 11628-11630.

［77］ Huang J Y，Lai Y K，Pan F，et al. Multifunctional superamphiphobic TiO_2 nanosructure surfaces with facile wettability and adhesion engineering ［J］. Small，2014，10：4865-4873.

［78］ Neto A I，Correia C R，Custódio C A，et al. Biomimetic miniaturized platform able to sustain arrays of liquid droplets for high through put combinatorial test ［J］. Advanced Functional Materials，2014，24：5096-5103.

［79］ Lv T，Cheng Z，Zhang D，et al. Superhydrophobic surface with shape memory micro/nanostructure and its application in rewriable chip for droplet storage ［J］. ACS Nano，2016，10：9379-9386.

［80］ Zhu X，Zhang Z，Men X，et al. Rapid formation of superhydrophobic surfaces with fast response wettability transition ［J］. ACS Applied Materials Interfaces，2010，2：3636-3641.

［81］ Liu X，Chen F，Huang S，et al. Characteristic and application sudy of cold atompheric-pressure nitrogen plasma jet ［J］. IEEE Transactions on Plasma Science，2015，43（6）：1959-1968.

［82］ Chen F，Xu W，Lu Y，et al. Hydrophilic patterning of superhydrophobic surfaces by atmospheric pressure plasma jet ［J］. Micro Nano Letters，2015，10：105-108.

［83］ Liu J，Liu S，Chen F，et al. Long lasting oil wettability patterns fabrication on superoleophobic surfaces by atmospheric pressure DBD plasma ［J］. Micro Nano Letters，2017，12：1000-1005.

［84］ Zheng H，Huang S，Liu J，et al. Vein-like directional transport platform of water on open aluminiuml substrate ［J］. Micro Nano Letters，2016，11：269-272.

［85］ West J，Michels A，Kittel S，et al. Microplasma writing for surface-directed millifluidies ［J］. Lab on a Chip，2007，7：981-983.

［86］ Zahner D，Abagat J，Svec F，et al. A facile approach to superhydrophilic-superhydrophobic patterns in porous polymer films ［J］. Advanced Materials，2011，23：3030-3034.

［87］ Fujishima A，Rao T N，Tryk D A. Titanium dioxide photocatalysis ［J］. Journal of Photochemistry and Photobiology C Photochemistry Reviews，2000，1：1-21.

［88］ Zhang X，Kono H，Liu Z，et al. A transparent and photo-patternable superhydrophobic film ［J］. Chemical Communications，2007，46：4949-4951.

［89］ Bai H，Wang L，Ju J，et al. Efficient water collection on integrative bioinspired surfaces with star log haped wettability patterns ［J］. Advanced Materials，2014，26（29）：5025-5030.

［90］ Lai Y，Lin C，Wang H，et al. Superhydrophilic-superhydrophobic micropattern on TiO_2 nanotube films by photocatalytic lithography ［J］. Electrochemistry Communications，2008，10：387-391.

［91］ Zhu H，Guo Z. Hybrid engineered materials with high water-collecting efficiency inspired by namib desert beetles ［J］. Chemical Communications，2016，52：6809-6812.

［92］ Zhu H，Duan R，Wang X，et al. Prewetting dichloromethane induced aqueous solution adhered on cassie superhydrophobic substrates to fabricate efficient fog-harvesting materials inspired by namib desert beetles and mussels ［J］. Nanoscale，2018，10.13045-13054.

［93］ Zhong L，Zhu H，Wu Y，et al. Understanding how surface chemistry and topography enhance fog harvesting based on the superwetting surface with patterned hemispherical bulges ［J］. Journal of Colloid & Interface Science，2018，525：234-242.

［94］ Wang Y，Zhang L，Wu J，et al. A facile strategy for the fabrication of a bioinspired hydrophilic-superhydrophobic patterned surface for highly efficient fog-harvesting ［J］. Journal of Materials Chemistry A. 2015. 3：18963-18969.

［95］ Sun Y，Guo Z. Recent advances of bioinspired functional materials with specific wettability：from nature and beyond nature [J]. Nanoscale Horizons. 2018. 4: 52-76.

[96] Ghosh A, Beaini S, Zhang B J, et al. Enhancing dropwise condensation through bioinspired wettability patterning [J]. Langmuir, 2014, 30: 13103-13115.

[97] Chen J, Liu Y, Guo D, et al. Under-water unidirectional air penetration via a Janus mesh [J]. Chemical Communications, 2015, 51: 11872-11875.

[98] Yan S, Ren F, Li C, et al. Unidirectional self-transport of air bubble via a janus membrane in aqueous environment [J]. Applied Physics Letters, 2018, 113: 261602.

[99] Cao M, Xiao J, Yu C, et al. Hydrophobic/hydrophilic cooperative janus system for enhancement of fog collection [J]. Small, 2015, 11: 4379-4384.

附　录

附录1　液体的表面张力（20℃）

液体（中文名）	流体（英文名）	表面张力/(mN/m)	密度/(g/cm³)
水	water	72.8	1.0
甘油	glycerol	64.0	1.26
1,2-二氯乙烷	1,2-dichloroethane	33.3	1.26
液体石蜡	liquid-paraffin	33.1	0.83～0.86
甲苯	toluene	28.4	0.87
氯仿	chloroform	27.5	1.50
正十六烷	n-hexadecane	27.5	0.77
正十八烷	n-tetradecane	26.6	0.76
二氯甲烷	dichloromethane	26.5	1.33
环己烷	cyclohexane	25.9	0.78
正十二烷	n-dodecane	25.4	0.75
环己烷	cyclohexane	25.0	0.78
正癸烷	n-decane	23.8	0.73
汽油	gasoline	22.0	0.70～0.78
正辛烷	n-octane	21.6	0.70
正庚烷	n-heptane	20.1	0.68

附录2　化学名词

润湿性（又称浸润性，wettability）

超疏水表面（superhydrophobic surface）

超疏油表面（superoleophobic surface）

超亲水表面（superhydrophilic surface）

超亲油表面（superoleophilic surface）

块状金属材料（metallic bulk-based materials）

多孔金属材料（metallic porous-based materials）

泡沫金属（metallic foam）

金属网（metallic meshes）

凹形结构 （re-entrant structure）

悬臂结构 （overhang structure）

水接触角 （water contact angle）

化学刻蚀法 （chemical etching method）

化学沉积法 （chemical deposition method）

电化学方法 （electrochemical method）

氧化法 （oxidation method）

自组装法 （self-assembly method）

水热法 （hydrothermal method）

溶胶-凝胶法 （sol-gel method）

梯度润湿表面 （wettability gradient）

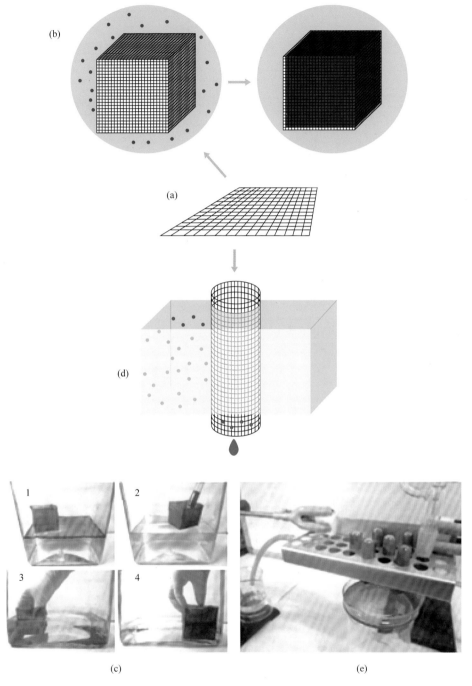

(b)

(a)

(d)

1   2

3   4

(c)

(e)

图2.3　三维超润湿网膜及应用图

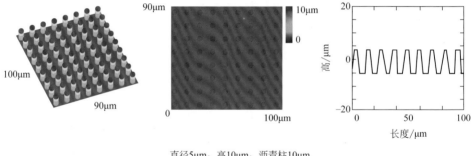

直径5μm，高10μm，沥青柱10μm

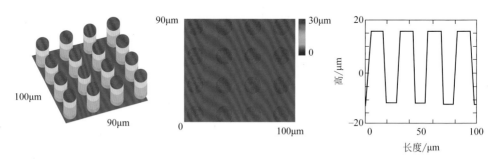

直径14μm，高30μm，沥青柱26μm

(a) 图案化硅的表面高度图和二维轮廓

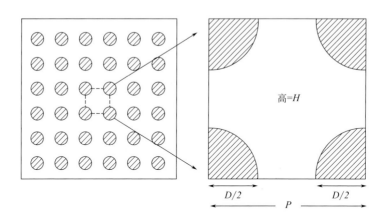

(b) 图案化硅的表面上的平顶圆柱的二维表示

图2.5 图案化硅的表面高度图和二维轮廓及表面上的平顶圆柱的二维表示

(a) 酸刻蚀3min后铝表面的SEM图像

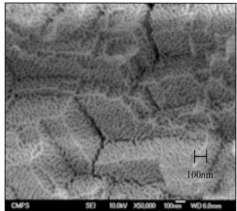

(b) 阳极氧化10min后铝表面的SEM图像

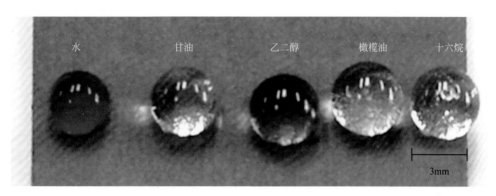

(c) 不同液滴在该表面的照片

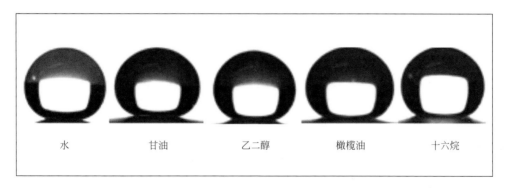

(d) 不同液滴的接触角照片

图2.15　超双疏表面的SEM图像及液滴照片

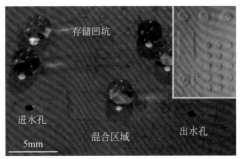

(a) 基于刻蚀多晶铜的芯片(插图为芯片布局)　　　(b) 纳米线装饰的刻蚀多晶铜制成的表面上的凹坑阵列

图2.20　铜基芯片及铜基表面凹坑阵列图像

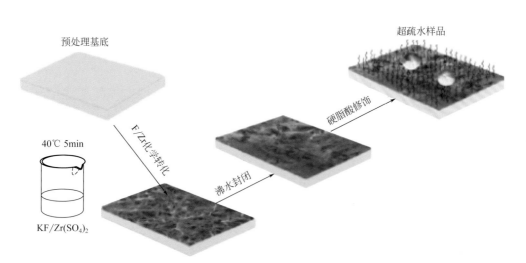

图5.1　无机氟盐/硬脂酸盐超疏水复合涂层的制备

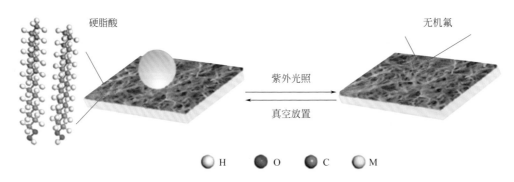

图5.18　无机氟盐/硬脂酸盐复合涂层表面润湿性可逆转换的示意

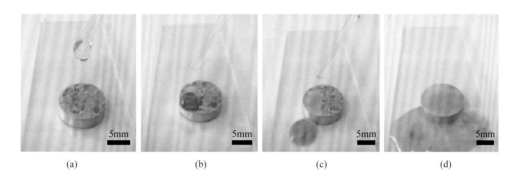

图5.27 经过5次可逆循环的超疏水样品的自清洁性能

图5.31 铜网膜的SEM图像及相关的油水分离现象

(a) 油水分离前照片   (b) 油水分离后照片

图6.8 超疏水超亲油不锈钢网的油水分离[(a)和(b)分图]

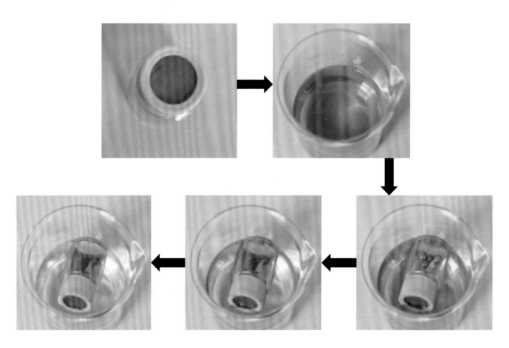

图6.9 撇油器浮油的去除和收集过程：己烷的去除和收集过程[(a)分图]

(a) 重力驱动油水分离过程照片

图6.17　NiCo₂O₄涂覆网的油水混合物分离性能：重力驱动油水分离过程照片[(a)分图]

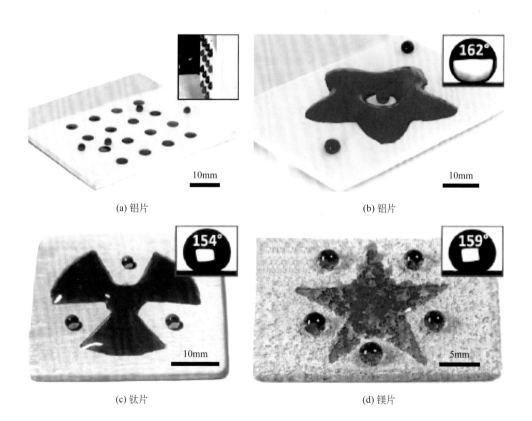

(a) 铝片　　　　　　　　　　　　　　　(b) 铝片

(c) 钛片　　　　　　　　　　　　　　　(d) 镁片

图7.13　二次电化学刻蚀法在各种金属基体上制备极端润湿性图案

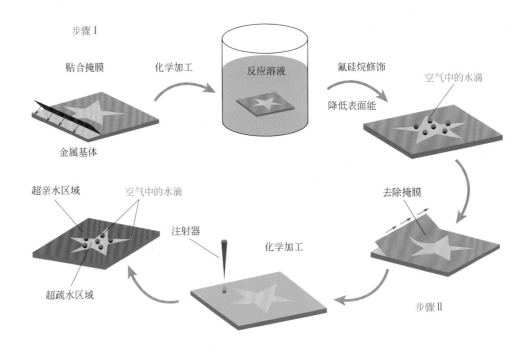

图7.14 极端润湿性图案的制备过程
步骤Ⅰ：通过掩膜辅助的化学加工和氟硅烷改性制备超疏水区域；
步骤Ⅱ：对原先掩膜覆盖的区域滴反应溶液制备超亲水区域

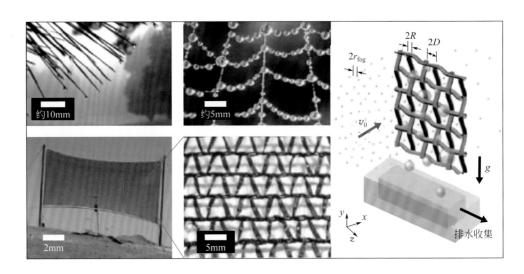

图 7.19 用于大气水收集的集雾网